Jens-Uwe Meyer ist einer der renommiertesten Trainer Deutschlands für kreative Kommunikation. Mit seiner Firma »Die Ideeologen« zeigt er Unternehmen wie Volkswagen, der DekaBank, Microsoft und Nestlé, wie sie auf neue Ideen kommen. Meyer hat einen MBA in Medienmanagement und unterrichtet Manager an der Handelshochschule Leipzig.

Er ist Autor von sechs Büchern und zahlreichen Fachartikeln, die unter anderem im HARVARD BUSINESS MANAGER, der FAZ und der WELT veröffentlicht wurden. Zuletzt erschienen seine Bücher »Das Edison-Prinzip« (www.edison-prinzip.de), welches die faszinierenden Denktechniken des Erfinders der Glühbirne vorstellt, sowie »Kreativ trotz Krawatte« (www.kreativ-trotz-krawatte.de), das zeigt, wie Unternehmen eine Innovationskultur aufbauen können.

Jens-Uwe Meyer

Kreative PR

2., überarbeitete Auflage

UVK Verlagsgesellschaft mbH

PR Praxis
Band 11

Bildnachweis:
Macnews.de (8); holidaycheck.de (10); Markus Mönch (11, 18, 34, 60, 61, 64, 66, 70, 74, 82, 97, 117, 118, 127, 129, 131, 138, 144, 148, 169, 176); Roger Schmidt (13, 23, 68, 78, 92, 121, 231); Weleda (15); Deutsche Telekom (19); Pro Sieben (20); Google (24); Barclays Bank (28); Plenum Stoll und Fischbach (43); Eichborn (44); FischerAppelt (46); CMA (48), Dove (50); Audi (57, 58); Carl Zeiss (75, 79); Playmais (101), Royal Life Saving Society (155); Linde (157); Land der Ideen (158); Tourism Queensland (161); Hyunday (162); ESA (163); Luxpro (164); dpa (181, 185); Burger King (193), Stabilo (199), Sixt (201), Stepstone (202), DocMorris (207), Frosta (208), Karlscast (214, 215), Nintendo (217), hausgemacht.tv (219), Der Servicepionier (221); HI-TEC (222); Tipp-Ex (223, 224); Procter & Gamble (225), Welthungerhilfe (228), Google Inc. (244, 246, 247); IBM (248), Euroheat (249), Canon (251), Dell (254), Opera (259, 260)

Bibliografische Information der Deutschen Nationalbibliothek
Die Deutsche Nationalbibliothek verzeichnet diese Publikation in der Deutschen Nationalbibliografie; detaillierte bibliografische Daten sind im Internet über http://dnb.ddb.de abrufbar.

ISSN 1863-8988
ISBN 978-3-86764-308-5

© UVK Verlagsgesellschaft mbH, Konstanz 2011

Einband: Susanne Fuellhaas, Konstanz
Einbandfoto: iStockphoto
Redaktion: Nicolas Thun
Satz und Layout: Klose Textmanagement, Berlin
Druck: fgb · freiburger graphische betriebe, Freiburg

UVK Verlagsgesellschaft mbH
Schützenstr. 24 · 78462 Konstanz
Tel.: 07531-9053-0 · Fax: 07531-9053-98
www.uvk.de

Inhalt

Lebensdauer 0,8 Sekunden –
Das Schicksal einer Pressemitteilung

Es gibt Pressemitteilungen, deren Überlebenszeit in einer durchschnittlichen Redaktion nicht länger als 0,8 Sekunden beträgt. Dann landen sie im Papierkorb. Das gleiche Schicksal ereilt Kundenzeitungen, die an den Interessen ihrer Leser vorbeigeschrieben sind, und Newsletter, deren Unterhaltungswert so hoch ist wie der eines Medikamenten-Beipackzettels. Nach 0,8 Sekunden sind sie Geschichte. Andere Pressemitteilungen fallen auf: Redakteure lesen den Text an, werden neugierig, greifen zum Telefon. Es gibt Mitarbeiterzeitungen, die nicht nur gelesen, sondern aufbewahrt werden. Und Newsletter, bei denen der Reflex, sofort die Delete-Taste zu drücken, aussetzt. Was macht den Unterschied? Kreativität.

PR-Arbeit ist ein täglicher Kampf um Aufmerksamkeit. Seit der ersten Auflage dieses Buchs im Jahr 2007 ist dieser Kampf noch härter geworden. Die Informationsflut steigt täglich an. Millionen von Absendern – vom Nachbarn bis zum Weltkonzern – twittern, posten bei FACEBOOK oder kommunizieren über iPhone Apps. Es wird täglich schwieriger, mit Botschaften durchzudringen. Schon wartet die nächste Information, der nächste Reiz. Es ist das Realität geworden, was Internetpioniere in den 90er-Jahren prognostiziert haben: eine neue Gesellschaft, in der jeder Zugang zu einer nie gekannten Menge an Informationen hat; in der Menschen gezielt mit Botschaften angesprochen werden können; und in der jeder, der etwas Wichtiges oder Unwichtiges zu sagen hat, es in wenigen Sekunden der ganzen Welt mitteilen kann. Die Frage ist nur: Wer liest das alles?

Diese Meldung hingegen fällt auf:

VERWECHSLUNGSGEFAHR

Apple erwirkt einstweilige Verfügung gegen Eierbecher "eiPott"

23.08.2010   von Florian Matthey   Kommentare (61)

Apple muss sich keine Sorgen mehr machen, dass sich verwirrte Kunden in Deutschland statt einem iPod einen Eierbecher kaufen. Der Hersteller des beliebten Musik-Players hat eine einstweilige Verfügung gegen das Unternehmen Koziol erwirkt, das Eierbecher unter dem Namen "eiPott" verkauft.

Nach Angaben der BZ habe die Prüfung der Richter ergeben, dass eine Verwechslungsgefahr zwischen dem 8-Euro-Eierbecher und dem iPod bestehe. Das Produkt von Koziol orientiert sich in der Tat nicht nur hinsichtlich des Namens an dem Musik-Player, auch der Becher selbst ähnelt in seinen Umrissen einem iPod. Koziol dürfe sein Produkt nicht mehr unter dem Namen verkaufen, ansonsten drohe eine Ordnungsstrafe in Höhe von bis zu 250.000 Euro.

Dem Unternehmen bleibt zwar die Möglichkeit, gegen die Entscheidung des Gerichts vorzugehen. Davon will es aber anscheinend absehen: Eine Sprecherin hat der BZ zufolge angekündigt, den Namen und die Verpackung zu ändern.

Eine Meldung, die auffällt

Diese Meldung schafft das, was alle haben möchten: Aufmerksamkeit. Denn heute – ein Jahrzehnt nach den Visionen des allumfassend informierten Menschen – ist folgendes Phänomen zu beobachten: Statt gierig Informationen aufzusaugen, entwickeln Konsumenten immer bessere Vermeidungsstrategien, um unerwünschte Botschaften auszublenden. Es geht auch nicht anders: Wer alles lesen würde, was gesendet wird, würde im Irrenhaus landen. Denn vom Börsenkursanbieter bis zum Lokalpolitiker, vom Industrielobbyisten bis zum Internetblogger, vom Restaurantbesitzer bis zum Kundenberater – alle wollen nur eines: Aufmerksamkeit. Ob Fernsehbeiträge oder Radionachrichten, Artikel in Zeitungen und

Zeitschriften, Internet-Portale und mobile Informationsdienste. Nimmt man nun noch die Werbung dazu – Konkurrent der Öffentlichkeitsarbeiter beim Kampf um Aufmerksamkeit – kann man sich schnell ausrechnen, dass Konsumenten kaum eine Minute verbringen, ohne dass jemand versucht, ihre Aufmerksamkeit zu erlangen.

Aus Sicht der Umworbenen hilft nur eines: Filtern und ausblenden! Themen, die nicht auffallen und die uninteressant aufbereitet sind, erreichen – so das Ergebnis der modernen Hirnforschung – nicht einmal das Bewusstsein der Zielgruppe. Vielleicht freuen Sie sich als Pressesprecher, weil Sie Ihre Meldung in der Zeitung platzieren konnten. Doch das ist noch kein Garant dafür, dass ein Leser sie wirklich wahrnimmt. Konsumenten ertragen das Geschrei der Mediengesellschaft vielfach nur noch. Wie sie den Rasenmäher ihres Nachbarn ertragen, indem sie das Geräusch überhören: Ausblenden und Abschalten zählen zu den elementaren Überlebenstaktiken im Informationsdschungel.

Um den Filter der Konsumenten zu durchbrechen, müssen Sie als Pressesprecher, PR-Manager oder PR-Referent spannende Themen entwickeln, die sich vom Einheitsbrei der Medienlandschaft positiv abheben und die punktgenau das Interesse und die Situation der Zielgruppe treffen. Sie müssen unkonventionell an Themen herangehen, originelle Ansätze und neue »Drehs« finden, um Journalisten und Medienkonsumenten zu überzeugen und so Ihre Kunden in den Medien zu platzieren.

Heute und in Zukunft müssen Sie in der Öffentlichkeitsarbeit die Trends in den Medien berücksichtigen: Journalisten sind mehr und mehr gezwungen, neue Ideen zu entwickeln, um Leser, Hörer und Zuschauer davon zu überzeugen, ein journalistisches Produkt zu konsumieren. Zeitungen und Zeitschriften kämpfen gegen sinkende Auflagen, einem Großteil der Radiosender sind in den letzten Jahren die Hörer abhandengekommen und der Druck auf dem Werbemarkt führt dazu, dass in vielen Fernsehredaktionen heute mehr auf die Einschaltquote als auf den Inhalt geachtet wird. Erfolgreiche Öffentlichkeitsarbeiter wissen das: Sie sind Dienstleister, die dem Fernsehredakteur Quote und dem Zeitungsredakteur Auflage bringen. Dieses Erfolgsprinzip ist nicht neu. Warum ist Thomas Edison, der Erfinder der Glühbirne, zu einem der bekanntesten Erfinder der Geschichte geworden? Ein Grund ist, so schreibt Paul Israel in einer Biografie, dass er der Liebling der Boulevardpresse war, die mit »dem Zauberer« – wie er zu Lebzeiten genannt wurde – die Erfahrung machte: Jede Titelgeschichte mit Thomas Edison steigert die Auflage.

Das Prinzip ist heute das Gleiche wie vor 100 Jahren, doch die Zahl und die Zersplitterung der Medien, die Menge an Informationen, die Zahl der unterschiedlichen Medienmacher, die Geschwindigkeit, der Konkurrenzdruck der Informationsanbieter und das Verhalten der Zielgruppe haben sich geändert. Wenn es eine PR-Agentur heute schafft, im Auftrag eines Reiseanbieters ein Holiday Ressort an der türkischen Küste als Empfehlung in den Medien zu platzieren, war das früher ein großer Erfolg. Heute geht der internetaffine Reisende auf www.holidaycheck.de und prüft, wie andere Reisende das Ressort bewertet haben.

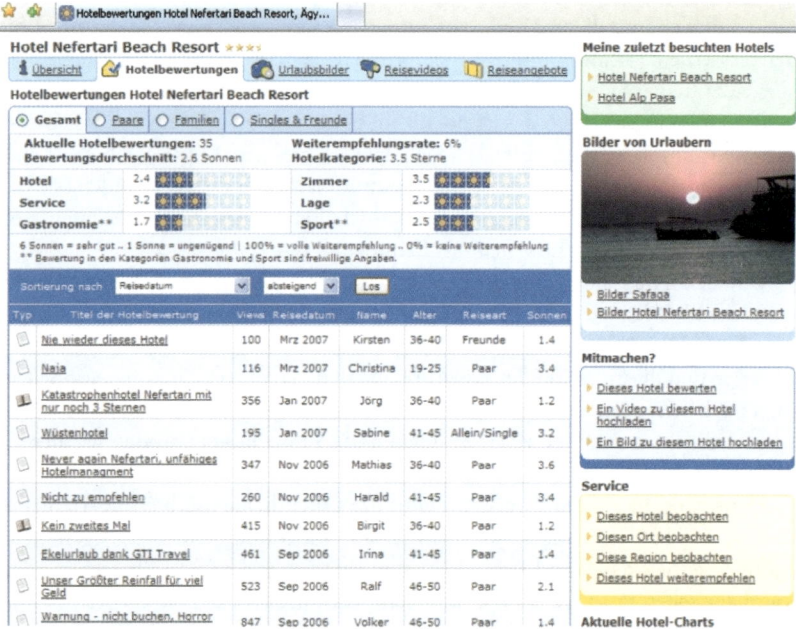

Knallharte Kritik im Web: holidaycheck.de

Bei diesem Hotel hilft die beste Kampagne nichts mehr: Wenn zehn Reisende eine als Traumhotel beschriebene Anlage verreißen, ist der Erfolg gleich wieder verpufft. Und der Reiseveranstalter, für den Sie vielleicht arbeiten, wird mit Worten wie »Ekelurlaub« in Verbindung gebracht. Im schlimmsten Fall schlägt der Erfolg ins Gegenteil um und die Zeitungsredaktion erhält wütende Mails von Lesern, die sich darüber beschweren, was für einen »Mist« die Zeitung empfiehlt. Mitarbeiter aus PR und Unternehmenskommunikation müssen heute mehrdimensionaler denken als früher, eine hochkreative Fähigkeit. Und sie müssen Ideen entwickeln, um den Zeitungsleser genauso anzusprechen wie den Internetuser auf der Suche nach weiteren Informationen.

Es ist nicht immer nur die eine große Idee, die eine Pressekampagne erfolgreich macht, sondern viele kleine: Die Idee, das Thema aus einer ungewöhnlichen Perspektive zu betrachten, eine überraschende PR-Aktion zu starten, eine originelle Überschrift oder gelungene sprachliche Bilder zu finden. Und natürlich: Ideen für die Ideenpräsentation zu finden. Eine gute Idee ist immer nur so gut wie ihre Präsentation.

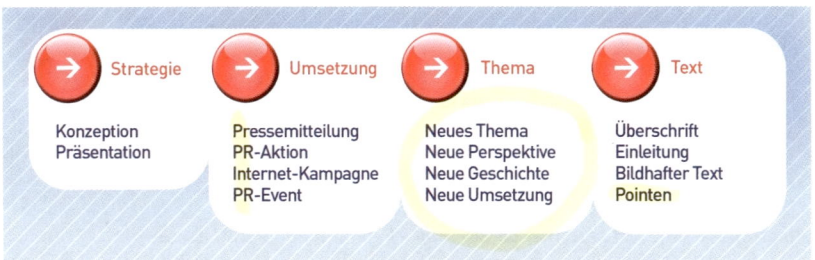

Viele kleine Ideen entscheiden über den Erfolg

2003 erschien im UVK-Verlag mein Buch »Journalistische Kreativität«, das Journalisten praktisch-methodische Anleitungen bietet, wie sie Themen generieren und kreativ weiterdrehen können. Dieses Buch hat deutlich gemacht, dass Kreativität im Journalismus nicht heißen muss, witzig oder humorvoll zu sein. Im Gegenteil: Kreativer Journalismus kann ernst und konservativ daherkommen. Ein Magazinjournalist, der ungewöhnliche Denkwege bei seiner Recherche beschreitet und neue Wege findet, um an Informationen heranzukommen, ist kreativ. Ein TV-Journalist, der für einen Beitrag eine unkonventionelle Bildsprache entwickelt, ist kreativ. Und ein Radiojournalist, der einem Interviewpartner originelle und überraschende Fragen stellt, ist kreativ. Journalisten, die es schaffen, Vorgänge an der Börse analytisch zusammenzufassen und in einer verständlichen bildhaften Sprache dem Publikum zu erläutern, sind kreativ. Kreativität hat viele Seiten. Das, was gemeinhin gerade von Werbe- und Kreativagenturen als Kreativität interpretiert wird, ist nur ein Teil davon.

Wozu müssen Sie kreativ sein, wenn Sie Pressesprecher in einem großen konservativen Konzern sind? Beispielsweise um Reden Ihres Vorstandsvorsitzenden so zu formulieren, dass Zuhörer sie verstehen. Natürlich können Sie so kommunizieren, wie es der Vorstandsvorsitzende der damaligen DaimlerChrysler AG in seiner Rede auf der Jahreshauptversammlung 2007 in Berlin getan hat:

»Wir haben die Gesamtsituation unseres Unternehmens im Laufe des letzten Jahres systematisch analysiert und unsere Geschäftsfeldstrategien auf den Prüfstand gestellt. In der Verwaltung haben wir das Neue Management Modell aufgesetzt. Damit bringen wir unsere Prozesse auf Benchmarkniveau. Wir entlasten die operativen Bereiche und werden insgesamt schneller und schlanker. Das führt weltweit in den Verwaltungsfunktionen zu einer Reduzierung von 6.000 Stellen. Insgesamt verringern wir unsere Verwaltungskosten bis 2009 um 1,5 Milliarden Euro. Mit der Umsetzung des Neuen Management Modells sind wir voll im Plan.

Bei der EADS haben wir unseren Kapitaleinsatz halbiert, aber unseren Einfluss beibehalten. Auch das haben wir im letzten Jahr an dieser Stelle angekündigt und zwischenzeitlich verwirklicht. Für die Mercedes Car Group haben wir das CORE-Programm weiter umgesetzt. Es
• schafft die Basis für Operational Excellence,
• stellt neue Produkte mit erstklassiger Qualität in den Mittelpunkt,
• stärkt die Marke und
• fördert nachhaltiges Wachstum.

Smart ist inzwischen voll in die Mercedes-Organisation integriert und wird, wie angekündigt, in diesem Jahr schwarze Zahlen schreiben. Damit werden wir die Mercedes Car Group zurück an die Spitze bringen und auch hier unser im letzten Jahr vorgestelltes Ziel erreichen, 2007 eine Umsatzrendite von 7 Prozent zu erwirtschaften. Inzwischen können wir allerdings hinzufügen: ›mindestens‹ 7 Prozent.

Für die Truck Group haben wir das ›Global Excellence‹-Programm gestartet, das Produktivität und weltweite Integration vorantreibt – bei maximaler Flexibilität. Es wird uns in die Lage versetzen, die für dieses Geschäft typischen, zyklischen Marktbewegungen besser zu beherrschen und über den gesamten Zyklus eine Umsatzrendite von mindestens 7 Prozent zu erwirtschaften. Einzelne Jahre werden darüber und andere – je nach Zyklus – darunter liegen. Dabei wollen wir auch in der Abschwungphase mindestens weiterhin unsere Kapitalkosten verdienen. Die Nagelprobe kommt in diesem Jahr – und wir sind sicher, wir werden sie bestehen.«

Mit einem solchen Text machen Sie inhaltlich nichts verkehrt. Im Gegenteil: Wenn das Hauptziel darin besteht, kryptisch zu reden, haben Sie es zu 100 Prozent erreicht. Der Großteil dessen, was Dieter Zetsche in seiner Rede sagt, landet bei einem durchschnittlich gebildeten und interessierten Zuhörer direkt im Spam-Filter, den Sie in diesem Buch kennen lernen werden.

Ein Großteil der Zuhörer wird spätestens am Ende des zweiten Absatzes Mühe haben, die Augen geöffnet zu halten. Nun kann systematisches Einschläfern der Zuhörer ja durchaus ein strategisches Ziel sein. Sollten Sie das bei der Formulierung einer Rede, eines Geschäftsberichts oder eines Textes vorhaben, können Sie sich mit dem Management-Blablator behelfen:

Management-Blablator

Was war's?	Wer war's?	Wozu hat es geführt?
Mit unserer neuen Strategie	... haben wir	... eine Topform erreicht.
Durch den eingeschlagenen Konsolidierungskurs	... hat das Unternehmen	... eine außergewöhnliche Performance zu verzeichnen.
Durch die Weiterentwicklung des Geschäftsmodells	... haben die verschiedenen Geschäftsfelder	... die Ziele nicht nur erreicht, sondern sogar übertroffen.
Durch die optimale Ressourcenverteilung	... hat die Gruppe	... die Wettbewerbsfähigkeit maßgeblich erhöht.
Durch die konsequente Umsetzung	... haben alle Sparten	... Benchmarkniveau erreicht.
Durch die vorgenommenen Kapazitätsanpassungen	... hat die Konzernebene	... die Basis für Operational Excellence geschaffen.
Durch die erfolgten Kostensenkungsmaßnahmen		... maximale Flexibilität erreicht.
Durch die Erhöhung der Profitabilität		... sehr erfreuliche Fortschritte gemacht.
Durch den optimierten Produkt-Mix		... die Finanzkraft nachhaltig gestärkt.
Durch die Effizienzsteigerungsmaßnahmen		... die Voraussetzungen für eine zukunftsfähige Ausrichtung geschaffen.

Kreativität ist das Mittel gegen Schlafpredigten: Würzen Sie Reden mit sprachlichen Bildern und Pointen, die das Management von einer sympathischen und menschlichen Seite zeigen. Mit Hilfe von Techniken wie dem Perspektivenwechsel, die Sie in diesem Buch kennenlernen werden, versetzen Sie sich in unterschiedliche Zielgruppen und sind in der Lage, Reden auf sie auszurichten.

Wozu ist Kreativität in der Kundenkommunikation erforderlich? Beispielsweise um Geschichten zu finden, die Sie im Internet oder in der Kundenzeitung veröffentlichen. Und ich meine dabei nicht Meldungen. Ich spreche von Geschichten: Emotionen, Human-Touch, Unterhaltsames. Geschichten, mit denen Sie Kunden nicht nur sachlich informieren, sondern ihnen ein Gefühl von Zugehörigkeit und Identifikation geben. Geschichten, die Kunden gerne lesen und über die sie sprechen. Vielleicht kennen Sie Weleda. Das Unternehmen stellt Kosmetik im Einklang mit Mensch und Natur her. Ähnlich aufgebaut ist das Unternehmensmagazin, das Weleda Magazin. Keine platte Produktwerbung, sondern Geschichten über große und kleine Menschen, die Kunden gerne lesen.

Guck mal, ich kann …

Jedes Kind ist einzigartig. Und jedes Kind hat seine eigenen Neigungen. Wir stellen fünf Mädchen und Jungen vor, die ganz in dem aufgehen, was sie lieben – und deshalb auch können.

Weleda: Human Touch in der PR

Wo ist der Return on Investment, wenn Unternehmen über Kinder berichten? Die Antwort: Es gibt keinen, den Sie mit den üblichen Methoden von Ursache und Wirkung messen können. Weleda hat nicht nur Kunden, sondern Fans. Das ist der Unterschied zu vielen anderen Unternehmen aus der Kosmetikbranche. Falls Sie es mir nicht glauben und diesen Text für billige Schleichwerbung halten, verbringen Sie einmal einen Nachmittag in einem Geburtsvorbereitungskurs. Jede Wette, dass die Hebamme als Missionarin auftritt und Ihnen Weleda ans Herz legt. Das wertvollste Kapital des Unternehmens ist neben den Produkten die Philosophie des menschlichen Miteinanders. Und genau diese Philosophie wird auf kreative Art und Weise im Kundenmagazin umgesetzt.

Was hat Kreativität in einer PR-Agentur verloren, die hauptsächlich technische Informationen aus dem IT-Bereich kommuniziert? Nun, viele Pressemitteilungen aus dem IT-Bereich ähneln einer schwer entzifferbaren koreanischen Gebrauchsanleitung: Zahlen, Daten, Fakten. Sicherlich interessant für Insider. Doch wer mit einer breiteren Öffentlichkeit kommunizieren will, muss Fachgesimpel auf Deutsch übersetzen. Und mehr noch: Dieses Deutsch dann so verpacken, dass es auch noch jemand lesen will.

Es gibt Institutionen, die in ihrer Kommunikation so unkreativ sind, dass sie am Ende niemand mehr wahrnimmt. Wenn Sie die Tagesordnung einer Parlamentssitzung in Straßburg lesen, haben Sie nach wenigen Absätzen Schwierigkeiten, die Augen geöffnet zu halten: Ähnlich wie bei Dieter Zetsche schlafen Sie auch hier schlichtweg ein. Wie lange dauert es bei Ihnen, bis Sie einen inneren Widerstand spüren, diese Meldung vom April 2007 zu Ende zu lesen?

> EP bedauert unambitioniertes Vorgehen der Kommission in Sachen Nachhaltigkeit natürlicher Ressourcen
>
> Der Ausschuss für Umweltfragen fordert in seinem Bericht nachdrücklich mehr Ehrgeiz von der Kommission, um die umweltpolitischen Ziele der EU voranzubringen. Die nachhaltige Nutzung von natürlichen Ressourcen müsse so schnell wie möglich forciert werden, Europa solle eine Führungsrolle im Bereich Umwelttechnologie einnehmen. Nur so könne man die gemeinsame Zukunft in Bezug auf Wirtschaft, Umwelt und Soziales sichern.

Sofort fragt man sich: Ist das, was da in Straßburg besprochen wird, langweilig und uninteressant? Lassen sich in den Tagesordnungen einfach keine guten Geschichten finden? Das Gegenteil ist der Fall: Ich habe ein gutes Jahr aus dem Europäischen Parlament berichtet und für N24 den Europa-Parlamentsreport produziert. Das Konzept dieser Sendung war im Prinzip ganz einfach: Aus unverständlichen europapolitischen Politikphrasen Geschichten zu machen, die einen durchschnittlichen deutschen Medienkonsumenten interessieren. Wir haben in jeder Parlamentssitzung Geschichten gefunden, die ohne Probleme Einzug in Massenmedien gefunden hätten.

Von der hürdenreichen Unternehmensgründung eines privaten Postanbieters in Ludwigshafen über den spannenden Kampf eines Luxemburger Abgeordneten gegen Insidergeschäfte an der Börse bis hin zu einer Geschichte, die an den Hauptmann von Köpenick erinnerte: Ein Unternehmen aus Trier, das sich in Frankreich um öffentliche Aufträge beworben hatte und das von den französischen Behörden stets zu hören bekam: »Als Grundlage für die Bewerbung um einen öffentlichen Auftrag müssen Sie nachweisen, dass Sie schon einmal einen öffentlichen Auftrag durchgeführt haben.« Zu Recht fragte der Unternehmer: »Wie soll ich einen öffentlichen Auftrag als Beleg anbringen, wenn ich keinen bekomme?«

Der letzte Fall versteckte sich hinter europapolitischen Phrasen von »Harmonisierung« und »grenzüberschreitende Regulierungen im öffentlichen Auftragswesen«. Wundert sich da irgendjemand, dass das Europäische Parlament in den Köpfen der meisten Deutschen nicht einmal ansatzweise präsent ist? Die Kommunikation, die aus dem Glaspalast von Straßburg kommt, eine Katastrophe zu nennen, wäre noch deutlich untertrieben: Es ist ein sich monatlich wiederholender PR-Gau. Ein Großteil der Abgeordneten betreibt »Bubble Communication«. Statt zu versuchen, einer breiten Öffentlichkeit die Arbeit des Parlaments deutlich zu machen, wird von der politischen Brüssel-Seifenblase (»bubble«) über die FAZ mit der politischen Berlin-Seifenblase kommuniziert.

»Bubble Communication« heißt: Ich rede in meiner Sprache mit denen, die meine Sprache sprechen. Diese Form der Kommunikation ist nicht nur im Europäischen Parlament anzutreffen: Auch die Berliner Politik redet regelmäßig an der breiten Öffentlichkeit vorbei. Es gibt eine eingeschworene Talk-Show-Community, die sich alles anhört, was von den üblichen Verdächtigen in den einschlägigen Sendungen abgesondert und als wichtig erachtet wird. Der Großteil der Öffentlichkeit verabschiedet sich dabei von der Politik. Frustriert und gelangweilt von einer Kommunikation, die so kreativ ist wie ein Telefonbuch.

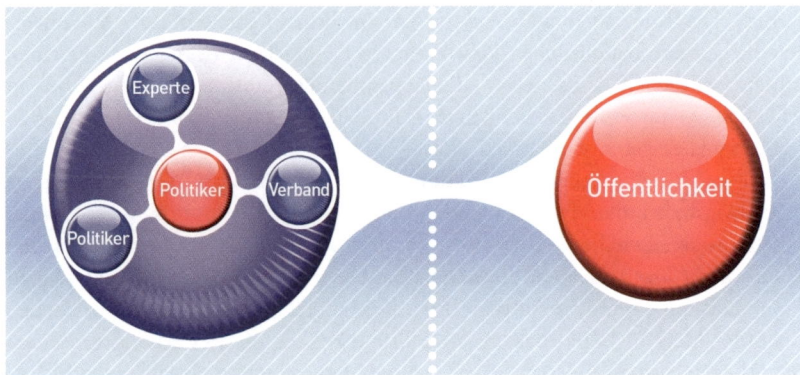

»Bubble Communication« – Kommunikation in der Seifenblase

Es sind nicht nur Politiker, sondern Entscheider generell, die vielfach einen Hang zur »Bubble Communication« haben. Und häufig lässt es sich nicht einmal vermeiden: Das Gespräch mit verschiedenen Interessensgruppen wie Investoren, Politik und Gewerkschaften ist fester Bestandteil vieler Kommunikationsstrategien. Doch was ist mit der Öffentlichkeit? Den Menschen, die über das Unternehmen sprechen? Die, die aus dem Bauch heraus sagen, das Unternehmen sei gut oder schlecht, habe eine hohe oder niedrige Qualität? Die, die sich nicht die Arbeit machen, Dutzende von Messdaten miteinander zu vergleichen? Mit ihnen muss anders kommuniziert werden. Und was ist mit den verschiedenen Zielgruppen innerhalb der Öffentlichkeit? Mütter? Berufstätige? Leistungsträger? Studenten? Ältere Menschen?

Die Deutsche Telekom geht den kreativen Weg, um teilweise recht trockene Inhalte an ihre Mitarbeiter zu vermitteln. Das Mitarbeitermagazin YOU AND ME, von einer internationalen Jury unter mehr als 200 Einreichungen zur besten Mitarbeiterzeitung Europas gekürt, sieht nicht nur aus wie ein Lifestyle-Magazin, es liest sich auch so. Stellen Sie sich einen Beitrag zum Thema »Parken in der unternehmenseigenen Tiefgarage« vor. Normalerweise legen Sie das Heft schon beim Lesen der Schlagzeile aus der Hand. YOU AND ME macht im März 2010 daraus eine Schlagzeile: »Warum? 33 Fragen, die Sie sich schon immer gestellt haben und auf die Sie bisher keine Antwort bekommen haben.« Das Heft, das an etwa 200.000 Mitarbeiter verteilt wird, ist kein buntes Sammelsurium von Beiträgen, sondern konzentriert sich auf ein Thema, das dann von den Mitarbeitern auch durchaus kontrovers diskutiert wird. Nicht nur im Heft, sondern auch im Intranet, wo Mitarbeiter Meinungen austauschen.

You and me – Inhalte phantasievoll verpackt

Dieses Buch wird Ihnen kreative Techniken vorstellen, die es Ihnen ermöglichen, Themen und Texte so zu entwickeln, dass Sie mit verschiedensten Zielgruppen individuell kommunizieren können. Und zwar so, dass Ihnen die Empfänger der Botschaft auch wirklich zuhören. Diese kreativen Fähigkeiten sind gerade deshalb heute wichtiger denn je, weil sich die PR-Branche massiv ändert. Mittels »Micro-Targeting« sind PR-Agenturen und Presseabteilungen heute in der Lage, Zielgruppen genauer zu identifizieren und anzusprechen. Das setzt allerdings voraus, dass sie mit diesen Zielgruppen auch wirklich kommunizieren können.

Noch ein zweiter Trend beherrscht die PR-Branche: Was früher sauber getrennt war, verschmilzt heute zunehmend. Was ist PR? Was ist Marketing? Was ist Werbung? Und lässt sich das überhaupt noch trennen? Wenn ein Unternehmen einen Prominenten für eine Werbekampagne engagiert, weil es sich durch die Medienpräsenz des Prominenten einen PR-Effekt erhofft, ist es Marketing oder PR? Wenn die Marketingleitung eines Unternehmens mit einem Hörfunksender eine Kooperation eingeht, bei dem redaktionelle Beiträge Bestandteil eines Werbepakets sind und diese Beiträge von einem PR-Journalisten umgesetzt werden: Ist es PR? Ist es Werbung? Und wenn diese Beiträge anschließend für Mitglieder einer Internet-Community im Rahmen eines Gewinnspiels als Podcast angeboten werden, ist es Online-PR oder Online-Marketing? Und wenn ein Event mittels viralem Marketing im Internet kommuniziert wird, dessen Hauptzweck darin besteht, Presseberichterstattung zu bekommen – worüber reden wir? Über

Eventmanagement? PR? Oder virales Marketing? Und wenn die PR-Agentur am Ende feststellt, dass die virale Kampagne für mehr Gesprächswert gesorgt hat als die Presseberichterstattung, war es dann rückblickend Online-Marketing oder Guerilla-Marketing oder doch eher PR mit einer Nuance Guerilla-PR? Und in welche Kategorie fällt die Geschichte des kleinen Provinznestes Finsdorf?

Für reichlich Verwunderung sorgten die im Amateurstil gedrehten Werbespots für die kleine Gemeinde Finsdorf, die 2009 auf Pro Sieben zu sehen waren. Unter dem Motto »Raus aus der Stadt – Rein ins Vergnügen« wurde die vermeintliche Idylle des selbsternannten »Juwels der Heide« angepriesen. Zu sehen: Ein qualmendes Atomkraftwerk, rollerfahrende Jugendliche und biertrinkende Männer beim Feuerwehrball in der Dorfkneipe.

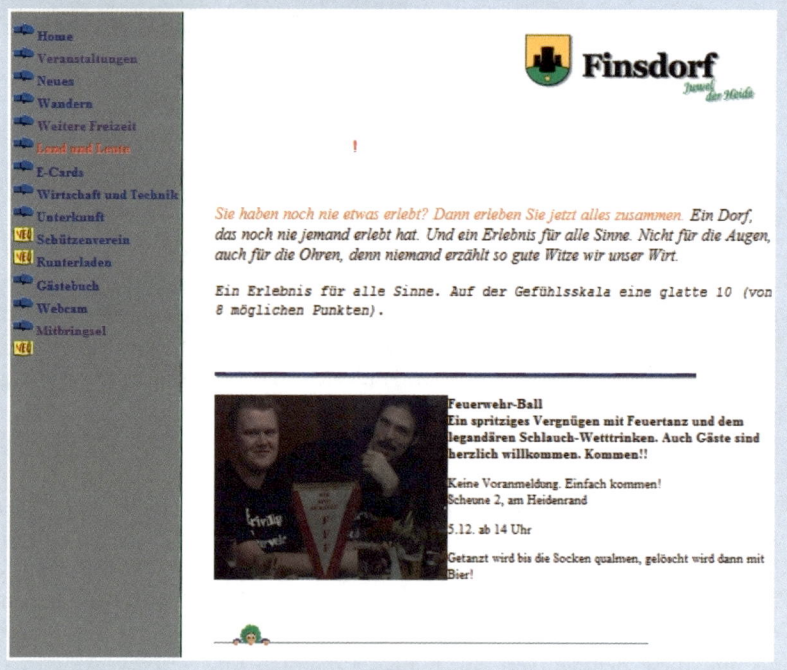

Wer sich online auf die Suche begab, wurde schnell fündig: Die offizielle Internetpräsenz des Örtchens www.finsdorf.de wirbt für Eselreiten auf dem spanischen Halbblut-Eselshengst Pako, bunte TV-Abende in fröhlicher Runde bei Helga und Gerda sowie für Kraut- und Rübensammeln, bei welchem es immer noch den Rekord von Karl-Heinz zu knacken gilt! Der Kartenanbieter GoYellow lieferte sogar ein Satellitenbild der sonst nirgendwo verzeichneten Kleinstadt mitsamt des Atomkraftwerks. Was steckte dahinter? In Foren, Blogs und Chats wurde wild diskutiert, was sich hinter dieser groß angelegten Medienkampagne verbergen könnte. Die Auflösung: Unter der Rubrik »Neues« wurden auf www.finsdorf.de zwei neue Einwohner herzlich begrüßt: Zum einen Heinz Eberhard Plüfke (Zurück aus der Stadt! Wir freuen uns, dass du wieder da bist Plüfke! P.s. Viel Erfolg mit den Kälbern!) Und dann ein gewisser Bernd Stromberg, welcher als Filialleiter einer neuen Niederlassung der Capitol-Versicherung schon bald Sicherheitspakete für die Bewohner zu schnüren gedenkt ...

Es handelte sich bei der Finsdorf-Affäre um nichts anderes als eine hocherfolgreiche virale Kampagne zur Bewerbung der neu anlaufenden vierten Staffel des Büroekels Stromberg. Infolge eines Streites mit dem Kantinenchef wird dieser nämlich gleich zu Beginn in das kleine Provinznest strafversetzt. Und muss sich fortan in seiner persönlichen Hölle bewähren. GoYellow hatte hierfür die Ortschaft Böddenstedt kurzerhand umgetauft – und das Atomkraftwerk virtuell auf einer freistehenden Fläche errichtet.

Wo genau verläuft die Schnittstelle zwischen Marketing und PR? Lässt sie sich definieren? Und muss sie sich überhaupt definieren lassen? Faktisch reden wir schon lange über PR 2.0 mit vielen Schnittstellen zu Marketing 2.0, Journalismus 2.0 und Eventmanagement 2.0. Kommunikationsstrategien zu entwickeln wird dabei nur scheinbar leichter. Genügte es früher, eine Pressemappe zu gestalten, die verschiedenen Zeitungsausschnitte zu präsentieren und die Reichweiten der Zeitungen dazu zu addieren, sind Erfolge jetzt plötzlich messbar. Natürlich kann der Vorsitzende eines großen Brauereikonzerns via Podcast jetzt direkt mit Konsumenten über die Lage der Getränkeindustrie kommunizieren und braucht dafür die Zeitung nicht mehr. Doch die Abrufzahlen sprechen schnell eine klare Sprache: Wen interessiert es? Wahrscheinlich ist die Rede zur Lage der Getränkeindustrie – abgedruckt im Wirtschaftsteil der Lokalzeitung – schon früher an der breiten Öffentlichkeit vorbeigegangen, nur hat es da niemand gemerkt. Jetzt plötzlich sind Pressesprecher und PR-Agenturen mit etwas konfrontiert, was TV-Journalisten seit langem kennen: Quotendruck. Im Web 2.0 müssen User neugierig gemacht werden, sonst strafen sie das Angebot durch Missachtung. Und vor allem um User neugierig zu machen, brauchen Unternehmen, Verbände und Institutionen eines: Kreativität.

Ideenlose Kampagnen hingegen können auch von Computern konzipiert werden. Laut Angaben der NEW YORK TIMES hat die Pariser Agentur BETC Euro RSCG eine Software entwickelt, in welcher der Benutzer lediglich einige Angaben zur Zielgruppe und dem Ziel der Kampagne eingeben muss. Daraufhin werden automatisch Vorschläge für das Verpackungsdesign, Werbeanzeigen etc. generiert. Oder war diese Meldung vielleicht doch nur ein Musterbeispiel kreativer PR?

Dieses Buch zeigt Ihnen die Möglichkeiten kreativer PR. Beachten Sie dabei jedoch unbedingt eines: Kreativität alleine macht Kommunikation nicht erfolgreich! Kreative Prozesse müssen eng mit der Kommunikationsstrategie eines Unternehmens oder einer Institution verknüpft sein. Kreative PR hat nichts mit künstlerischer oder gestalterischer Selbstverwirklichung zu tun, sondern dient einzig und alleine dazu, Kommunikationsziele zu erreichen. Dieses Buch geht deshalb über eine reine Anleitung zur Kreativität hinaus. Es zeigt, wie Sie mit neuen Ideen Ihre eigenen Strategien und die Strategien Ihrer Kunden besser umsetzen können. Es stellt Ihnen Denktechniken vor und zeigt, wie Sie sie nutzen können, um bei Ihren Kunden und in Ihrer Kommunikation erfolgreich zu sein.

Zur Orientierung im Buch: Kreativfragen, Zusammenfassungen und Übersichten sind gelb, illustrierende Beispiele sind hellblau unterlegt.

1 Lies mich! Schau mich an! Hör auf mich! – Der tägliche Kampf um Aufmerksamkeit

Bevor Sie beginnen, mit Hilfe kreativer Methoden zu versuchen, die Aufmerksamkeit von Journalisten und/oder Ihrer Zielgruppe zu bekommen, ist es wichtig, sich einige grundlegende Gedanken über das Thema Aufmerksamkeit zu machen. Wem schenken Sie Ihre Aufmerksamkeit? Was beachten Sie, was ignorieren Sie? Gehen Sie einmal in sich und überlegen Sie, warum Sie Menschen oder Dingen Aufmerksamkeit schenken und warum nicht. Sie werden feststellen, dass der Weg zu Ihrer Aufmerksamkeit durch ein Nadelöhr führt. In diesem Nadelöhr muss jede Information vier Hindernisse überwinden: Die Bereitschaft zur Aufmerksamkeit, die Offenheit gegenüber dem Absender, die subjektiv empfundene Wichtigkeit und die Überlegenheit der Information gegenüber konkurrierenden Informationen. Das heißt: Wer immer gerade Ihre Aufmerksamkeit haben möchte, muss Sie davon überzeugen, dass er oder sie das Attraktivste ist, was es gibt.

Ich stelle Ihnen die einzelnen Punkte nacheinander vor. Damit Sie Ideen entwickeln können, wie Sie die verschiedenen Hindernisse im Nadelöhr überwinden können, stehen am Ende jedes Abschnitts Fragen, die Sie als Ausgangspunkt für den kreativen Prozess nutzen können. Denn am Anfang einer Ideenentwicklung, das werden Sie in diesem Buch noch häufiger erfahren, steht eine ganz konkrete Fragestellung.

1.1 Knacken Sie die Hirnfilter! – Vier Hindernisse auf dem Weg zur Aufmerksamkeit

Erstes Hindernis: Die Bereitschaft zur Aufmerksamkeit

Sind Sie schon einmal an einem Flughafen einem Promotionteam begegnet, das versucht hat, Ihnen einen Zettel in die Hand zu drücken, während Sie gerade gestresst zum Gate laufen? Wie groß ist die Chance, dass dieses Promotionteam Ihre Aufmerksamkeit bekommt? Wahrscheinlich so gering, dass ihnen die lächelnden Mitarbeiter eine Million Euro versprechen könnten und Sie würden sagen: »Keine Zeit!« Dann endlich haben Sie es geschafft. Sie haben eingecheckt, Sie sind durch die Sicherheitskontrolle durch und Sie warten. »Der Einstieg verzögert sich leider noch um fünf Minuten«, sagt eine freundliche Stimme und im gleichen Moment beginnen Sie, nach Dingen zu suchen, die Ihren Geist beschäftigen. Sie sind bereit, Ihre Aufmerksamkeit zu vergeben. Erst jetzt haben Informationen überhaupt eine Chance bei Ihnen: Sie sehen sich um, Ihr Blick bleibt an einem Plakat hängen, Sie nehmen sich eine Zeitung. Wenn keine Zeitung da ist, sogar einmal einen Prospekt. Und dann verzögert sich das Einsteigen wieder. Und weil nichts anderes da ist als der Prospekt, beginnen Sie, ihn intensiver zu lesen.

Warum sind AdWords bei Google so erfolgreich? Weil das System genau nach diesem Prinzip funktioniert: Jemand sucht nach bestimmten Begriffen im Internet, beispielsweise »Rheuma«. Damit demonstriert er: Ich bin bereit, dem Thema Aufmerksamkeit zu schenken. Rund um die Ergebnisliste platzieren Anbieter

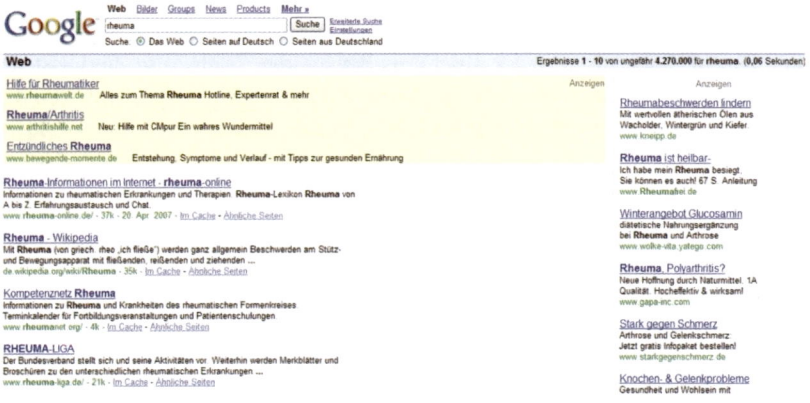

Google AdWords – Aufmerksamkeit garantiert

entsprechend ihre Ergebnisse: Vom Expertenrat über Anleitungen bis hin zum Wundermittel.

Doch versuchen Sie einmal, an dieser Stelle Aufmerksamkeit für die Produktvorteile von Kinderspielzeug zu bekommen. Sie werden es nicht schaffen. Die Bereitschaft, Informationen zu diesem Thema aufzunehmen, ist einfach nicht vorhanden.

Wo es keine Bereitschaft zur Aufmerksamkeit gibt, ist jeder Versuch, eine Botschaft zu platzieren, zum Scheitern verurteilt. Wenn Sie die Bereitschaft zur Aufmerksamkeit jedoch erkennen und kreativ nutzen, können Sie große Effekte erzielen, wie das nachfolgende Beispiel zeigt:

> Beobachten Sie einmal Menschen, die aus einem Flugzeug steigen und auf ihr Gepäck warten. Sobald sich das Rollband in Bewegung setzt, starren sie gebannt auf die kleine Luke, aus der die Gepäckstücke kommen. Man könnte beinahe meinen, die Luke habe eine magische Ausstrahlung, so viel Aufmerksamkeit bekommt sie. Die Firma Sixt hat sich genau das zu Nutze gemacht und das Konzept des »ersten Koffers« entwickelt: Der erste Koffer, der aus der Luke kommt, wirbt für die günstigen Autos von Sixt.

Als kreativer PR-Manager können Sie sich von diesem Konzept des »ersten Koffers« etwas abgucken: Entwickeln Sie Ideen, wie Sie es schaffen, Informationen dort zu platzieren, wo Menschen Ihre Aufmerksamkeit freiwillig hinlenken. Versetzen Sie sich dazu in die Situation Ihrer Zielgruppe.

Nehmen wir an, Sie arbeiten im Auftrag eines Kofferherstellers und haben die Aufgabe, Reisenden die Vorzüge einer neuen Koffergeneration näherzubringen. Natürlich können Sie einen Koffer-Newsletter initiieren oder an Bahnhöfen Promotionteams platzieren. Bei Newslettern, die Sie ungefragt versenden, landen Sie jedoch schnell im Spam-Filter und das Promotionteam am Bahnhof erleidet womöglich das gleiche Schicksal wie das am Flughafen. Beobachten Sie stattdessen Ihre Zielgruppe genau! Gehen Sie die gleichen Wege, beobachten Sie, an welchen Stellen Menschen warten, wohin sich ihre Blicke richten und wie sie sich verhalten. Wohin gucken sie, wenn sie auf den Zug warten? Wie viele Reisende lesen das Faltblatt »Ihr Reiseplan« in der Bahn? Wie viele lesen das Bordmagazin? Wie viele Reisende – gerade in der ersten Klasse – lesen die speziell gedruckte und kostenlos ausgeteilte Zeitung?

Nun können Sie nicht immer so einfach am Leben einer bestimmten Zielgruppe teilnehmen bzw. die Zielgruppe begleiten. Wenn Sie beispielsweise PR-Aktionen für eine Messe vorbereiten, muss die Planung abgeschlossen sein, bevor die Messe beginnt. Für solche Fälle empfehle ich Ihnen die »Gedankenreise«, eine kreative Technik, mit der Sie sich vom Schreibtisch weg in eine andere Welt begeben. Schließen Sie die Augen und stellen Sie sich bildhaft den Weg vor, den Menschen aus ihrer Zielgruppe gehen. Lassen Sie sich Zeit, gehen Sie den Weg Schritt für Schritt und lassen Sie nichts aus. Wir neigen dazu, Schritte zu überspringen, aber genau das macht den Unterschied aus! Schließlich spielt sich das wahre Leben in realer Zeit und nicht im Fast-Forward-Modus ab. Überlegen Sie ganz genau, wohin Sie Ihre Aufmerksamkeit lenken, welche Sinnesreize in jeder Sekunde auf Sie einströmen, wann Sie in Ihrem Kopf auf Informationsvermeidung und wann Sie auf Informationsaufnahme schalten.

Zugegeben: Wenn Sie in einem Großraumbüro arbeiten, könnte es etwas merkwürdig aussehen, wenn Sie gemütlich angelehnt mit geschlossenen Augen auf Ihrem Bürostuhl sitzen, während um Sie herum alle anderen emsig arbeiten. Aber wer sagt, dass Kreativität nur auf die normalen Bürozeiten beschränkt ist und nur im Büro stattfinden darf? Nicht umsonst hat die Agentur Zum goldenen Hirschen in Ihrer Firmenphilosophie diesen Leitspruch verankert: »Wer 200 Tage im Jahr im Büro sitzt, verblödet.«

Kreativfragen *Bereitschaft zur Aufmerksamkeit*

- Wohin lenken Menschen ihre Aufmerksamkeit?
- Wie können wir das nutzen?

Koffer beispiel

Zweites Hindernis: Die Zielgruppe muss sich dem Absender der Botschaft öffnen

Stellen Sie sich vor, Sie schließen einen DSL-Vertrag bei einem Anbieter ab. Wenige Tage nachdem der Anschluss geschaltet wurde, bekommen Sie einen Anruf. Es meldet sich eine sympathische männliche Stimme und fragt Sie: »Hat alles gut geklappt?« Wie reagieren Sie? Wahrscheinlich sind Sie erfreut darüber, dass das Unternehmen Sie so ernst nimmt und sich so sehr für Sie interessiert. Die freundliche Stimme sagt anschließend: »Für Sie als Neukunden haben wir noch ein Willkommensgeschenk.« Wieder einmal freuen Sie sich. Mit so viel Aufmerksamkeit hätten Sie nicht gerechnet. Das »Willkommensgeschenk« entpuppt sich als Probeabo zum Sonderpreis. Ihre DSL-Firma war nicht nett zu Ihnen, sie hat sich auch nicht dafür interessiert, ob Sie ein glücklicher Kunde sind, sondern hat Ihre Daten an einen Zeitschriftenvertrieb weitergegeben, der Ihnen ein

Abonnement verkaufen will. Der Trick hat funktioniert: Sie waren dem Anrufer gegenüber offen und erst einmal geneigt, ihm zuzuhören.

Wie hätten Sie reagiert, wenn der Anrufer gesagt hätte: »ABC Zeitschriftenvertrieb, guten Tag. Haben Sie Interesse an einem Abo?« Sie hätten sich mit hoher Wahrscheinlichkeit über den Anruf beschwert und wütend aufgelegt. Warum? Ihrer DSL-Firma gegenüber sind Sie offen (oder zumindest waren Sie es bis zum Anruf des getarnten Zeitschriftenvertriebs), dem ABC-Zeitschriftenvertrieb gegenüber nicht.

Wie offen sind die Menschen, mit denen Sie kommunizieren wollen, Ihnen gegenüber? Journalisten stehen PR-Agenturen und Pressesprechern kritisch gegenüber. Das ist ihr Job und sie würden ihn schlecht machen, wenn sie PR-Angeboten gegenüber allzu offen sind. Und andere Zielgruppen? Bei ihnen hängt es zum großen Teil davon ab, wie viel kommunikative Erfahrung sie haben und wie kritisch sie sind. Natürlich informiert die Pressestelle eines Pharmakonzerns über die Vorzüge eines neues Medikaments. Doch so sehr sie sich in ihrer Kommunikation bemüht, sie wird nie so viel Glaubwürdigkeit besitzen wie ein anerkannter Professor. Selbst wenn der Professor wortwörtlich den Text der Pressemitteilung wiedergibt, ist die Zielgruppe ihm gegenüber offener.

Entwickeln Sie kreative Strategien, wie Sie Offenheit schaffen können! Unter Umständen macht es wenig bis überhaupt keinen Sinn, die Vorzüge eines bestimmten Produkts oder eines bestimmten Menschen direkt an die gewünschte Zielgruppe zu kommunizieren. Wenn Sie beispielsweise daran denken, Ihren Arbeitgeber zu wechseln oder einen potentiellen Kunden von den Vorzügen Ihrer Agentur zu überzeugen, können Sie natürlich anrufen und sagen, dass Sie gut sind. Doch wie würden Sie reagieren, wenn Sie von jemandem angerufen werden, von dem Sie noch nie gehört haben und der Ihnen seine Qualitäten schildert? Wahrscheinlich wären Sie skeptisch. Aber wie wäre es, wenn ein von Ihnen geschätzter Kollege am Tag zuvor von der phantastischen Arbeit des Anrufers geschwärmt hätte? Mit hoher Wahrscheinlichkeit wären Sie ihm gegenüber offener.

Die Barclays Bank in London hat eine ungewöhnliche PR-Initiative gestartet, mit der sie für Offenheit und ein positives Image sorgt. Die Bank ist der Sponsor für das Londoner Fahrradprogramm, einer Initiative gegen den immer dichter werdenden Stadtverkehr. Durch »Barclays Cycle Hire« hat das Unternehmen immer wieder einen Grund, mit Journalisten und der Öffentlichkeit in Kontakt zu treten. Viel spannender als nur zu berichten, dass das Kreditvolumen der Bank 100 Milliarden britische Pfund überschritten hat.

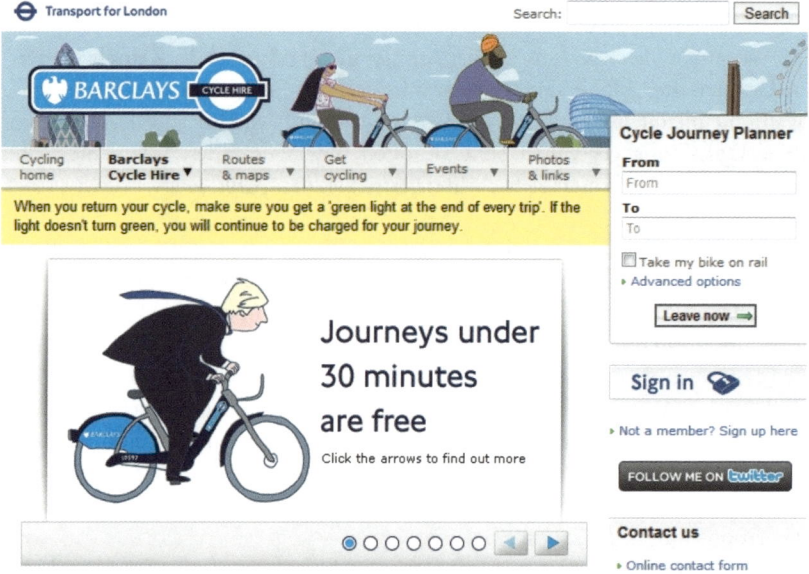

Offenheit schaffen mit Dingen, die bewegen

Auch wenn Sie zu einem Thema eine Umfrage oder eine Studie von einem anerkannten Institut oder einem anerkannten Lehrstuhl durchführen lassen, erhöht
das die Offenheit von Journalisten gegenüber einer Information. Das Gleiche gilt,
wenn Sie Informationen so gestalten, dass sie in eine positiv besetzte Schublade
– beispielsweise Klimaschutz – passen. Aber Achtung! Offenheit hat viel mit
Vertrauen zu tun! Sie sollten keinesfalls versuchen, Informationen zu »frisieren«!
Gerade Journalisten erkennen Luftblasen schnell und setzen den Absender solcher
Medien-Fakes – zu Recht – auf eine schwarze Liste.

Kreativfragen *Offenheit*

- Welchen Absendern von Botschaften vertraut unsere Zielgruppe?
- Welchen Absendern von Botschaften gegenüber ist unsere Zielgruppe offen?
- Welches »Label« muss eine Information folglich tragen, damit die Zielgruppe
  ihr gegenüber positiv aufgeschlossen ist?

Drittes Hindernis: Informationen müssen
als wichtig empfunden werden

Wichtigkeit entsteht im Kopf des Empfängers, nicht des Absenders. Wenn Sie ein bestimmtes Thema in Ihrem Unternehmen oder im Unternehmen Ihres Kunden für wichtig halten, bedeutet das noch lange nicht, dass es ein Journalist, ein Zeitungsleser oder ein Fernsehzuschauer auch für wichtig hält.

Der Vorstand eines Unternehmens jubelt, weil nach langen zähen Verhandlungen endlich ein Einstieg in den chinesischen Markt gelungen ist und damit die Erträge langfristig gesichert sind. Dummerweise ist diese Sensation der Lokalzeitung in ihrem Wirtschaftsteil gerade mal eine kleine Meldung wert. Der Vorstand schäumt vor Wut und fordert mehr Berichterstattung. Sie führen eine Pressekonferenz durch, in der der Vorstandsvorsitzende in Begleitung seiner Assistentin den anwesenden Journalisten lange und ausführlich erklärt, wie wichtig das Geschäft für die Region ist. Einer der Journalisten fragt, ob die Assistentin des Vorstands bei den Verhandlungen in China mit dabei war. Am nächsten Tag finden Sie in der Zeitung ein Foto von ihr, darunter die Überschrift: »Die Frau, die den Chinesen den Kopf verdreht.« Der Vorstandsvorsitzende kocht vor Wut: »Sind die denn alle zu blöd?«

Nein, sind sie nicht. Sie haben nur andere Prioritäten. Journalisten haben ein anderes Wertungssystem als Manager. Sie überlegen immer, welche Art von Geschichten bei ihrem Publikum auf Interesse stößt und wie sie Informationen verpacken müssen, damit sie ankommen. Ich arbeite unter anderem mit Fernsehredaktionen zusammen und analysiere, wie sich die Aufbereitung von Informationen auf die Einschaltquote auswirkt. Es gibt nur wenige andere Bereiche im Journalismus, wo sich anhand von Zahlen so genau zeigen lässt, wie das, was eine Redaktion tut, bei den Zuschauern ankommt. Wenn im Fernsehen Themen laufen, die Redakteure für wichtig halten, die Zuschauer aber nicht, bricht die Einschaltquote sofort ein. Wenn Experten es in einem Interview nicht schaffen, sich so auszudrücken, dass Zuschauer sie verstehen, drückt ein Großteil des Publikums kollektiv auf die Umschalttaste.

Es geht so weit, dass Zuschauer Informationen regelrecht vermeiden, die für sie zwar wichtig sind, die jedoch nicht in ihre subjektive Wichtigkeitsskala passen. Wenn ein Fernsehmagazin einem Publikum, das mehrheitlich aus Bewegungsmuffeln besteht, erklärt, dass der Weg zur Gesundheit in regelmäßiger Bewegung besteht, sinkt die Quote: Zwar können diese Informationen Zuschauer vor massiven Gesundheitsproblemen schützen, doch der Bewegungsmuffel will das nicht wissen. Für ihn ist so ein Beitrag unwichtig. Themen wie »Ein Glas Wein täglich schützt das Herz« oder »Die Fitness-Pille« kommen bei diesem Publikumstyp hingegen fantastisch an. Bewegungsmuffel fühlen sich in ihrem Lebensgefühl bestätigt. Für sie ist so ein Beitrag so wichtig, dass sie Freunden und Verwandten stolz davon erzählen und somit jedem demonstrieren, wie gesund sie leben.

Egal wie fachspezifisch eine Meldung ist, egal wie speziell die Zielgruppe ist, eine Meldung, die es nicht schafft, Wichtigkeit zu vermitteln, wird niemals in das Zentrum der Aufmerksamkeit gelangen. Ein typischer Fehler beispielsweise bei Pressemeldungen über Software-Updates und neue Versionen. Die Techniker sind so sehr von ihren eigenen Entwicklungen begeistert, dass sie komplett vergessen: Die Meldung muss für den Leser wichtig sein, nicht für sie. So vermeldet ein Softwarehersteller im August 2010 stolz:

»Die Enterprise Edition 3.3 des führenden Anbieters von Open Source Enterprise Content Management (ECM)-Software ist jetzt für Ubuntu 10.04 LTS Server Edition zertifiziert. Der Stack wurde aufgrund der zunehmenden Marktnachfrage entwickelt und bietet eine leistungsfähige und gleichzeitig kostengünstige Open-Source-Option für Kunden, die eine skalierbare und zuverlässige Plattform benötigen … Nach der Einführung von Ubuntu 10.04 als langfristig unterstützte Version durch Canonical hat unser Unternehmen Qualitätssicherungstests auf Ubuntu in die neueste Enterprise Version 3.3 aufgenommen. Der zertifizierte Stack wurde im Hinblick auf Versionen von MySQL, OpenOffice und OpenJDK getestet, die aus dem Ubuntu Partner Repository und unseren Distributionen entnommen wurden.«

Alles klar? Alles verstanden?

Menschen lassen sich nicht dazu zwingen, Informationen, an denen sie kein Interesse haben, aufzunehmen. Wenn sich jemand partout nicht für Ubuntu interessiert, können Sie ihn 24 Stunden am Tag mit einer Botschaft beschallen, er wird sie ignorieren. Der Bremer Hirnforscher Gerhard Roth hat das Aufmerksamkeitssystem des menschlichen Gehirns untersucht und sehr gut erklärt, warum manche Informationen partout nicht in den Köpfen der Empfänger ankommen. Roth geht davon aus, dass dem menschlichen Bewusstsein ein Filter im Unterbewusstsein vorgeschaltet ist, d.h., dass es im Kopf eine Bewertungsinstanz gibt, die darüber entscheidet, ob eine Information überhaupt bis in das Bewusstsein vordringt. Man könnte diese Bewertungsinstanz mit einem Spam-Filter vergleichen, der davor bewahren soll, in der Flut der »Natural Viagra«-Mails und der supergünstigen Kreditangebote die wichtigen Mails zu übersehen.

Die Zahl der Informationen, die einen Menschen täglich zwischen dem Erwachen und dem Zubettgehen erreichen, wird auf ca. 10.000 geschätzt. Glenn Wilson, Psychiater am King's College in London, hat in klinischen Versuchen getestet, was passiert, wenn Menschen diese Informationsflut nicht bewältigen. Er setzte 1.100 Teilnehmer einer konstanten Flut von E-Mails aus. Das Ergebnis: Die Teilnehmer wurden schläfrig und lethargisch. Je mehr Mails sie zu bewältigen hatten, desto mehr verloren sie ihre Fähigkeit, sich auf Dinge zu konzentrieren. Wilson ging sogar noch einen Schritt weiter: Er führte bei den Teilnehmern der Studie vorher und nachher IQ-Tests durch. Das Ergebnis: Die Informationsflut verringerte den IQ der Teilnehmer um zehn Punkte. »Die Ablenkung durch konstante E-Mails, Text- und Telefonbotschaften sind eine größere Gefahr für den IQ und die Konzentration als Cannabis«, schreibt die englische Zeitung GUARDIAN 2005. In Studien von Cannabis-Nutzern hatten Wissenschaftler einen IQ-Verlust von durchschnittlich vier Punkten festgestellt.

Als Empfänger von Botschaften haben Sie jeden Grund, Ihrem Aufmerksamkeitssystem dankbar zu sein. Ihr Spam-Filter im Kopf schützt ihren IQ. Als Absender von Botschaften – also als PR-Manager – bereitet Ihnen dieses Aufmerksamkeitssystem jedoch mehr Probleme, als Ihnen lieb ist: Sie müssen es knacken, damit Ihre Botschaft beim Empfänger hängen bleibt. Dazu allerdings müssen Sie es zunächst einmal kennenlernen: Der Spam-Filter in Ihrem Kopf untersucht alle eingehenden Informationen und klassifiziert sie nach den Kriterien *wichtig – unwichtig* sowie *bekannt – nicht bekannt*. Erst wenn das Aufmerksamkeitssystem »ein Geschehnis oder eine Aufgabe als wichtig oder neu einstuft – etwa wenn neue Bedeutungen zu erfassen, komplexe Probleme zu lösen und neue motorische Fähigkeiten zu erlernen sind –, wird das Bewusstseins- und Aufmerksamkeitssystem voll eingeschaltet«, schreibt Gerhard Roth.

Wichtigkeit ist dabei ständigen Veränderungen unterworfen: Ein Artikel über neue Qualitätskriterien in der Produktion von Bio-Lebensmitteln ist für Konsumenten heute vielleicht unwichtig. Wenn am Abend jedoch mehrere Nachrichtensendungen im Fernsehen einen neuen Lebensmittelskandal thematisieren, gewinnt das Thema für Konsumenten schlagartig an Bedeutung. Das ist der Grund, warum Journalisten häufig auf der Suche nach einem Aufhänger sind, um bestimmte Artikel in die Zeitung, auf den Sender oder ins Netz zu bringen. Im Windschatten eines Themas, das gerade allgemeine Aufmerksamkeit hat, lässt sich vieles unterbringen, was sonst unter »ferner liefen« eingeordnet würde.

Journalisten haben sich auf Grund langjähriger Erfahrungen einen persönlichen Radarschirm aufgebaut, auf dem Themen auftauchen oder eben auch nicht. Dass dieser Radarschirm alles andere als objektiv ist, können Sie sich vermutlich denken: Es gibt kaum eine Branche, die von so viel Subjektivität geprägt ist wie der Journalismus. Doch egal wie gut oder schlecht Sie als PR-Manager den Radarschirm eines Journalisten finden, Sie kommen an ihm nicht vorbei: Wenn ein Journalist das Thema »Handel mit China« wichtig findet und glaubt, dass es auch Leser, Hörer oder Zuschauer interessiert, sind Sie mit Ihrer Meldung in den Medien. Wenn nicht, finden Sie mit etwas Glück vielleicht wenigstens ein Foto der Vorstandsassistentin in der Zeitung.

Was wichtig und was unwichtig ist, entscheiden häufig auch die äußeren Umstände. Im ersten Kapitel meines Buchs »Journalistische Kreativität« heißt es: »Wichtigkeit ist häufig nicht viel mehr als die Illusion von Wichtigkeit, die durch den Rahmen entsteht, den eine Meldung bekommt.« Was genau dieser Rahmen bedeutet, möchte ich kurz darlegen:

- Wichtigkeitsregel Nummer eins: Wenn Medien regelmäßig über etwas berichten, wird es immer wichtiger. Irgendwann denkt jeder, dass es wichtig ist, weil schließlich jeder darüber berichtet, auch wenn sich niemand mehr daran erinnert, warum es eigentlich wichtig ist. Ein Fakt, den sich Prominente oft zu Nutze machen: Warum taucht Paris Hilton, reiche Blondine mit durchschnittlichem Sympathiefaktor, deren Äußerungen (»You know, I really like it.«) weder geistreich noch unterhaltsam sind, ständig in allen Medien auf? Warum ist sie prominent? Die Erklärung ist recht einfach: Weil jeder über sie berichtet.

- Wichtigkeitsregel Nummer zwei: Institutionen, die als wichtig erachtet werden, werden fast immer beachtet, auch wenn das, was sie tun, vollkommen unwichtig ist. Politik ist dafür ein gutes Beispiel. Mein persönlicher Favorit ist das jährliche Treffen der CSU in Wildbad Kreuth: Wenn nicht gerade Messer gewetzt und dem Parteivorsitzenden in den Rücken gesteckt werden, ist die Veranstaltung weder besonders unterhaltsam noch besonders informativ. Trotzdem pilgern die Medien seit Jahren zu dieser Veranstaltung, über die die ZEIT schon 2001 schrieb, sie sei die »schönste Inszenierung folgenloser Worte im politischen Kalender der Republik.«

- Wichtigkeitsregel Nummer drei: Wenn genügend Menschen oder Vertreter von Institutionen, die als wichtig erachtet werden, an einem Ort zusammenkommen, wird das Treffen wichtig, egal was besprochen oder beschlossen wird. Wenn Paris Hilton zur CSU nach Wildbad Kreuth kommen würde, was würde sie sagen? »You know, I really like it.« Egal, die Geschichte würde trotzdem bundesweit für Schlagzeilen sorgen.

Ein Profi der Berliner Politikszene brachte es – zynisch formuliert, aber mit einem großen Schuss Wahrheit – so auf den Punkt: »Um einen Kongress in die Presse zu bekommen, brauchen wir viele wichtige Menschen. Dann muss es ein Treffen zu einem wichtig klingenden Thema hinter verschlossenen Türen geben. Keiner der Teilnehmer darf etwas sagen, damit steigt die Spannung bis ins Unermessliche. Die Presse muss bis spät in die Nacht vor der Tür warten, dann muss ein wichtiger Mensch – zum Beispiel ein Ministerpräsident – vor die Presse treten und irgendetwas sagen. Ach so, und wir brauchen Blaulicht. Ganz viel Polizei und Sicherheit, damit es wichtig aussieht.«

Viel Show mit wenig Inhalt schlägt häufig viel Inhalt mit wenig Show. Allerdings: Show alleine reicht nicht. Sie muss glaubwürdig sein! Überlegen Sie, wie Sie Ihre Informationen so verpacken können, dass sie an Wichtigkeit gewinnen. Überlegen Sie, wie Sie es schaffen, Ihren Botschaften den Stempel *Wichtig!* aufzudrücken.

Kreativfragen *subjektiv empf. Wichtigkeit*

- Wen und was nimmt meine Zielgruppe als wichtig wahr?
- Was sind die Kriterien, nach denen meine Zielgruppe in *wichtig* und *nicht wichtig* unterteilt?
- Welche Zutaten brauchen meine Botschaften folglich, damit sie als wichtig wahrgenommen werden?

Viertes Hindernis: Das Konkurrenzumfeld einer Information

Die Wahrscheinlichkeit, dass Ihre Botschaft in der Sekunde, in der sie beim Empfänger ankommt, gerade in Konkurrenz zu einem Dutzend anderer Informationen steht, ist groß. Wenn Sie es als PR-Manager schaffen, ein Thema im Wirtschaftsteil einer Zeitung zu platzieren, heißt das noch lange nicht, dass der Artikel bzw. die Meldung auch gelesen wird. Ein Leser hat – wenn er nicht gerade Ruheständler ist und die Zeitung vom ersten bis zum letzten Buchstaben liest – ein begrenztes Zeit- und Aufmerksamkeitskontingent, das er den für ihn wichtigsten Themen und Meldungen schenkt. Überlegen Sie, wie Sie selbst Zeitung lesen, wenn Sie nicht viel Zeit haben: Sie überfliegen die Seiten, bleiben bei einem oder zwei Artikeln hängen, lesen den ersten Absatz und entscheiden dann, ob sich das Weiterlesen lohnt. Häufig brechen Sie bereits wenige Sätze später ab und suchen weiter nach interessanten Meldungen und Artikeln. Ähnlich ist es im Internet: Sie überfliegen die Überschriften, klicken auf die Artikel, die interessant scheinen, lesen sie kurz an und klicken möglicherweise gleich wieder weg.

Die Entscheidung darüber, ob Sie einen Artikel lesen oder nicht, ob sie ihn in die Tiefe lesen oder nur oberflächlich, hängt zu einem großen Teil davon ab, wie groß das Angebot an anderen für Sie interessanten Informationen ist.

Der tägliche Wettbewerb um Aufmerksamkeit auf dem Markt der Informationen ist sehr gut mit der Marktwirtschaft vergleichbar. Sie können die Informationen, die Sie kommunizieren wollen, als Produkt betrachten, für das es Anbieter und Abnehmer, einen Markt, Konkurrenz- und Ersatzprodukte gibt. Der Marktplatz ist der Kopf des Empfängers, sei es nun ein Journalist oder der Endkonsument.

Michael Porter, Professor an der Harvard-Universität, hat ein Modell entwickelt, mit dem Märkte für Produkte und Dienstleistungen analysiert werden können und das zum Ausbildungsinhalt in MBA-Kursen weltweit gehört. Mit Hilfe dieses Modells lässt sich der Markt, auf dem sich Ihr Produkt »Information« befindet, gut analysieren. Porter geht davon aus, dass fünf Kräfte den Wettbewerb bestimmen: Die Intensität des Wettbewerbs zwischen den verschiedenen Anbietern, die Macht von Lieferanten, die Macht von Konsumenten, die Bedrohung durch Ersatzprodukte und der Eintritt neuer Wettbewerber in den Markt.

Michael Porters Five Forces

Die Intensität des Wettbewerbs

→ sehr viele

Wie viele Anbieter versuchen, die Aufmerksamkeit Ihrer Zielgruppe zu erlangen?
Nehmen wir an, Sie schreiben Pressemitteilungen für ein IT-Unternehmen und
wollen Ihren Pressetext in den Fachmedien platzieren: Wie viele andere Anbieter
versuchen exakt zur gleichen Zeit, dort Meldungen unterzubringen? Sind Sie allei-
niger Informationslieferant oder droht Ihr Fax bzw. Ihre Mail in einer Flut anderer Pressemitteilungen unterzugehen?

Die Macht von Lieferanten

→ schwach

Wie ist Ihre Stellung als Lieferant von Informationen? Wenn Sie in der politischen
PR tätig sind und die Regierung oder den Sprecher einer Oppositionspartei vertre-
ten, sind Sie in einer mächtigen Position: Eine hohe Anzahl Medienvertreter versucht, von Ihnen exklusive Informationen zu bekommen. Sie bestimmen, wem Sie
diese geben. Als Vertreter einer PR-Agentur, die die Pressearbeit für eine gemein-
nützige Einrichtung betreibt, sind Sie in einer deutlich schwächeren Position: Sie
müssen lauter bzw. kreativer trommeln, um Gehör zu finden.

Die Macht von Kunden

Wie ist die Stellung der Person, die Sie mit Ihrer Information adressieren?
Wenn es ein Journalist ist: Haben Sie es mit einer Redaktion zu tun, die auf ihre
Unabhängigkeit pocht und eine Vielzahl von erfahrenen Journalisten beschäftigt? Oder ist der Empfänger Ihrer Information ein Internetportal, das händerin-
gend auf der Suche nach Content ist? Im ersten Fall müssen Sie darum werben,
dass Ihre Informationen beachtet werden, im zweiten Fall ist der Betreiber der
Internetplattform möglicherweise sogar dankbar, dass Inhalte geliefert werden.

Ersatz durch andere Dinge

Wie leicht kann Ihre Zielgruppe Ihre Informationen durch etwas anderes ersetzen? Nicht durch andere Informationen, sondern durch andere Dinge. Wenn Sie
Ihre Informationen in einer Zeitschrift platzieren, die vorwiegend in Friseursalons
gelesen wird, in einem TV-Magazin, dessen Zuschauer das Programm nebenbei bei
der Hausarbeit verfolgen oder in einem Radioprogramm, das nebenbei im Büro
läuft, ist Ihre Information im Prinzip überflüssig und ersetzbar. Jeder andere Reiz

tritt in Konkurrenz zu Ihrer Information. Beispielsweise im Radio: Der Hessische Rundfunk hat eine Studie zur Aufmerksamkeit beim Radiohören durchgeführt und herausgefunden, dass die Aufmerksamkeit von Radiohörern stark von der Nutzungssituation abhängt. Gerade wenn das Radio nebenbei während der Arbeit läuft, ist die Intensität der Nutzung gering. Sie haben dort für Ihre Botschaften zwar rechnerisch mehr Zuhörer als beispielsweise am Abend, doch die Zuhörbereitschaft des Publikums ist vormittags wesentlich geringer als abends. Beachten Sie das, wenn Sie Ihre PR-Strategie planen!

Neue Wettbewerber im Markt

Wenn neue PR-Agenturen gegründet werden oder Unternehmen verstärkt in die Öffentlichkeitsarbeit investieren, führt dies automatisch zu einem höheren Gesamtvolumen an Informationen im Markt. Dieser Faktor ist eher ein langfristig strategischer.

Je höher der Wettbewerb zwischen den einzelnen Informationsanbietern im Kopf des Empfängers ist, je niedriger Ihre Stellung, je höher die Stellung des Konsumenten und je leichter Sie zu ersetzen sind, desto mehr Kreativität müssen Sie investieren, um Ihre PR-Strategie oder Ihre Meldung einzigartig zu machen. Wenn Sie ein Informationsmonopol haben, können Sie auf altbewährte Lösungen zurückgreifen: Sie müssen sich keine Gedanken über kreative Headlines, kreative Themen rund um Ihre Produkte, kreative Umsetzungen und kreative Strategien machen. Ihre Informationen werden auch so gedruckt und gesendet. Vielleicht sehnen Sie sich insgeheim nach einem solchen Monopol. Das ist verständlich, doch ich möchte Sie motivieren, diesen Wettbewerb als positiv zu betrachten. Denn Monopolstellungen auf dem Informationsmarkt führen zur Monokultur: Stillstand, Langeweile und Selbstzufriedenheit. Letztere tötet kreative Kommunikation.

   Nur wenn sich verschiedene Wettbewerber in einem Markt intensiv darüber Gedanken machen, wie sie Wettbewerbsvorteile gegenüber der Konkurrenz erlangen können, wenn sie ständig die Qualität ihrer Produkte und ihrer Dienstleistungen verbessern, führt das langfristig dazu, dass die Qualität der Informationen insgesamt zunimmt. Informationsmonopole sind für die Qualität genauso schlecht wie Monopole in der Wirtschaft. Oder finden Sie diese Schlagzeilen der SPD-Pressestelle, veröffentlicht im April 2007, besonders kreativ und spannend?

Aufschwung für alle

Der kräftige wirtschaftliche Aufschwung setzt sich auch in Zukunft fort, so die Einschätzung der Wirtschaftsforschungsinstitute. SPD-Generalsekretär Hubertus Heil plädiert deshalb dafür, »diesen Aufschwung zu einem Aufschwung für alle zu machen«. Gleichzeitig verurteilte er den »Steuersenkungspopulismus« einiger Unionsvertreter.

Beim Klimaschutz vorangehen

Industrie und Energieversorger müssen ihren Ausstoß des klimaschädlichen Kohlendioxids ab 2008 deutlich mindern. Mit diesen verschärften Obergrenzen beim Emissionshandel wird Deutschland »auch künftig eine führende Rolle beim Klimaschutz« einnehmen, sagte Umweltminister Sigmar Gabriel, nachdem das Bundeskabinett die gesetzlichen Grundlagen für die zweite Periode des Emissionshandels beschlossen hatte.

Jetzt bei Kinderbetreuung und Mindestlöhnen handeln

SPD-Generalsekretär Hubertus Heil hat von der Union eine schnelle Entscheidung über die Finanzierung des Ausbaus der Kinderbetreuung gefordert. Auch beim Thema Mindestlöhne gelte: »Die CDU-Führung hat das zu klären«, die Position der SPD sei klar.

Damit Sie jetzt nicht denken, dieses Buch wäre parteipolitisch ausgerichtet: Die CDU ist nicht kreativer. Auf der Webseite der Christdemokraten finden Sie im gleichen Monat »spannende« Themen wie diese hier:

Das »C« bleibt unverzichtbarer Kompass der CDU

Generalsekretär Pofalla und der Bundesvorstand des EAK der CDU/CSU diskutierten über das neue Grundsatzprogramm der CDU. EAK-Chef Thomas Rachel betonte, dass das christliche Menschenbild Ausgangspunkt des Politikverständnisses der CDU bleiben müsse.

REIT-Börsensegment bestätigt Erfolgsaussichten des neuen Finanzproduktes

Mit der heutigen Ankündigung der Deutsche Börse AG, ein eigenes Börsensegment für REITs einzuführen wird einmal mehr untermauert, dass die Finanzmarktgesetzgebung der Koalition ein Motor für Wachstum und Beschäftigung in Deutschland ist.

Der Bund ist nicht die Reservekasse einer verfehlten rot-roten Politik in Berlin

Die Beziehungen des Bundes zu Berlin in Sachen Kultur können nur auf einer rationalen Basis stattfinden. Zwischen 1995 und 2006 hat Berlin Leistungen vom Bund in Höhe von insgesamt 1,378 Mrd. Euro erhalten.

Betonen, untermauern, plädieren, fordern, zwischendurch verurteilen, und seinem politischen Gegner immer wieder mangelnde Verantwortung und Verzögerung vorwerfen. Die politische Realkommunikation lässt sich mit einem Wort zusammenfassen: Blabla.

Informationen brauchen Wettbewerbsvorteile

Versehen Sie die Informationen, die Sie kommunizieren wollen, mit einem klaren Wettbewerbsvorteil. Fragen Sie sich:
- Wie groß ist der Kampf um die Aufmerksamkeit des Empfängers in dem Moment, in dem meine Botschaft ihn erreicht? Befinden sich die Spam-Filter der Empfänger gerade im Modus »Ausblenden« oder ist Ihre Zielgruppe bewusst auf der Suche nach Informationen? Genau das ist der Unterschied zwischen einer Pressemitteilung und einer Pressekonferenz. Dass ein Journalist auf Ihrer Pressekonferenz erscheint bedeutet, dass er Ihnen seine ungeteilte Aufmerksamkeit schenkt. In der Redaktion konkurriert Ihre Pressemitteilung mit unzähligen anderen, auf einer Pressekonferenz haben Sie – zumindest für eine kurze Zeit – die Monopolstellung im Kopf des Journalisten. Wenn Sie Pressesprecher eines großen Unternehmens sind und Ihr Vorstandsvorsitzender hält eine Rede auf einem großen Kongress, hat er für die Dauer seiner Rede in den Köpfen der Teilnehmer eine Monopolstellung. Sie hören ihm zu. Vorausgesetzt er langweilt die Kongressteilnehmer nicht so sehr, dass sie beginnen, nach Ablenkung zu suchen und in ihren Kongressunterlagen zu lesen.

- Was ist es, das Ihre Informationen von anderen abhebt, die zur gleichen Zeit auf den Markt drängen? Was macht sie anders, überlegen und einzigartig? Nehmen wir an, Sie sind eine Agentur für Öffentlichkeitsarbeit und produzieren für einen Kunden eine Zeitung, die auf einer Messe verteilt wird. Dann bedenken Sie: Eine bunte Zeitschrift alleine genügt nicht, um von den Besuchern der Ausstellung wahrgenommen zu werden. Die Gefahr, dass Sie im Wettbewerb der bunt bedruckten Blätter untergehen, ist groß. Warum sollen Besucher genau Ihre Zeitschrift lesen? Was ist der Wettbewerbsvorteil im Kopf des Messebesuchers? Bieten Sie dem Leser Unterhaltung, während alle anderen Anbieter nur technische Informationen haben? Haben Sie eine Geschichte auf der Titelseite, die einzigartig und neu ist? Haben Sie eine einzigartige Information oder eine Me-Too-Information, die es in dieser oder in vergleichbarer Form bereits gibt? Haben Ihre Informationen einzigartige Überschriften, die neugierig machen? Oder ist der erste Eindruck der gleiche wie bei Hunderten von anderen Meldungen?
- Wie können Sie für den Empfänger der Information einen spezifischen Nutzen schaffen? Haben Sie für Journalisten eine begehrenswerte Information, die eine Bereicherung für das jeweilige Medium darstellt? Ihre Stellung als Lieferant steigt. Oder haben sie eine Information, bei der der einzige Nutznießer bei einem Abdruck oder einer Ausstrahlung Sie und Ihr Unternehmen bzw. Ihre Organisation sind? Ihre Stellung als Lieferant sinkt.
- Wie können Sie dem Empfänger Ihrer Information verdeutlichen, dass es sich lohnt, die Ersatz-Reize – beispielsweise beim Radiohören am Arbeitsplatz – vorübergehend zu ignorieren? Die Faustregel: Je geringer der Bedarf des Empfängers an Ihrer Information ist, desto näher müssen Sie sich an seiner Lebenswelt, seinen Problemen und seinen Bedürfnissen orientieren. Überlegen Sie dazu folgendes: Wodurch lässt sich Ihre Information ersetzen? Nehmen Sie als Beispiele die großen TV-Bildschirme, die auf vielen Bahnhöfen aufgestellt sind und auf denen Nachrichtenprogramme laufen. Jede Information, die dort läuft, befindet sich in Konkurrenz zu Hunderten anderer Dinge, mit denen sich Konsumenten ablenken können: Nachrichten schauen oder sich lieber einen frischen Orangensaft pressen lassen? Informationen aufnehmen oder schlendern und Menschen beobachten? Auf den Bildschirm gucken oder im nächsten Buchgeschäft nach Neuerscheinungen schauen? Es klingt traurig, aber es ist wahr: Manchmal verliert Ihre Information im Kampf um die Aufmerksamkeit gegen einen Becher Orangensaft.

Kreativfragen *Konkurrenz-Infos*

- In welchen Momenten ist Ihre Zielgruppe wenigen Informationen ausgesetzt?
- Wie müssen wir Botschaften zeitlich und örtlich platzieren, damit sie im Moment der Informationsaufnahme eine Monopolstellung im Kopf des Empfängers bekommen?

1.2 Hurra! Etwas Neues! – Was kreative PR auszeichnet

Das Wort Kreativität gehört zu den schwammigsten Begriffen, die die deutsche Sprache zu bieten hat. Was ist Kreativität? Viele von uns assoziieren mit Kreativität spontan Begriffe wie Kunst und Malerei, Werbung und Marketing, Schauspielerei und Filmproduktion. Und sie verwechseln dabei oft Kreativität mit gutem Handwerk: Wenn ein Maler ein Motiv – beispielsweise eine Berglandschaft – malt, das es in dieser oder jener Form schon hundertfach gibt, ist das kreativ? Nein. Es ist gutes Handwerk. Der Maler hat es gelernt, Formen perfekt nachzuzeichnen und die natürlichen Farben auf die Leinwand zu bringen. Kreativ wird sein Bild erst dann, wenn er etwas Neues hinzufügt und aus dem gewohnten Schema ausbricht, sei es, indem er Farben verändert oder neu mischt, dem Bild neue und ungewöhnliche Objekte hinzufügt oder Materialien aus der Natur in das Bild integriert.

Was ist mit einer Werbeagentur, die ein junges, gut aussehendes Model fotografiert und einen Grafiker ein Plakat gestalten lässt, auf dem das Produkt und ein Slogan wie »weil ich es mir wert bin« oder »the power of beauty« abgebildet sind? Ich habe dieses Motiv in hundertfacher Variante für praktisch alle Produkte schon einmal gesehen. Und auch bei den Slogans finde ich keine Einzigartigkeit: Sie könnten für ein Kosmetikprodukt genauso gut stehen wie für die Drogerieabteilung von Kaufhof. Und selbst ein Hersteller von Toilettenpapier könnte auf die Idee kommen, mit Models und einem der beiden Slogans zu werben. Kreativ oder gutes Handwerk? Der Chef der Werbeagentur wird argumentieren, dass es kreativ ist. Ist es aber nicht. Es ist nur gutes Handwerk. Diese Form der Werbung ist so erwartbar wie ein Sonnenaufgang am Morgen. Kreativ wird es, wenn die Werbung mit Erwartungen bricht. Wenn – wie bei Dove – die Models keine spindeldürren Profis sind, sondern ganz normale Frauen aus dem Leben. Sie werden diese Kampagne gleich noch näher kennenlernen.

Wenn – wie bei der Autovermietung Sixt – ungewöhnliche Motive an ungewöhnlichen Orten auftauchen, werden Erwartungen gezielt gebrochen. Passagiere, die Anfang 2007 am Stuttgarter Flughafen ankamen, stießen zuerst auf eine Puppe, die gegen die Wand gerannt ist und dort ein großes Loch hinterlassen hat. Darunter die Werbeaussage: »Nicht so schnell. Es ist für jeden einer da.« Diese Werbung ist kreativ.

Andere nicht. Marketing, Filmproduktion oder Schauspielerei sind per se nicht kreativer als das Schreiben von Pressemitteilungen oder die Vorbereitung einer Rede zur jährlichen Aktionärsversammlung. Es gibt Marketingkampagnen, die die zweihundertste Kopie dessen sind, was es schon immer gab, und Filme, bei denen der Zuschauer jede Szene im Voraus erraten kann, weil das Handlungsmuster so verbreitet ist wie mein Nachname. Das heißt nicht, dass diese ideenlosen Klone nicht funktionieren: Bis zu einem gewissen Grad funktionieren Kopien sogar sehr gut. Sonst würde Hollywood nicht zu jeder erfolgreichen Filmidee Teil zwei, drei und mehr drehen. Ich möchte nur den Mythos der sogenannten »Kreativbranche« lüften: Wenn sich der Finanzvorstand eines Unternehmens pfiffige Lösungen ausdenkt, um Steuerlöcher zu umgehen, ist er kreativer, als wenn eine Werbeagentur den gleichen Spot wie immer dreht. Und wenn Sie es schaffen, eine scheinbar langweilige Geschichte so zu schreiben, dass die Presse plötzlich darauf aufmerksam wird, ist das kreativer, als wenn ein Drehbuchautor wieder einmal ein anderes Drehbuch kopiert.

PR ist eine Mischung aus der sogenannten Kreativbranche, nämlich dann, wenn die Agentur phantasievolle Events oder überraschende PR-Aktionen plant, und der »Nicht-Kreativbranche«. Die wenigsten würden dem Pressesprecher eines großen Chipherstellers bescheinigen, dass er in der Kreativbranche tätig ist. Doch Achtung! In der angeblichen »Kreativbranche« ist manches nicht kreativ, sondern einfach nur gutes Handwerk. Und manch einer, der in der »Nicht-Kreativbranche« tätig ist, hat richtig viele Ideen. Sind Sie in der Kreativbranche tätig? Definieren Sie es selbst: Haben Sie Ideen? Sind Sie kreativ? In diesem Abschnitt zeige ich Ihnen den Unterschied zwischen nicht kreativer und kreativer PR und stelle Ihnen die Fähigkeiten vor, die kreative PR-Fachkräfte haben.

Stellen Sie dumme Fragen!

Was glauben Sie: Ist ein Interview mit dem Geschäftsführer Ihres Kunden kreativ? Spontan sagen Sie wahrscheinlich: »Nein.« Doch ein Interview mit einem Geschäftsführer kann tausendmal kreativer sein als beispielsweise das Standardinterview, das Hollywood-Reporter mit Filmstars führen und bei dem die Fragen in der Regel lauten: »Wie fühlst Du Dich?« »Wie gefällt Dir die Stadt, in der Du gerade bist?« »Erzähl uns etwas über Deine Rolle.« »Wie war es, mit Star XY zusammenzuarbeiten?« Und so weiter. Handwerk. Mehr nicht. Wenn Sie den Geschäftsführer eines Unternehmens fragen, wie seine Umsatzerwartungen für das kommende halbe Jahr sind, wie viel Gewinnausschüttung das Unternehmen plant und wie seine Strategie für die kommenden Monate aussieht, bewegen Sie sich ebenfalls im Bereich des Handwerks. Das ist nichts Schlechtes und nichts Schlimmes. Ich plädiere in diesem Buch nicht dafür, Handwerk abzuschaffen und durch Kreativität zu ersetzen. Aber ich möchte Ihren Handwerkskoffer um kreative Methoden erweitern. Methoden, mit denen Sie es schaffen, Geschichten außerhalb des Üblichen zu schreiben und mit denen Sie ungewöhnliche Wege in Ihrer PR-Arbeit gehen können. Fragen Sie den Geschäftsführer nach seiner persönlichen Lebensphilosophie. Nach seiner persönlichen Methode mit Stress umzugehen. Oder seinen Jugendsünden.

»Wozu dumme Fragen stellen?«, fragen Sie jetzt. Was haben die Jugendsünden des Geschäftsführers in der FINANCIAL TIMES DEUTSCHLAND zu suchen? Was interessiert es das HANDELSBLATT, ob er das Buch »Der kleine Prinz« gelesen hat? Nennen wir diese Fragen nicht »dumm«, sondern »ungewöhnlich«. Die ungewöhnlichen Fragen fördern ungewöhnliche Aspekte zu Tage. Im kleinen Prinzen heißt es: »Man sieht nur mit dem Herzen gut.« Dieser Satz hat den Geschäftsführer inspiriert? Ist er vielleicht einer der Gründe, warum er der Marktforschung gegenüber skeptisch ist und auf die Kraft der Intuition setzt? Dann ist das der Stoff für eine gute Überschrift: »Manager brauchen den Blick des Herzens – die ungewöhnliche Führungsphilosophie von XY.« Schauen Sie sich doch einmal Managementbücher an. Welche Titel werden gerne gelesen? Fish zum Beispiel. Ein Buch über Führung und Motivation, das die Philosophie von Verkäufern auf einem amerikanischen Fischmarkt auf Unternehmen überträgt. Das Pinguin-Prinzip ist kein Tierbuch, sondern eines, das bildhaft deutlich macht, wie man mit Veränderungen umgeht. Oder »Vom Solo zum Orchester«, ein Buch, das zeigt, was Unternehmer und Führungskräfte von Dirigenten lernen können. Der Schlüssel für eine gute Geschichte ist oft genau da zu finden, wo Sie ihn am wenigsten suchen. Fragen Sie den Geschäftsführer, was er in seiner Freizeit macht. Ob er gerne Fußball spielt, seinen Kindern Märchenbücher vorliest oder wandert.

Machen Sie mal etwas Irres!

Was tun Sie, wenn Sie jahrelang als VEB Tricotex Textilien produziert haben und der volkseigene Betrieb nun aufgelöst wird? Im Prinzip haben Sie drei Möglichkeiten. Sie können jammern, die Ungerechtigkeit der Welt beklagen und sich in gebückter Demutshaltung Richtung Arbeitsamt bewegen. Sie können gegen die Logik des Weltmarktes noch eine Zeit lang mit bewährten Produkten versuchen durchzuhalten. Oder Sie machen etwas ganz anderes. Etwas Irres. Sie machen aus VEB Tricotex eine Kultmarke. So entstand bruno banani.

Kosmonautenwäsche aus ehemaligem sozialistischen Bruderstaat

Unternehmenschef Wolfgang Jassner wusste, dass er für außergewöhnliche Designerunterwäsche auch eine außergewöhnliche Kommunikation brauchte. Und ihm fehlte das, was einer guten Kommunikation laut herrschender Meinung im Wege steht: Geld. »Wolfgang Jassner kam mit einer hoch attraktiven Herausforderung und einem Budget, das genau das Gegenteil davon war«, erinnert sich Gerhard Fischbach, Chef der größten Kommunikationsagentur in Baden-Württemberg. Für das Unternehmen bruno banani war klar: Nur wenn es gelingt, Ungewohntes miteinander zu verknüpfen, wird die Herausforderung VEB goes Kultstatus gelingen.

Die ungewohnte Kommunikation beginnt 1995 mit einer klaren Zielsetzung: Wir machen das, was andere nicht machen. bruno banani setzt auf Grenzerfahrungs-Tests: Unterhosen in der Kälte der Rocky Mountains, in der Hitze der Wüste, beim Klettern in Australien und schließlich in der Schwerelosigkeit des Weltraums.

Als erste Designer-Underwear weltweit startete bruno banani am 15. Mai 1998 den ersten Funktionstest in der Schwerelosigkeit an Bord der russischen Raumstation MIR mit der »Your Dynamic Underwear«-Kollektion. Bei dieser einmaligen Passform- und Komforttestmission ging es wirklich um knallharte Material- und Belastungstests, die der Serie die Auszeichnung »Space Proofed« verleihen sollten. Am 13. August 1998 war es dann endlich so weit. An Bord der bekannten Sojus-Rakete in Bajkonur, Kasachstan, machte sich bruno banani auf zur Raumstation MIR. Flugzeit: 48 Stunden. Chef-Flugingenieur Nicolai Budarin begann sofort mit den Tests. Er testete die Kollektion bei seinem täglichen Fitnessprogramm im MIR-Basismodul bei 90 % relativer Luftfeuchtigkeit. Es war nicht anders zu erwarten: Die Elastizität und dynamische Passform der Kollektion überzeugten ihn restlos.

»Aber, wir können doch nicht alle unsere Produkte in den Weltraum schießen«, denken Sie da vielleicht. Sollen Sie auch gar nicht. Manchmal können auch kleine Flugobjekte große Wirkung erzielen. Die Agentur Jung von Matt übernahm die Aufgabe, für den Eichborn-Verlag Aufmerksamkeit auf der Frankfurter Buchmesse zu generieren. Wer einmal auf der Frankfurter Buchmesse war, kennt das Problem: Eine unendliche Flut von Informationen, neuen Büchern und Veranstaltungen, die dazu führt, dass zu einem Großteil der Buchpräsentationen vor Ort nur der Verleger, der Autor und seine Mutter erscheinen. Jung von Matt erfand 2009

Mit kleinsten Mitteln zu großem Erfolg

ein neues Format, bei dem man darüber streiten kann, ob es PR, Marketing, Werbung oder irgendetwas dazwischen ist: Flyvertising, das erste Fliegenbanner der Welt. 200 Fliegen wurden mit Werbebannern bestückt, die Tiere wurden auf der Buchmesse freigelassen. Die Aktion wurde gefilmt und auf YouTube gepostet. Der Erfolg: über eine Million Aufrufe.

Erfinden Sie eine neue Zeitrechnung!

Schauen Sie bitte kurz einmal auf die Uhr: Wie spät ist es jetzt bei Ihnen? Elf Uhr? Schon 14 Uhr? Oder sogar schon 19 Uhr? Jetzt überlegen Sie bitte ganz kurz: Wie spät ist es jetzt in London? Eine Stunde … später? Nein. Eine Stunde früher. Richtig.

Und jetzt bitte noch einmal überlegen: Wie spät ist es jetzt in Sachsen-Anhalt? Ich meine das ernst: In Sachsen-Anhalt. Ostdeutschland. Auf der Landkarte rechts von Niedersachsen. Dort herrscht eine andere Zeit. In Sachsen-Anhalt ist es jetzt schon neun Minuten später. Das liegt nicht an der Zeitverschiebung. Auch nicht daran, dass die Sonne einen Bogen um Halle und Magdeburg macht. Sondern an FischerAppelt. Das Landesmarketing Sachsen-Anhalt hat die Agentur 2006 mit einer Standortkampagne beauftragt. Der Grund lag auf der Hand: Das Land brauchte dringend ein neues Image. Hand aufs Herz: Was wissen Sie über Sachsen-Anhalt? Ohne es wissenschaftlich fundiert erfragt zu haben, behaupte ich, dass ein Großteil der Deutschen hier einen Schreibfehler vermutet und das Wort »Anhalt« einfach streicht. Die anderen würden mit dem Namen des Bundeslandes wahrscheinlich Niedergang, NPD und äh… äh… äh… nichts mehr weiter assoziieren.

FischerAppelt hat Sachsen-Anhalt neu erfunden. Aus dem Bundesland, das bundesweit die höchste Arbeitslosigkeit aufweist, hat die Agentur das »Land der Frühaufsteher« gemacht. In der offiziellen Präsentation der Kampagne steht:

- Frühaufstehen – das ist eine Geisteshaltung, die sich in der Geschichte des Landes zeigt, denn in Sachsen-Anhalt wurden große Entdeckungen, Erfindungen und Meilensteine der Geschichte gemacht.
- Frühaufstehen – das ist die Mentalität eines Landes, das aufholt. Das nach vorne will. Wir strengen uns mehr an und sind fleißig, ohne verbissen zu sein.
- Frühaufstehen – das ist die Realität: Die Sachsen-Anhalter stehen wirklich früher auf als der Rest der Bundesrepublik.

Und dann wurde sie eingeführt: Die Sachsen-Anhalt-Zeit. Auf Werbeflächen unter wichtigen Uhren hing beispielsweise in Köln oder Potsdam eine zweite Uhr, die neun Minuten vorging. Darunter die Erklärung: »Wir stehen früher auf – jeden Tag neun Minuten.«

Wirtschaftsminister Dr. Rehberger am 22. August in Köln

Finanzminister Prof. Dr. Paqué am 3. Oktober 2005 in Potsdam

Brechen Sie Erwartungen!

Sie bummeln durch eine fremde Stadt und wollen sich gegen Mittag etwas ausruhen. Auf dem Stadtplan finden Sie das Palmenhaus und denken, dass es der richtige Ort ist, um sich eine Stunde in netter Atmosphäre zu entspannen. Als Sie ankommen, ist das Palmenhaus geschlossen. Ein Mann kommt auf Sie zu und fragt: »Was wollen Sie hier?« Welche Antwort erwartet er? »Ich möchte Palmen ansehen.« Das wäre die korrekte Antwort des braven Bürgers. Nutzen Sie Ihre Kreativität! Überlegen Sie, welche Antwort er nicht erwartet: »Fische fangen«, »mein Auto reparieren«, »die Mona Lisa ansehen« und so weiter. Mit dieser Antwort fallen

Sie mehr auf, als wenn Sie brav und wahrheitsgetreu sagen, dass Sie Palmen ansehen wollen.

Sie werden den gezielten Erwartungsbruch später noch als Technik kennenlernen, um PR-Aktionen zu initiieren. Eine PR-Aktion, die genau den Erwartungen der Zielgruppe entspricht, ist nett. Sie können damit nichts verkehrt machen, und jede Marktforschung wird Ihnen Recht geben, dass Sie genau das Richtige tun. Falls Sie ein Budget haben und ein bisschen mit der Marktforschung spielen dürfen, können Sie ja spaßeshalber einmal folgende Frage in Auftrag geben: »Nehmen wir an, Sie kommen aus einem Konzert. Was wäre Ihnen lieber: Eine junge Frau, die Ihnen eine Rose in die Hand drückt, oder dass es mitten im Sommer schneit?« Ich gehe jede Wette ein, dass die Frau mit der Rose in der Hand das Rennen macht. Doch stellen Sie sich die Situation einmal bildhaft vor:

Sie kommen aus einem Konzert heraus und eine junge Frau drückt Ihnen eine Rose in die Hand. Auf der Rose steht: »Viele Grüße von Toyota«. Sie lächeln höflich, Sie bedanken sich, Sie freuen sich. Und dann? Erzählen Sie es weiter? Sind Sie beeindruckt? Oder haben Sie die Aktion am nächsten Tag schon wieder vergessen? Jetzt die andere Situation: Sie kommen aus dem Konzert heraus und es schneit. Sie bleiben kurz stehen und überlegen, was da wohl mitten im Sommer passiert sein könnte. Und dann erfahren Sie den Grund: Toyota hat seine Preise eiskalt gesenkt. Ich wette noch einmal: Die zweite Aktion wird Ihnen länger im Gedächtnis haften bleiben. Warum? Weil Ihre Erwartungen gebrochen wurden.

Sie arbeiten in der internen Kommunikation und sollen Beiträge für die Mitarbeiterzeitung und das Intranet verfassen. Eines der Ziele ist: Das Familiäre im Unternehmen in den Beiträgen besonders herauszustellen. Was erwarten Mitarbeiter in so einem Fall von der internen Zeitung und dem Intranet? Wahrscheinlich dies: Eine motivierende Rede des Managements, in der Teamgeist und Solidarität beschworen werden. Oder ein Foto des Vorstands mit seiner Familie. Vielleicht auch Bekennerstatements, in denen die Frau am Fließband betont, wie gerne sie in dem Unternehmen arbeitet und wie familiär sie das Klima empfindet. Und was erwarten Sie nicht? Beispielsweise Babyfotos des Managements und ein Ratespiel zur Frage: Welches Foto gehört zu welchem Manager? Mitsamt des dazugehörigen Tools für die Abstimmung im Intranet. Wenn Sie Erwartungen Ihrer Zielgruppe gezielt brechen, erreichen Sie mehr als mit der dreihundertsten Wiederholung des ewig Gleichen. *und was ist mit der Botschaft?*

Ein typisches Mittel für Einfallslose sind übrigens Bekennerstatements von Prominenten: Ein Kennzeichen für große Budgets und wenig Einfälle. Die CMA beispielsweise, die Centrale Marketing-Gesellschaft der deutschen Agrarwirtschaft mbH, hat die Schauspielerin Bettina Zimmermann und TV-Star Wigald Boning zu Milch-Botschaftern ernannt. Über Wigald Boning werden auf der Webseite Sätze wie dieser gesagt: »Für den klugen Entertainer ist es kein Problem, sich komplexe

Inhalte zu merken, nicht zuletzt durch das in der Milch enthaltene Calcium und Magnesium.«

Karriere dank Milch? – Autsch! Das tut weh!

Ist das Statement über Wigald besonders überraschend? Oder erwartbar? Urteilen Sie selbst. Für die Webseite hat die CMA anschließend ihre beiden Milch-Botschafter interviewt. Und da ich Ihnen meine Meinung zu diesen Interviews nicht aufdrängen möchte, lade ich Sie zu einem Test ein. In der nachfolgenden Tabelle finden Sie die jeweiligen Fragen und Antworten. Überlegen Sie nach jeder Frage kurz, welche Antwort Sie ungefähr erwarten. Dann lesen Sie die Antwort und bewerten sie nach folgenden Kriterien:

A – Das habe ich jetzt wirklich nicht erwartet! Diese Antwort, das haut mich fast um. Absoluter Knaller, muss ich jedem weiter erzählen!

B – Na ja. Weiß nicht. Ähm. Ging irgendwie links rein, rechts raus. Wie war die Antwort noch mal? Habe ich schon wieder vergessen.

C – Die Antwort ist so erwartbar, erwartbarer geht es kaum. Ich ziehe das Buch ganz dicht an mich, damit niemand merkt, dass ich so etwas lese.

	A	B	C
Frage: Mal ganz ehrlich: Hast Du schon einmal ein Glas Milch in einem Restaurant oder auf einer Veranstaltung bestellt?			
Antwort: Oh ja, ich bestelle gerne mal eine heiße Milch mit Honig.			✗
Frage: Kanntest Du die »Milch ist meine Stärke«-Kampagne schon, bevor Du die repräsentative Rolle der Milch-Botschafterin angenommen hast? Wenn ja, was hast Du von dieser gewusst bzw. mit ihr assoziiert?			
Antwort: Ich habe die Plakate vorher gesehen und fand die Kampagne toll. Ich finde es gut, dass so auf die Milch aufmerksam gemacht wird.			✗
Frage: Du vertrittst den Milch-Benefit »Schönheit«. Verrätst Du uns Dein ganz persönliches Milch-Schönheitsgeheimnis?			
Antwort: Milch und Milchprodukte sind optimal für die Körperpflege. Frischer Quark ist zum Beispiel sehr feuchtigkeitsspendend und macht eine strahlend schöne Haut.			✗
Frage: Als Schauspielerin kann es schon einmal vorkommen, dass Du nicht ganz soviel Schlaf bekommst. Was machst Du, um nach einer kurzen Nacht noch strahlend schön zu sein?			
Antwort: Ich gönne mir schon einmal einen leckeren Milchkaffee, der belebt von innen. Ansonsten trage ich auch gern eine Gesichtsmaske auf, die erfrischt die Haut.			✗

Es ist nicht so, dass Sie mit diesen Fragen irgendetwas verkehrt machen, außer vielleicht, dass Sie den Begriff »Milch-Benefit« Menschen außerhalb der Kommunikationsbranche kurz erklären sollten. Nur: Die Chance, dass beim Konsumenten hier etwas hängen bleibt, geht gegen null. Oder glauben Sie ernsthaft, dass Sie in einem durchschnittlichen Büro morgen diese Konversation zweier durchschnittlicher Konsumentinnen hören können?

»Ich habe da etwas ganz Prickelndes von Bettina Zimmermann gelesen. Sie sollte ganz ehrlich sein und hat was Intimes verraten.«
»Ehrlich? Erzähl mal!«
»Sie bestellt in Restaurants schon mal eine Milch mit Honig.«
»Ist das wahr?«
»Ich schwöre es. Ich habe es gelesen. Und sie ist ja immerhin Milchbotschafterin.«
»Das ist unglaublich. Das muss ich meiner Freundin Jasmin erzählen.«

Auf einer Skala von eins bis zehn, auf der eins für »vollkommen unwahrscheinlich« und zehn für »unbedingt, dafür lege ich meine Hand ins Feuer« steht: Was glauben Sie, wie wahrscheinlich ist es, dass das Interview mit Bettina Zimmermann diese einschlagende Wirkung hat? Der Bauernvermarkter CMA wurde übrigens Anfang 2009 abgewickelt – nicht wegen dieser unkreativen Kampagne, sondern nachdem das Bundesverfassungsgericht entschieden hatte, dass die Zwangsabgabe der Bauern für die Agentur unzulässig ist.

Es gibt eine Kampagne, die seit Ende 2004 geradezu ein Musterbeispiel für kreativen Erwartungsbruch ist. Welche Produktkommunikation erwarten Sie bei einem Kosmetikhersteller? Einen Heidi-Klum-Klon, der sich das Produkt auf die

Wahre Schönheit kommt von Dove

Haut schmiert und dabei glücklich guckt. Dove bricht mit diesen Erwartungen: Auf der Webseite www.initiativefuerwahreschoenheit.de greift das Unternehmen gezielt das bestehende Schönheitsideal an.

Dove stützt die Initiative unter anderem durch die Dove-Studie zum Schönheitsbegriff »Real Truth About Beauty – A Global Report«. In der Studie heißt es:

»68 % aller Teilnehmerinnen kritisieren, dass Medien und Werbung einen ›unrealistischen Maßstab setzen, den die meisten Frauen nie erreichen können‹. Der Auftrag der Studienteilnehmerinnen an die Medien: ›Sie sollen ihren Einfluss auf die öffentliche Meinungsbildung nutzen und zur Reformation des gängigen Schönheitsideals beitragen!‹ Und zwar indem mehr Vielfalt gezeigt wird: Drei Viertel der Studienteilnehmerinnen finden, dass ›in den Medien mehr Frauen mit unterschiedlichen Figuren und verschiedener Altersgruppen zu sehen sein sollten!‹ Eine klare Forderung also an die Erweiterung des Schönheitsbegriffes – weg von nur körperlicher Attraktivität hin zu mehr charakterlicher Qualität.«

Dove geht noch weiter und unterstützt Projekte, die überzogene Schönheitsideale in Frage stellen und Mädchen zu mehr Selbstwertgefühl verhelfen. In Deutschland kooperiert Dove mit dem Frankfurter Zentrum für Essstörungen und hat unter www.initiativefuerwahreschoenheit.de eine Aktion gestartet, die junge Mädchen davon abhalten soll, falschen Schönheitsidealen aufzusitzen. Unter anderem stattet Dove Workshopleiter(innen) mit Materialien aus, die diese im Unterricht einsetzen können.

»Das BodyTalk-Workshop-Programm ist ein Präventionsprogramm, das in enger Zusammenarbeit mit Dr. Nancy Etcoff (Harvard University) und Dr. Susie Orbach (London School of Economics) sowie dem Frankfurter Zentrum für Essstörungen entwickelt wurde.

Durch gezielte Aufklärungsarbeit wird in den BodyTalk-Workshops versucht, das Selbstbewusstsein von Kindern und Jugendlichen in Bezug auf ihr eigenes Äußeres zu stärken.

Mit einem Blick hinter die Kulissen wird die Manipulierbarkeit von Schönheit in den Medien demonstriert, über die Entstehung von Schönheitsidealen aufgeklärt und in Gruppenübungen das Selbstwertgefühl gestärkt.«

Lösen Sie die Scheuklappen Ihrer Kommunikationsstrategie!

Medien bestehen aus einer unendlich großen Anzahl von Formaten. Es macht einen Unterschied, ob Journalisten für eine regionale Zeitung oder eine überregionale Finanzzeitung arbeiten und ob sie Beiträge für ein öffentlich-rechtliches Servicemagazin im Fernsehen oder ein überregionales Boulevardmagazin auf einem Privatsender produzieren. Damit erzähle ich Ihnen mit hoher Wahrscheinlichkeit nichts Neues: Der Fakt, dass journalistische Produkte unterschiedlich sind, gehört bereits zum Grundwissen junger Agenturmitarbeiter und Pressesprecher. Die Frage ist: Schöpfen Sie die Möglichkeiten, die Ihnen diese verschiedenen Formate bieten, voll aus? War Ihr Unternehmen bzw. das Unternehmen Ihres Kunden bereits auf PRO SIEBEN präsent? Ist Ihr Vorstandsvorsitzender schon einmal im HANDELSBLATT zu einem Thema interviewt worden, das auch außerhalb der Branche interessant ist? Und schreibt die Regionalzeitung regelmäßig außerhalb des Wirtschaftsteils über Sie oder Ihre Kunden? Wenn nicht: Beginnen Sie, als Journalist zu denken!

Wenn Sie das tun, setzen Sie nicht beim eigenen Produkt, sondern beim journalistischen Format an. Die Frage lautet nicht: Was kann unser Unternehmen? Welche neuen Produkte hat es auf dem Markt? Was gibt es Neues von unserem Vorstand zu vermelden? Sondern: Welche Geschichten sind für ein bestimmtes journalistisches Format von Interesse? Und wie können wir Teil dieser Geschichten sein? Dieses Denken setzt drei Dinge voraus:

- Den Willen, das Unternehmen in der Öffentlichkeit zu sehen, auch wenn die Botschaften, die ein Artikel oder ein Fernsehbericht transportiert, nicht klassisch eins zu eins die Marketingbotschaft nachbeten,
- ein Denken, das sich außerhalb der Vorstandsetagen des Unternehmens bewegt und das nicht das eigene Umfeld, sondern das journalistische Format in den Mittelpunkt stellt sowie
- die Bereitschaft, Gelegenheiten zu nutzen, auch wenn sie gerade nicht in das vorgefertigte Kommunikationskonzept passen.

Es gibt unendlich viele Möglichkeiten, ein Unternehmen in der Presse öffentlich darzustellen. Viele PR-Agenturen und Pressesprecher jedoch beißen sich immer wieder die Zähne an Hürden aus, die sie sowieso nicht überspringen können, statt die angelehnte Tür zu durchqueren, die zum Eintreten einlädt.

Gehen Sie gedanklich jetzt bitte weg von Ihren Kommunikationszielen! Überlegen Sie in den nächsten Minuten nicht, wie Sie Ihr Unternehmen bzw. Ihren Kunden in die Presse bringen können. Gehen Sie die Sache von der anderen Seite an: Zunächst analysieren Sie journalistische Formate, die in Frage kommen. Achten Sie aber bitte darauf, dass Sie mit dem Chancenblick schauen und nicht sofort urteilen: »Kommt für uns ohnehin nicht in Frage«. Im zweiten Schritt entwickeln Sie – noch auf einer abstrakten Ebene – Geschichten, die zu diesem Format passen würden. Und erst im dritten Schritt überlegen Sie, ob und wie Ihr Unternehmen ein Teil dieser Geschichten sein könnte.

Beispiel 1: Finanzzeitung

Wenn Sie die Pressearbeit für ein kleines Unternehmen machen und das erste Mal in die Finanzzeitung vom HANDELSBLATT schauen, wird Sie schnell der Mut verlassen: Die Unternehmen, die dort porträtiert werden, sind allesamt Großunternehmen. Wenn die HypoVereinsbank meldet, dass sie die Kontogebühren nicht nur für Neukunden, sondern auch für Bestandskunden streicht, ist es der Zeitung (wie am 28.3.2007) eine Viertelseite wert. In der gleichen Ausgabe finden Sie Meldungen der Deutschen Bank, von der deutschen Versicherungsgruppe ERGO, von MLP, der DRESDNER BANK und SWISS LIFE. Und resigniert stellen Sie fest: ›Das ist eine Nummer zu groß.‹

Sicher? Schauen Sie ein zweites Mal hin! Es gibt Seiten wie »Finanztrends«, auf denen beispielsweise berichtet wird, wie eine Investmentbank ein mittelständisches Textilunternehmen saniert. Mittwochs beschäftigt sich die Finanzzeitung mit Mittelstandsfinanzierung und am Freitag mit innovativen Investments. Gibt es in Ihrem Unternehmen eine interessante Geschichte rund um die Finanzierung? Hat der Geschäftsführer Erfolg mit einer Strategie, die bewusst auf hohe Renditen verzichtet und stattdessen die Sicherung des Eigenkapitalanteils in den Vordergrund stellt? Finden sich in diesem Zusammenhang Aspekte, die wegweisend für andere sein könnten? Gibt es ein vergleichbares Unternehmen, das einen anderen Weg gegangen und damit gescheitert ist?

Ich vermute stark, dass spätestens an dieser Stelle Ihre innere Schere kommt: »Das, was wir zu bieten haben, ist bestimmt nicht spektakulär genug.« Sicher? Manch eine Redaktion ist regelrecht auf der Suche nach Micro-Trends, die den allgemeinen Trends entgegenlaufen. Ich erinnere mich an ein Interview, das ich als Journalist mit Roland Arnold geführt habe, einem Unternehmer aus Pfronstetten-Aichelau bei Reutlingen in Baden-Württemberg. Ich war nicht nur von seiner Unternehmensgeschichte sehr angetan – er baut mit 60 Mitarbeitern Autos für Behinderte um – sondern vor allem auch von seiner Einstellung. Arnold kauft aus

53

Prinzip nicht beim billigsten Zulieferer ein – er setzt stattdessen auf Unternehmen aus der Nähe, die schnell sind. Und das, während viele andere Unternehmen darüber nachdenken, billiger, noch billiger und noch viel billiger produzieren zu lassen. Mit dieser Einstellung war Arnold mitten in der »Geiz ist Geil«-Euphorie das beste (Gegen)Beispiel für einen Trend.

Überlegen Sie, welche Form von Geschichten die Finanzzeitung in Rubriken wie Mittelstandsfinanzierung sucht. Versetzen Sie sich in die Rolle des Journalisten, der nach Beispielen für ein übergeordnetes Thema sucht. Und überlegen Sie, wie Ihr Unternehmen bzw. Ihr Kunde dieses Beispiel sein kann.

Beispiel 2: TV-Magazine

Das Fernsehen mit seiner fast unüberschaubaren Anzahl an Infomagazinen ist ein wahres Paradies für kreative PR. Fernsehen ist ein Medium, das ständig nach neuen Ideen sucht und das immer wieder gefüllt werden muss. Fernsehen – vor allem das private – mag alles, was süß oder spektakulär ist. Wenn im Berliner Zoo ein kleiner Eisbär geboren wird, berichtet das Fernsehen tagelang darüber. Und wenn sich ein Schwan in ein Tretboot mit Schwanenkopf verliebt und diesem hinterher schwimmt, ist es ebenfalls ein Thema, das das Fernsehen beherrscht. Sie werden später noch mehr darüber lesen. Ein Storchennest mit Storchenküken auf dem Dach würde Ihr Unternehmen unter Umständen eher ins Fernsehen bringen als zwanzig ausformulierte Pressemitteilungen zur wachstumsorientierten Strategie. Und … Es menschelt …

Im Fernsehen muss sich Ihr Unternehmen noch viel mehr dem Format anpassen als es das in der Zeitung tun muss. Denn im Gegensatz zu Zeitungsjournalisten erhalten TV-Journalisten sofort das Urteil über ihre Arbeit: Die Einschaltquoten, die am nächsten Tag von der Medienforschung geliefert werden, zeigen sofort, ob ein Thema richtig oder falsch platziert war, ob ein Experte die Quoten nach oben oder nach unten trieb und ob Zuschauer die Ideen der Redakteure honorierten oder nicht.

Es müssen nicht immer Störche sein. In den dritten Programmen der öffentlich-rechtlichen Fernsehsender laufen beispielsweise eine Reihe von Servicemagazinen zu Themen wie Familie, Finanzen, Gesundheit und vieles mehr. Eine Reihe dieser Servicemagazine interviewt regelmäßig Studiogäste oder filmt Menschen an ihrem Arbeitsplatz. Dabei geht es um Themen wie »Familie und Job unter einem Hut – wie soll das gehen?« oder »Der große Computercheck – was hilft mir wirklich?«. Verbrauchernahe Themen mit unmittelbarem Nutzwert. Auch hier steht nicht primär Ihr Unternehmen im Mittelpunkt, doch Sie haben die Chance, sich der Öffentlichkeit als kundennah und ansprechbar zu präsentieren. Vorausgesetzt natürlich, Sie haben jemanden im Unternehmen oder jemanden, der für das Unternehmen sprechen kann, der eine gewisse Bildschirmpräsenz besitzt und Dinge leicht vermitteln kann.

Und wenn das Unternehmen irgendetwas tut, was ein spektakuläres Fernsehbild hergibt, könnte es sein, dass ein Wissensmagazin auf PRO SIEBEN oder RTL II daran Interesse hat. Fahren bei Ihnen große Lastwagen oder bewegen sich gigantische Maschinen? Vielleicht etwas für KABEL 1? Versuchen Sie Ihr Unternehmen mit den Augen eines Kameramanns zu sehen: Welche Einstellungen sind möglich? Welche Filmsequenzen lassen sich bei Ihnen drehen? Und dann überlegen Sie, zu welchem übergeordneten TV-Thema diese Bilder passen könnten. (Mehr dazu finden Sie später in diesem Buch.)

Sich in die Lage anderer Menschen zu versetzen und die Welt aus ihrem Blickwinkel zu sehen ist eine Fähigkeit, die kreative Menschen auszeichnet. Sie können diese Fähigkeit trainieren, indem Sie sich gedanklich von Ihrem Schreibtisch wegbewegen. Schauen Sie die Fernsehformate, die für Sie interessant sind, genau an und versetzen Sie sich in die Lage eines freien TV-Journalisten: Welche Bilder müssen Sie liefern, damit Sie in diesem Format eine Chance haben? Welche Themen werden behandelt? Und wie werden Geschichten erzählt?

Nutzen Sie ungewöhnliche Medien!

Vor einigen Wochen konnte ich eine interessante Diskussion zwischen zwei Pressesprechern verfolgen. Es ging um das Thema: Sollen Manager bloggen? Also ein Internet-Tagebuch schreiben, in dem sie sich ihren Mitarbeitern und der Öffentlichkeit präsentieren. Einer der beiden sagte sofort: »Das bringt nichts. Das frustriert die Mitarbeiter, weil sie dort sowieso nichts erfahren und die Öffentlichkeit hat nichts davon.« Ups! Da hat jemand die Möglichkeiten, die die Medien bieten, nicht verstanden. Ich gebe jedem Recht, der Blogs und Podcasts für kompletten Unsinn hält, wenn dort Dinge zu finden sind wie Mitte 2007 auf der Internetseite der Bierbrauerei Karlsberg. Dort waren im Podcast Beiträge wie »Dr. Richard Weber spricht über die Lage der Getränkeindustrie« oder »Karlsberg gewinnt erneut die wichtigsten Getränke-Awards« abzurufen. Einige Monate zuvor hatte der Markenchef des Konzerns im HANDELSBLATT angekündigt, dass die Kunden über Podcasts in die Markenwelt eintauchen sollen. Sie werden auch dieses Beispiel noch näher kennenlernen.

Alternative Medien sind nicht dazu geeignet, Themen, die sonst niemand sendet oder druckt, an die Öffentlichkeit zu bringen. Den durchschnittlichen Biertrinker interessiert die Lage der Getränkeindustrie so sehr wie die Exportbilanz von Grönland. Doch alternative Medien bieten eine große Chance, wenn dort einzigartige Inhalte angeboten werden, die die Zielgruppe wirklich interessieren. Sie finden dazu mehr in einem Kapitel, das sich mit Blogs und Podcasts beschäftigt. In diesem Abschnitt möchte ich Sie dafür sensibilisieren, dass kreativ sein bedeuten kann, in der Verbreitung von Inhalten andere Wege zu gehen als es andere tun. So war Baden-Württemberg als erstes Bundesland in Second Life präsent – erinnern Sie sich noch an Second Life? Zuvor hatten dort Unternehmen wie Adidas und Daimler virtuelle Präsenzen eröffnet.

Warum gehen Sie nicht komplett andere Wege? Warum schreibt der Vorstandsvorsitzende Ihres Unternehmens nicht ein Buch, in dem er Vorschläge zur Entwicklung der Wirtschaftspolitik macht, sein persönliches Führungs- oder Erfolgsrezept vorstellt oder sich von einer menschlichen Seite zeigt?

Bieten Sie Relevanz statt Hochglanz!

Viele Unternehmensbroschüren liefern gähnende Langeweile. Auf Hochglanzpapier gedruckt, lobt der Vorstand die Entwicklung im vorangegangenen Geschäftsjahr, spricht von neuen Märkten, neuem Wachstum, neuen Herausforderungen und dankt seinen Mitarbeitern, die das Unternehmen zu einem bedeutenden Innovationstreiber der Branche gemacht haben. Und so weiter. Nicht wenige Geschäftsberichte sind ein Tummelplatz der Eitelkeiten. Dem durchschnittlichen Leser eines solchen Geschäftsberichts bringt das wenig. Für ihn ist das Eigenlob eines Managements ungefähr so spannend wie das Eigenlob einer Regierung: Vorhersehbar, langweilig, uninformativ.

Doch es gibt Unternehmensbroschüren, die anders sind. Der Geschäftsbericht 2006 von Audi beispielsweise, ein 208 Seiten dickes Hochglanzmagazin, das vom Unternehmen aktiv für die Öffentlichkeitsarbeit eingesetzt wurde und beispielsweise in der ersten Klasse der Deutschen Bahn auslag. Natürlich finden sich auch hier zu Beginn die obligatorischen Grußworte des Vorsitzenden des Aufsichtsrats und des Vorstandsvorsitzenden. Natürlich wird auch hier lobend erwähnt, dass der Audi-Konzern »im vergangenen Jahr die Profitabilität nochmals deutlich verbessert« hat und »mit wachem Geist und Innovationskraft an die Spitze« gelangt ist, aber damit ist des Eigenlobs genug getan. Die folgenden Artikel sind ein Beispiel dafür, wie ein Unternehmen den Leser – und nicht sich selbst – in den Mittelpunkt stellt.

»Was werden wir in Zukunft tanken? Wie wird der Motor von morgen aussehen? Welche Autos werden auf den Straßen fahren?« Bereits auf Seite 11 wagt der Geschäftsbericht einen Blick in die Zukunft. Der Leser wird in die Welt der Forschungslabors geführt, wo Entwickler an innovativen Treibstoffen, spritsparenden Motoren und leichteren Autos arbeiten: »Einer der großen Hoffnungsträger ist Gas-to-Liquid-Kraftstoff (GTL), der gewonnen wird, indem Erdgas durch Zufuhr von Sauerstoff und Wasserdampf zu Synthesegas und dann zu flüssigem Kohlenwasserstoff umgewandelt wird«, heißt es in dem Bericht. Darin werden übrigens nicht – wie man es erwarten könnte – die Entwickler von Audi in höchsten Tönen gelobt, sondern Forscher von Shell vorgestellt, die in einem Labor am Hamburger Hafen an den Kraftstoffen der Zukunft forschen.

Was macht den Audi-Geschäftsbericht 2006 zu einem Vorbild? Er bemüht sich, Informationen zu liefern, die für die Leser – Aktionäre, Interessierte, Kunden etc. – relevant sind. Sie haben ja bereits den Spam-Filter kennengelernt, den wir in unserem Gehirn haben und der darüber entscheidet, ob eine Information vom Unterbewusstsein an das Bewusstsein vorgelassen wird oder nicht. Damit schaffen Sie es, durch das Nadelöhr der Aufmerksamkeit zu kommen. Doch was nun? Nun müssen Sie Informationen liefern, die vom Empfänger als relevant angesehen werden. Wenn Sie das nicht schaffen, wird der Spam-Filter im Unterbewusstsein sofort wieder aktiv und es kommt zum sogenannten »Aussteigereffekt«. Haben Sie sich schon einmal dabei ertappt, dass Sie bei der Tagesschau oder einer politischen Talkshow plötzlich auf »Durchzug« geschaltet haben, obwohl Sie eigentlich zuhören wollten? Haben Sie schon einmal bemerkt, dass Ihre Aufmerksamkeit beim Lesen einer Zeitung oder einer Zeitschrift plötzlich aussetzt und Ihre Gedanken abschweifen? Ihr Unterbewusstsein hat gerade den Langeweile-Alarm ausgelöst und abgeschaltet.

Ein Geschäftsbericht, der den Leser in den Mittelpunkt stellt

Das bedeutet übrigens nicht, dass Sie gar nichts mehr über Ihr Unternehmen erzählen sollen. Im Gegenteil: Sie können Relevanz als eine Art trojanisches Pferd nutzen. Ich habe für die Medienforschung eines Senders ein knappes Jahr lang eine Reihe von Focus Groups durchgeführt: Gruppeninterviews von Radiohörern, bei denen wir Aufmerksamkeit mit Hilfe eines Drehreglers getestet haben: Die Hörer sollten mit Hilfe dieses Drehreglers Ausschnitte aus mehreren Sendungen beurteilen. Wenn ihnen der Inhalt besonders gut gefällt, sollten sie den Regler nach rechts drehen. Sobald es langweilig und irrelevant wurde, sollten sie den Regler nach links drehen. Dabei haben wir einen interessanten Effekt festgestellt:

- Die Entscheidung darüber, ob ein Inhalt relevant oder irrelevant ist, fällt sehr schnell. Sie können die Relevanz eines Textes oder eines Beitrags jederzeit sofort erhöhen, indem Sie dem Konsumenten einen direkten Nutzen versprechen.
- Ist die Relevanz der Information nicht mehr gegeben, geht die Aufmerksamkeit schrittweise zurück: In Erwartung einer relevanten Information hält der Spam-Filter den Durchfluss vom Unterbewusstsein ins Bewusstsein noch eine Weile aufrecht. Dem Inhalt wird weniger und weniger Aufmerksamkeit geschenkt, bevor es schließlich zum Aussteigereffekt kommt.

Ich möchte Ihnen das, was im Kopf passiert, mit einem Beispiel verdeutlichen: Sie verfassen einen Pressetext über eine Kulturausstellung, die den Namen »Perspektiven des Minimalismus« trägt.

In der Sekunde, in der Sie dem Konsumenten einen Nutzen versprechen, beispielsweise ihm zeigen, wie man ohne Geld glücklich werden kann, geht die Aufmerksamkeitskurve sofort nach oben. Im nächsten Satz werden Details über die Ausstellung selbst genannt. Noch ist die Aufmerksamkeitskurve nicht wieder unten, aber sie baut ab. Im nächsten Satz wird der versprochene Nutzen immer noch nicht eingelöst, die Kurve geht weiter nach unten. Eine leichte Aufwärtstendenz zeigt sich, wenn es wieder um das Verhältnis des Menschen zum Materiellen geht: Der Informationskonsument erwartet nun den versprochenen Nutzen. Wenn dann jedoch der Kuratoriumsleiter eine sehr allgemeine Aussage trifft, geht die Aufmerksamkeit schlagartig nach unten. Spätestens jetzt kommt es zum Aussteigereffekt. Dieses Muster zieht sich durch alle Focus Groups, die ich durchgeführt und ausgewertet habe.

Der Aufmerksamkeitspegel von Konsumenten schwankt ständig, als Informationsanbieter müssen Sie beständig neue relevante Reize anbieten. Im unmittelbaren Umfeld einer relevanten Information können Sie jedoch andere Informationen platzieren, die vom Konsumenten wahrgenommen werden. Wenn Sie also das Nadelöhr der Aufmerksamkeit passiert haben, beginnt die nächste Herausforderung. Stellen Sie sich bei jeder Information, die Sie kommunizieren wollen, die Frage, für wen sie eigentlich relevant ist. Die Relevanzmatrix hilft Ihnen dabei: Wenn Sie Informationen verbreiten, die zwar für den Absender (das Management eines Unternehmens, den Vorsitzenden einer Partei, die Geschäftsführung einer Organisation) relevant sind, für den Empfänger der Informationen aber irrelevant, bedienen Sie den Streichelzoo der Eitelkeiten. Ich will nicht verhehlen, dass genau das Sie mitunter erfolgreich macht – dann nämlich, wenn der Absender den Erfolg ausschließlich daran misst, ob und wie lange er präsent war. Erfolg im Sinne eines Kommunikationserfolgs ist jedoch nicht gegeben.

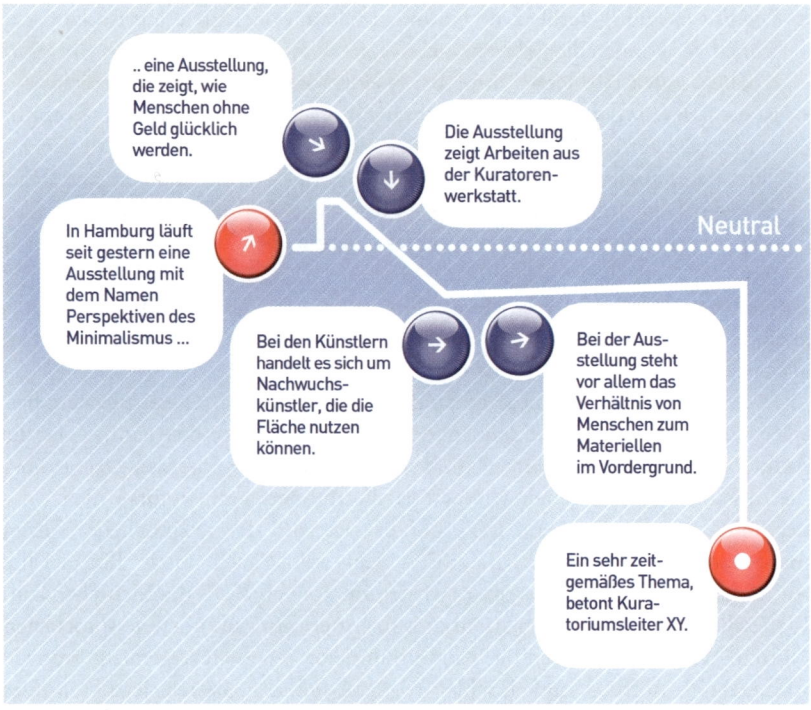

Aufmerksamkeitskurve bei inhaltlichen Mogelpackungen

Informationen, die für den Absender irrelevant, für den Empfänger jedoch relevant sind, können als trojanisches Pferd verwendet werden, um eigentlich irrelevante Botschaften zu transportieren. Informationen, die weder für den Absender noch für den Empfänger Relevanz besitzen, sind schlichtweg überflüssig. Die besten Informationen sind die, die vom Absender und vom Empfänger gleichermaßen als relevant empfunden werden.

Widerstehen Sie dem Versuch, aus Ihrer Unternehmensbroschüre einen Streichelzoo der Eitelkeiten zu machen! Audi ist dabei übrigens einen interessanten Weg gegangen: Der Bericht über Treibstoffe der Zukunft wurde nicht von einem Mitarbeiter der PR-Abteilung geschrieben, sondern von dem freien Journalisten Markus Gärtner, der früher Bayern-Reporter des DEUTSCHLANDFUNKS und China-Korrespondent des HANDELSBLATTS war.

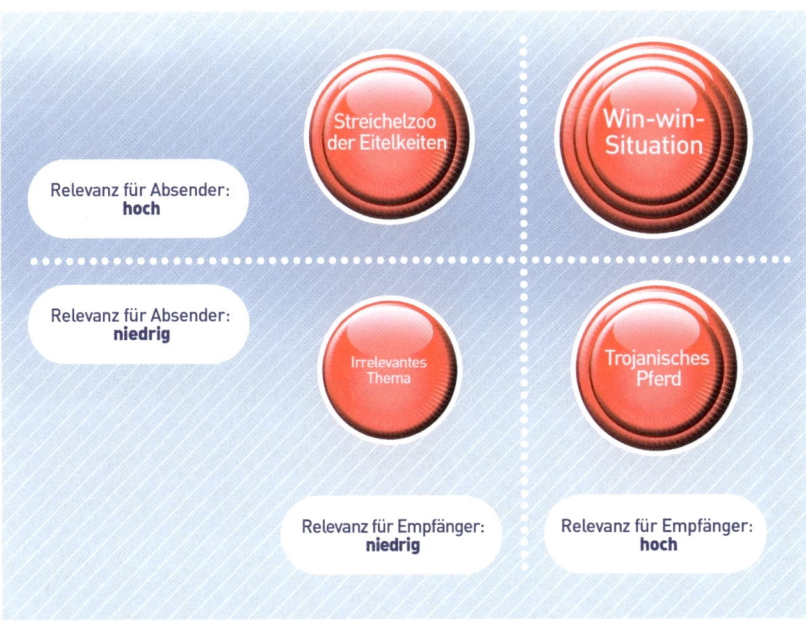

Vorsicht vor dem Streichelzoo!

Kreativfragen

- Sind die Informationen, die ich kommuniziere, für den Empfänger relevant?
- Was kann ich tun, um die Relevanz meiner Informationen zu erhöhen?
- Wie kann ich sicherstellen, dass die Relevanzkurve immer wieder nach oben zeigt?

trojanisches Pferd

2 Vitamin C fürs Gehirn – Themen und Kampagnen mit der APFEL-Methode entwickeln

Wenn Sie in einer PR-Agentur arbeiten, haben Sie sicherlich auch diesen einen Kunden, den es in fast jeder Agentur gibt: Den »Horrorkunden«. Ein Unternehmen, dessen Produkte so abstrakt sind oder so langweilig erscheinen, dass selbst der Agenturchef sich gelegentlich die Augen reibt und fragend in die Luft blickt. Der Systemintegrator für DMS-Lösungen, der Bundesverband der Parkettindustrie oder ein Automobilzulieferer, dessen aufregendstes Ereignis in den letzten fünf Jahren der Bau eines neuen Zentrallagers war. Genauso ratlos zucken Pressesprecher mit den Schultern, wenn der Vorstand eines Unternehmens fordert, man müsse »mehr in die Öffentlichkeit«. Womit bitteschön, wenn die Produkte alles andere als sexy sind und die Presse vor der Tür nicht gerade Schlange steht?

Wie lassen sich für Unternehmen, die ihr Geld mit Facility Management, Betonfertigteilherstellung, E-Marketing-Management oder der Produktion von Raumduftsprays verdienen, spannende Themen entwickeln? Durch den Einsatz von Kreativtechniken, mit denen Sie systematisch nach neuen Ideen suchen können. Ich möchte Ihnen das anhand eines Beispiels zeigen:

> Ein Hersteller von Raumduftsprays beauftragt eine PR-Agentur, das Produkt in die Presse zu bringen. Der Vorstand des Unternehmens findet, dass das außergewöhnliche Design seiner bauchig gestalteten Aerosoldosen den Produkten einen so hochwertigen Charakter verleiht, dass das doch eigentlich spielend in die Presse zu bringen sein müsste. Es dauert einige Zeit, bis die Agentur ihn davon überzeugen kann, dass dieses Anliegen nicht so einfach umzusetzen ist, wie er sich das vorstellt. »Dann lassen Sie sich etwas einfallen«, fordert der Kunde.
>
> Das Kreativteam der Agentur beginnt mit Hilfe des Tools der 360-Grad-Befragung, die Sie in diesem Kapitel kennenlernen werden, Ideen zu entwickeln. Die erste Frage lautet hier: Welchen Nutzen schaffen Produkte? Heraus kommen die üblichen Lösungen: Räume duften anschließend, Düfte können Stimmungen beeinflussen etc. Die nächste Frage lautet: Welchen Nutzen

[Handschriftliche Randnotiz: Kreativtechnik]

könnten die Produkte schaffen? Jetzt beginnt die Phase der Ideengenerierung. Unterstützt durch Tools, die Kreativität besser und effektiver forcieren als klassisches Brainstorming, werden Produktideen entwickelt. Ein Mitarbeiter kommt schließlich auf die Idee: »Das Raumduftspray kann Ehestreits schlichten.«

Die Agentur recherchiert und findet schließlich einen Paartherapeuten, der sagt, dass der Duft einer Wohnung maßgeblich zum Beziehungsklima beiträgt. Die Agentur geht eine Kooperation mit ihm ein, und er beginnt, die Wirkung von Raumduftsprays bei der Therapie zu testen. Das Ergebnis dieses Tests wird der Aufhänger der Geschichte: Im Duft der Harmonie versöhnen sich Ehepaare leichter.

Bei weiteren Recherchen stößt die Agentur auf eine Studie holländischer Forscher, die besagt, dass Gerüche das menschliche Verhalten genauso stark beeinflussen wie optische Reize. Das Ergebnis ist eine Human-Touch-Geschichte, die in einem Boulevardmagazin platziert wird.

Systematische Ideenentwicklung folgt einem einfachen Grundmuster: Zunächst werden mit möglichst vielen verschiedenen Methoden Ideen in die Breite entwickelt. Ziel ist es, eine möglichst große Anzahl verschiedenartiger Ideen zu generieren. Wichtig dabei: Wechseln Sie die Methode! Kein Maler würde auf den Gedanken kommen, vom ersten bis zum letzten Tag seines Wirkens nur mit einem Pinsel zu arbeiten. Jeder Pinsel produziert ein anderes Ergebnis. Das gleiche gilt für Kreativmethoden.

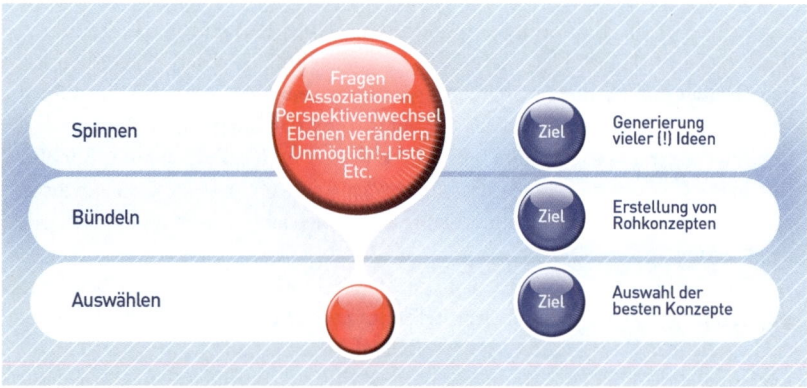

Prozess der Ideenfindung

Der Prozess der Ideenfindung lässt sich mit einem Ballon vergleichen. Zunächst werden möglichst viele Ideen entwickelt, unter denen sich – das ist zwangsläufig der Fall – viel heiße Luft befindet. Die Rohideen, die im Raum herumfliegen, werden im zweiten Schritt gebündelt. Dabei wird auch bewertet, welches Potential die Ideen haben. Die Ideen werden zu ersten Rohkonzepten zusammengefasst, fertigen kleinen Päckchen, die sinnbildlich im Korb landen. Aus den vorhandenen Ideen wird am Ende die beste ausgewählt.

Diesem Muster folgen alle Kreativtechniken. Nachfolgend sind sie näher beschrieben. Die einzelnen Techniken der APFEL-Methode können Sie einzeln, nacheinander oder als Kombination anwenden. Sie finden am Ende jeder Technik eine Kurzbeschreibung, die Ihnen verrät, zu welcher Problemstellung die jeweilige Technik passt. Die APFEL-Methode dient dazu, systematisch eine Vielzahl von Ansatzpunkten für Geschichten rund um ein Produkt, eine Dienstleistung oder ein Thema zu erarbeiten. Sie ermöglicht es, einzelne Teilaspekte herauszuarbeiten und diese aus unterschiedlichsten Sichtweisen zu betrachten. Die APFEL-Methode kann einzeln oder im Team, unter Zeitdruck oder in langen Team-Meetings angewendet werden.

A	Assoziationen bilden	Gedanken rund um die verschiedenen Aspekte des Themas entwickeln
A	Analogien suchen	Nach ähnlichen Geschichten und ähnlichen Mustern aus anderen Bereichen suchen
P	Perspektivenwechsel	Die Aspekte aus verschiedenen Perspektiven betrachten
P	Problemorientiertes Denken	Ausgehend von Problemen und Bedürfnissen Themen entwickeln
F	Fragen stellen	Das Unternehmen und seine verschiedenen Aspekte systematisch hinterfragen
E	Ebenenwechsel	Von der konkreten auf die abstrakte Ebene wechseln
L	Lotteriemethode	Dem Zufall eine Chance geben

Die besten Ideen bestehen aus Bedürfnissen.

Die Grundlage: Zerlegen Sie Ihren Kunden!

Im ersten Schritt schaffen Sie die Grundlage: Überlegen Sie, welche verschiedenen Teilaspekte das Thema umfasst. Ist Ihr Kunde ein privater Postanbieter, können Sie Themen rund um die Aspekte Preise, Servicedienstleistungen, den Unternehmer und seine Mitarbeiter, die entstehenden neuen Arbeitsplätze, die Geschichte des Unternehmens, das Image, das Marketing, die Kunden etc. entwickeln. Jeder dieser Aspekte ist eine Denkrichtung für die Entwicklung von Themen. Gerade im Anfangsstadium hilft es, in eine Vielzahl möglicher Richtungen zu denken: Die verschiedenen Aspekte sind die Grundlage für die Anwendung der APFEL-Methode. Im Laufe dieses Kapitels werden Sie feststellen, dass die Zahl und die Qualität Ihrer Ergebnisse mit der Anzahl der verschiedenen Facetten steigen.

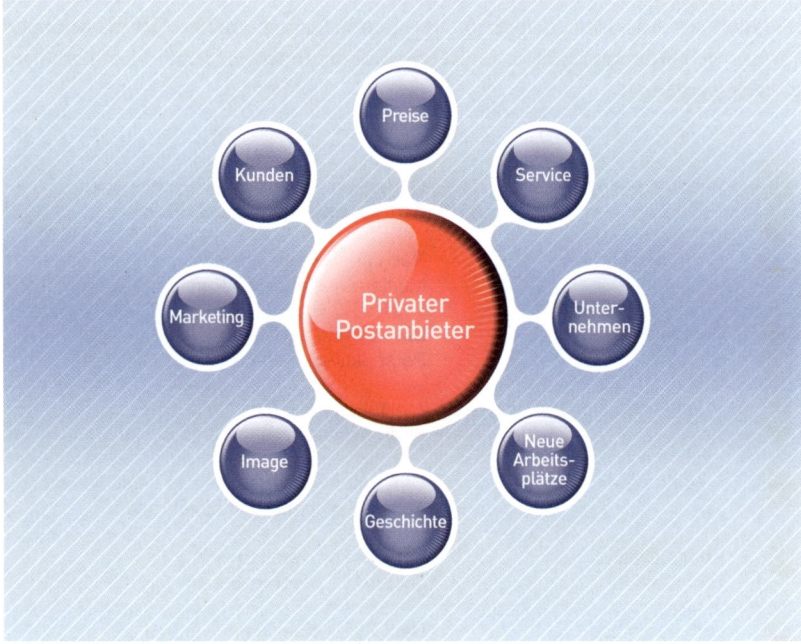

Den Kunden in seine Bestandteile zerlegen

Dann beginnen Sie mit der Ideenentwicklung. In der Spinnerphase kombinieren Sie fünf kreative Grundtechniken: Assoziationsmethoden, Analogien, Perspektivenwechsel, problemorientiertes Denken und Fragemethoden. Sie können diese Grundtechniken einzeln oder nacheinander anwenden oder Sie immer wieder neu kombinieren, das bleibt Ihnen überlassen. Nehmen wir an, Sie verfassen einen Text zum Thema »private Postanbieter«. Zum Teilaspekt Mitarbeiter fällt Ihnen sofort ein: Postbote. Sie wechseln die Perspektive und überlegen, was Postboten aus der Sichtweise beispielsweise eines Komikers sind: Ein gefundenes Fressen für hungrige Hunde. Dann fragen Sie: Welche innovativen Serviceangebote kann ein privater Postanbieter machen? Und kommen zum Ergebnis: Er kann seine Briefträger mit speziellen Leckereien für Hunde ausstatten. In der Presse steht später der Artikel: »Auf diesen Postboten freut sich Ihr Hund ganz besonders.«

Nun können Sie wieder von vorne anfangen und Assoziationen zum Thema Leckereien bilden. Sie kommen auf Hundekuchen und entwickeln so gemeinsam mit Ihrem Kunden die Idee, nicht Hundekuchen, sondern Botenkuchen zu entwickeln: Hundekuchen im Postbotendesign. Jetzt ist der PR-Gag gelungen, die Boulevardpresse titelt: »Diesen Postboten haben Hunde zum Fressen gerne!«

2.1   Aktivieren Sie Ihr Unterbewusstsein – Assoziationen bilden

Vergleichen Sie Ihr Gehirn mit einem Computer. Ihr Bewusstsein, also das, woran Sie gerade denken und was Sie gerade beschäftigt, ist Ihr Arbeitsspeicher. Alle Informationen, die Sie darin finden, können Sie schnell und unproblematisch abrufen, sie stehen Ihnen im Bruchteil einer Sekunde zur Verfügung. Informationen, die Sie aktuell gerade nicht benötigen, werden von Ihrem Gehirn auf Ihrer Festplatte – dem Unterbewusstsein – abgelegt. Und genau wie auf der Festplatte Ihres Computers gibt es in Ihrem Kopf Dateien, die Sie kürzlich abgelegt haben, bei denen Sie genau wissen, wo Sie sie schnell finden und solche, die Sie länger nicht benutzt haben. Und genau wie die Suche nach bestimmten Dateien auf der Festplatte Ihres Computers manchmal etwas länger dauern kann, kann auch die Suche nach Informationen in Ihrem Unterbewusstsein längere Zeit in Anspruch nehmen: »Der Name ... er liegt mir auf der Zunge ... wie heißt er noch? ... gleich habe ich es ... Dieter!« Ihr Gehirn ist ständig dabei, Informationen aus dem Arbeitsspeicher auf der Festplatte abzulagern. Es wäre sonst binnen kürzester Zeit arbeitsunfähig. Stellen Sie sich vor, was mit Ihrem Computer passieren würde, wenn sich alle Informationen im Arbeitsspeicher befinden würden: Er würde abstürzen. Genau wie Ihr Gehirn.

Ihre Festplatte im Kopf ist deshalb voll mit abgelegten Informationen. Sie wissen wie der Eiffelturm aussieht, auch wenn Sie nicht an ihn denken. Sie haben Bilder vom Skifahren vor Augen, auch wenn Sie seit fünf Jahren nicht mehr auf der Piste waren. Und Sie erinnern sich an das letzte Weihnachtsfest. Assoziationen helfen, all die Gedanken und Informationen aus dem Unterbewusstsein in das Bewusstsein zu bringen. Die Hirnforschung hat herausgefunden, dass beim Einsatz von Assoziationstechniken sogar noch mehr passiert: Gedanken werden nicht nur von einer Bewusstseinsebene mit niedriger Aktivität in die nächsthöhere geholt, sie werden regelrecht von einem Hirnsystem in ein anderes verlagert.

Assoziationen sind ein wichtiger Schlüssel, um Themen rund um Produkte, Veranstaltungen, Unternehmen, Organisationen etc. zu entwickeln. Schreiben Sie Ihre Assoziationen zunächst wahllos auf. Wenn Sie Ihrem Gehirn auf die Sprünge helfen wollen, können Sie eine Mindestquote wählen: 50 Assoziationen zum Thema Weihnachten. Dann werden Sie folgendes feststellen: Die ersten zehn Assoziationen fallen Ihnen relativ leicht. Dann wird es langsam schwerer. Irgendwo zwischen 20 und 30 verlieren Sie den Mut und glauben, dass Ihnen nichts mehr einfällt. Ab 40 grenzt es an seelische Folter. Das ist ein normaler Prozess: Wir alle haben zu bestimmten Themen Assoziationen, die naheliegend sind. Sie können folgendes ausprobieren: Fragen Sie einen Kollegen nach einem Werkzeug und einer Farbe. Die Chance, dass die Antwort *Hammer* und *rot* lautet, ist ziemlich groß. Was fällt Ihnen zu elektrischem Licht spontan ein? Ich wette, dass Ihr erster nahe liegender Einfall *Glühbirne* ist und nicht *Neonröhre*, *Kraftwerk* oder *Taschenlampe*. Gehen Sie deshalb tiefer und bilden Sie Assoziationsketten rund um Ihren Ausgangsbegriff.

Verzetteln Sie sich dabei aber nicht! Assoziationsketten können unendlich lang sein. Im Internet finden Sie unter www.assoziationskette.de.vu eine Kette, die im Mai 2005 mit dem Begriff *Anfang* gestartet wurde und zu der bis Ende 2010 mehr als 80.000 Assoziationen gebildet wurden: Diese reichen von *Wurzel, Liebe, Herz, Schmerz* über *Arnold Schwarzenegger, Terminator, Zukunft* bis zu *Leichen, Bestattungsunternehmen* und *Wiedergeburt* (Assoziation Nummer 15.429). Irgendwann nimmt die Assoziationskette einen Lauf, der nur noch wenig bis gar nichts mit dem Ausgangsbegriff zu tun hat, spätestens dann wird es Zeit aufzuhören.

Über die dritte, vierte oder fünfte Assoziation zu einem Begriff kommen Sie sehr schnell auf Themenideen. Eine PR-Agentur, die Themen rund um eine Gemüsepresse entwickeln soll, landet über die Assoziationen *Gesundheit, Vorsorge* und *Stress* schnell bei dem Begriff *Manager* und entwickelt so Themenideen rund um das Thema Management. Was tun Manager? Sie führen Verhandlungen, bei denen sie hellwach sein müssen. Gemüsesaft sorgt für bessere Konzentration, ist also Brain-Doping vor großen Verhandlungen. Daraus entsteht die Idee, einen Beitrag über Brain-Doping vor harten Verhandlungen zu schreiben. Einer der Tipps ist, kurz vor Beginn der Verhandlungen frisch gepressten Gemüsesaft zu trinken, den man mit Hilfe der Gemüsepresse problemlos und schnell im Büro zubereiten kann.

Ich empfehle Ihnen, zunächst wahllos zu assoziieren und die Ergebnisse dann thematisch rund um den Ausgangsbegriff zu gruppieren. Sie erhalten so ein Mind-Map, das Sie als Grundlage für die Entwicklung von Themen nutzen können. Teilnehmer eines Seminars zur kreativen Themenentwicklung haben aus Assoziationen rund um den Begriff *Gemüsepresse* folgende Themen generiert:

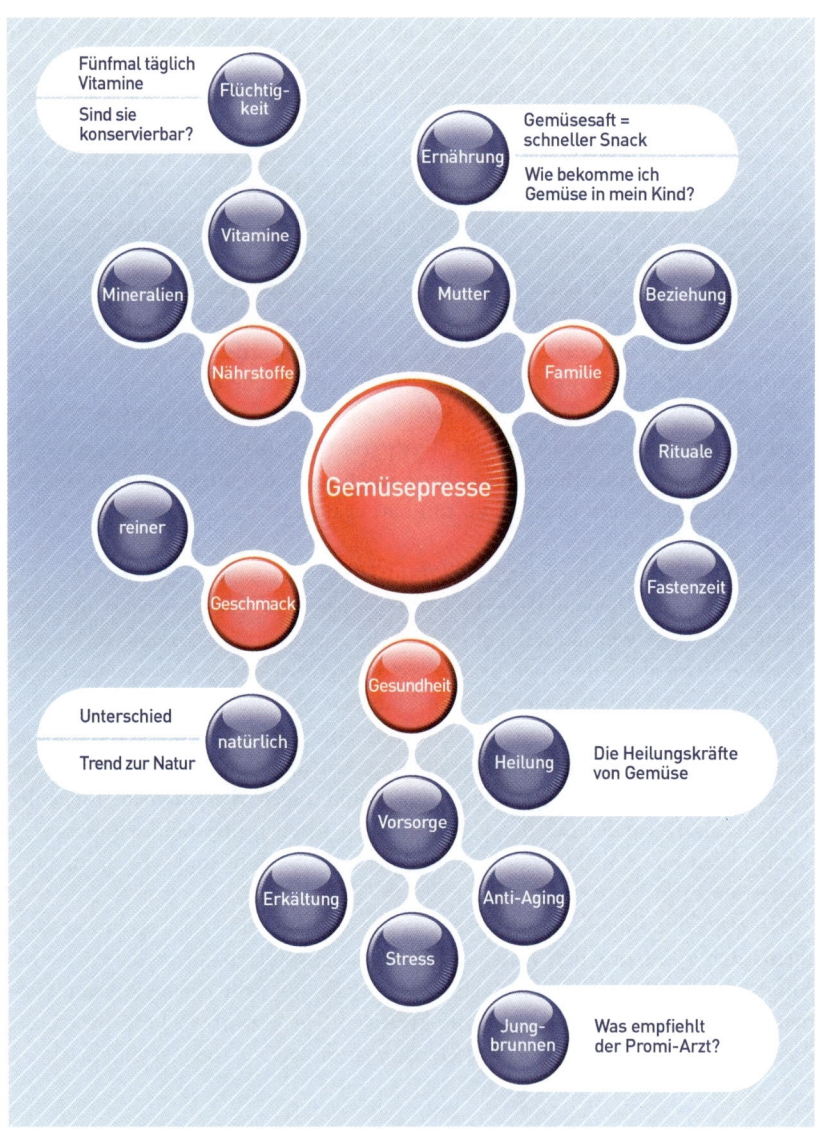

Assoziationen rund um die Gemüsepresse

Assoziation	Themen
Anti-Aging	Arbeiten bis 67 – so bleiben Sie fit. Der richtige Gemüsemix hält Sie jung
Ernährung	Initiative zweites Frühstück – Saftbar in der Schule. Warum Kinder kein Gemüse mögen – und wie Sie Gesundes in Ihre Kleinen bekommen. Der Fernsehkoch empfiehlt: Ungewöhnliche Saftrezepte mit Rosenkohl
Manager	Studie: Gemüse ist Brain-Doping für Manager. Psychologe: Vitamine sind der beste Schutz gegen Burn-out
Beziehung	Der Drink, der scharf macht
Geschmack	Out: Künstliche Aromastoffe. In: Guter Geschmack.

Assoziationen bilden

Besonders geeignet für	Der »Allrounder« der Ideenfindung ist ein guter Start und bietet eine Grundlage für den Einsatz weiterer Techniken.
Eignung für den Einsatz im Team	☺☺☺☺
Eignung für die Arbeit alleine	☺☺☺☺
Anzahl der Ideen	☺☺☺
Originalität der Ideen	☺☺☺

☺ Vorteile	☹ Nachteile
Passt immer, geht immer. Diese Technik können Sie für fast alle Problemstellungen verwenden. Egal ob Sie Themen entwickeln, nach Überschriften suchen oder Veranstaltungskonzepte ausarbeiten: Assoziationen und Assoziationsketten helfen Ihnen, neue Gedanken zu entwickeln und zu strukturieren.	Die Ergebnisse von Assoziationen und Assoziationsketten sind häufig Begriffe rund um das Thema. Nicht weniger, aber auch nicht mehr. Aus Assoziationen allein entstehen selten neue Ideen. Vielmehr wirken die Begriffe wie ein Katalysator: Sie sind eine Inspirationsquelle, mit deren Hilfe Sie Ideen entwickeln können.

Assoziationen zu bilden ist ein wichtiger Bestandteil der Ideenentwicklung, aber nicht der einzige. Wenn Sie die Assoziationstechnik häufiger anwenden, werden Sie feststellen, dass sie am wirkungsvollsten ist, wenn Sie sie mit anderen Techniken kombinieren. Beispielsweise indem sie einzelne Assoziationen aus verschiedenen Perspektiven betrachten oder mit Hilfe der Negativliste systematisch hinterfragen. In den nachfolgenden Abschnitten erfahren Sie mehr zu diesen Techniken.

2.2   Achtung: Unkraut-Guerilla! – Analogien suchen

Analogien helfen Ihnen immer dann weiter, wenn es darum geht, Produkte zu erklären und komplexe Dinge fassbar zu machen. Wie erklären Sie einfach und verständlich die SAP Business Process Platform (kurz BPP), die das Internetportal ZDNET.DE so beschrieb?

> »Unter BPP, das im Umfeld der CeBIT vorgestellt wurde, versteht SAP eine Verbindung aus Ablaufumgebung – also Infrastruktur – und Business Content – also Anwendungen. Analysten von Gartner haben dafür das Kunstwort ›Applistructure‹ geschaffen. Beides will die Softwareschmiede aus Walldorf künftig liefern: Netweaver als Infrastruktur und als Businesslogik stehen Komponenten aus der Business Suite oder MySAP ERP zur Verfügung.«
>
> ZDNET.DE, 29.5.2005

Haben Sie es verstanden? Viele Kunden von SAP offenbar nicht. Knapp zwei Jahre nach Einführung des Produkts wird BPP im Executive Blog des Unternehmens immer noch erläutert. Jetzt allerdings so, dass man es versteht. Warum? Peter Zencke, einer der Topmanager von SAP, nutzt eine Analogie zwischen dem VW Käfer, dem Karmann Ghia und der IT-Branche. Kein Expertisch, sondern nachvollziehbares, bildhaftes Deutsch. Der Originaltext ist in Englisch, ich habe ihn für dieses Buch übersetzt:

»Kein Grund, das Rad mit BPP neu zu erfinden.

Lassen Sie mich Sie ein paar Jahre zurückführen. Als ich ein kleiner Junge war, brachte Volkswagen ein Coupé mit dem Namen »Karmann Ghia« auf den Markt. Ich denke, Sie stimmen mir zu, wenn ich sage, dass es ein süßes kleines Ding war und damals ein großer Hit. Vergleichen Sie es mit dem VW Käfer, dem Aushängeschild des Konzerns (Anmerkung des Autors: Damals). Verschieden wie Tag und Nacht? Nicht wirklich. Sie schienen unterschiedlich zu sein. Doch ein Blick unter die Haube erzählt eine andere Geschichte. Weil der Karmann Ghia auf der gleichen Plattform wie der Käfer gebaut wurde. Er hatte den gleichen luftgekühlten Motor, das gleiche Viergang-Getriebe und die gleiche Aufhängung. Nehmen Sie die Hülle weg und … es ist ein Käfer.

Aber dann wieder ist er etwas vollkommen anderes. Er wurde für eine ganz andere Zielgruppe gebaut, die etwas Innovatives wollte. Die Geschwindigkeit, mit der VW genau wie andere Autohersteller mit einer Plattform-Strategie in der Lage war, sich dem Markt anzupassen, traf die Konkurrenten ohne Plattform-Strategie ohne Vorwarnung und revolutionierte die Industrie.

Es wurde Zeit, dass sich die IT-Branche eine Scheibe von der Autoindustrie abschneidet. Der Plattform-Ansatz wird ein neues Zeitalter in der Rolle der IT in Unternehmen definieren. Die Plattform verspricht eine neue Geschwindigkeit im Geschäftsprozess, wobei sie genauso zuverlässig ist, wenn nicht sogar zuverlässiger.«

Analogien zu nutzen heißt, eine Sache mit einer anderen zu vergleichen: Eine ganz andere Geschichte zu suchen, um ein Produkt zu erklären oder komplexe Zusammenhänge deutlich zu machen. Analogien dienen dazu, Produkte klar und deutlich zu positionieren. Zwei Klassiker der Analogiebildungen sollen hier als Beispiel dienen: Analogien zum Militär und zum Boxkampf. Sie haben den Auftrag, PR für eine neue Generation von Unkrautvernichtern zu betreiben. Ohne Analogie würden Sie wahrscheinlich einen Text im Sinne von »Starkes Mittel zur Unkrautvernichtung« verfassen. Bei einer Analogie zum Militär sprechen Sie von »schwerem Geschütz gegen Unkraut«, bei einer Analogie zum Boxen von »K.o. in der ersten Runde – Unkraut hat keine Chance mehr«. Analogien – das werden Sie später in diesem Buch noch erfahren – können Sie auch sehr gut nutzen, um PR-Aktionen zu initiieren: Gründen Sie die Unkraut-Guerilla, die Sie pressewirksam auf Fachveranstaltungen auftreten lassen. Oder stellen Sie auf einer Landwirtschaftsmesse einen Boxring auf, in dem stündlich sinnbildlich Unkraut

K.o. geschlagen wird. Achten Sie aber bei der Auswahl der Boxer darauf, dass das Mittel das Unkraut zu Boden zwingt und nicht umgekehrt …

So bilden Sie Analogien: Lösen Sie sich von Ihrer Ausgangsfrage. Überlegen Sie, wie Ihr Produkt oder Ihre Dienstleistung funktioniert und wirkt. Im zweiten Schritt suchen Sie nach Dingen, die genau so funktionieren und wirken. Sie wollen erklären, wie Schauspieler in einer Daily Soap arbeiten? Sie drehen Folgen und Szenen im Akkord, der Ablauf ist optimiert, der Tag ist minutengenau getaktet, alles muss funktionieren und ist aufeinander abgestimmt. Sie können dazu negativ belegte (Hühner in der Legehennenfabrik) oder positiv belegte (ein moderner Motor) Analogien wählen. Suchen Sie nach kreativen Analogien, die noch nicht verbraucht sind: Die Analogie zur Fließbandarbeit ist eine weit verbreitete. Sie können mit ihr nichts falsch machen, aber sie ist nicht originell. Suchen Sie nach Analogien zu aktuellen Ereignissen, zu Kinofilmen, zum Fernsehen, zu Musik oder zur Politik.

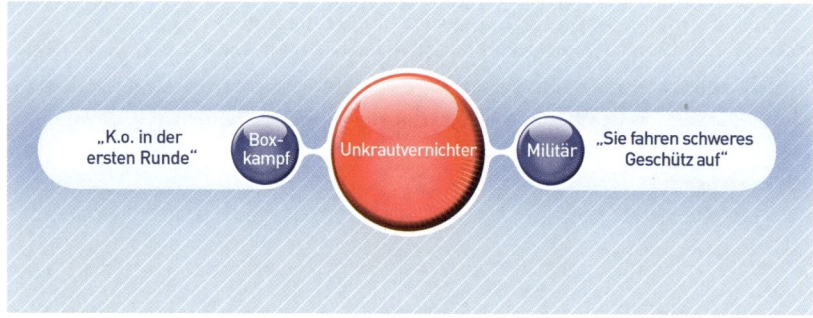

Analogien suchen: Formulierungen aus anderen Bereichen nutzen

Analogien zu bilden ist eine der effektivsten Kreativtechniken. Bei der Themensuche ist sie vor allem geeignet, wenn Sie Schwieriges leicht oder scheinbar Langweiliges originell machen wollen. Je mehr Sie in Ihrem privaten und beruflichen Umfeld erleben, je mehr Einflüssen Sie ausgesetzt sind, desto besser können Sie mit Analogien arbeiten.

Analogien bilden	
Besonders geeignet für	Die Suche nach Erkläransätzen und die Reduzierung von Komplexität
Eignung für den Einsatz im Team	☺☺☺
Eignung für die Arbeit alleine	☺☺☺☺☺
Anzahl der Ideen	☺☺☺
Originalität der Ideen	☺☺☺☺
☺ Vorteile	☹ Nachteile
Gerade wenn es darum geht, Produkte oder Dienstleistungen einfach und verständlich zu erklären, sind Analogien die perfekte Technik.	Analogien bringen Darstellungsvielfalt, aber keine Themenvielfalt.

2.3 Schizophrenie sinnvoll nutzen – Neue Sichtweisen durch Perspektivenwechsel

Wissen Sie, warum Sie in der Lage sind, diese Zeilen hier zu lesen? Und warum Sie die bunten Farben auf dem Titelbild des Kundenmagazins INNOVATION, von Zeiss,

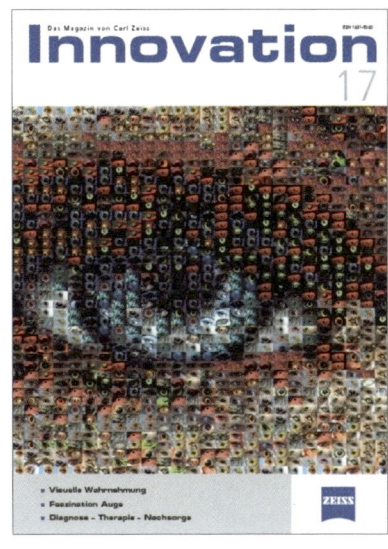

sehen? Haben Sie schon einmal über Ihr Auge nachgedacht? »Moment mal!«, denken Sie. »Das hier ist ein Kreativbuch! Wenn ich eines über Augen lesen möchte, kaufe ich mir eines!« Da haben Sie im Prinzip Recht. Doch lesen Sie bitte weiter! Ihr Auge – dieses Wunderwerk der Natur – setzt genau in dieser Millisekunde elektromagnetische Wellen in Licht und Farbe um. Sie glauben, dass Sie schwarzen Text sehen? Die Schrift wird von Ihrem Auge konstruiert. Sie glauben, Farben zu erkennen? Diese Farben entstehen jetzt in Ihrem Kopf. Anders ausgedrückt: Sie erleben gerade die Illusion von Text und die Illusion von Farbe.

So könnte die Titelgeschichte im Kundenmagazin INNOVATION beginnen. Tut sie aber nicht. Sie beginnt so:

»Das Auge ist ein wichtiges Sinnesorgan von Mensch und Tier. Evolutionsbedingt reagiert das menschliche Auge auf die physischen Reize der elektromagnetischen Strahlung innerhalb einer Wellenlänge von 350 bis 750 nm. Dabei setzt es die Reize in die Empfindung von Licht und Farbe um. Obwohl sich alle Augen im Tierreich stark im Aufbau ähneln, haben sie sich nachweislich unabhängig voneinander entwickelt. Dies wird bei der embryonalen Bildung des Auges deutlich: Während sich das Auge bei Wirbeltieren durch eine Ausstülpung der Zellen entwickelt, die später das Gehirn bilden, entsteht das Auge der Weichtiere durch eine Einstülpung der äußeren Zellschicht, die später die Haut bildet. Die einfachsten ›Augen‹ sind lichtempfindliche Sinneszellen, die als passive optische Systeme funktionieren.«

Was ist der Unterschied zwischen beiden Textvarianten? Beim ersten Text habe ich eine kreative Technik angewendet, die sich Perspektivenwechsel nennt. Ich habe den Text konsequent aus Ihrer Perspektive geschrieben, mir überlegt, wie ich Sie anspreche und wie ich den Text mit Ihrer momentanen Situation verbinden kann. Der Text, den die Redaktion von INNOVATION geschrieben hat, nimmt eine andere Perspektive ein: Die des dozierenden Wissenschaftlers.

Die Dozentenhaltung ist problematisch: Sie setzt voraus, dass der Empfänger Ihrer Botschaften neugierig auf das ist, was Sie ihm mitzuteilen haben. Und das bedeutet: Sie schließen Teile Ihrer Leserschaft unweigerlich aus. Diese Leser werden vielleicht das Thema interessant finden und beginnen, den Artikel zu lesen. Sie werden jedoch kurz danach abbrechen, weil ihnen der Text zu fachspezifisch ist oder sie sich nicht berührt fühlen.

Den Einstieg zu diesem Kapitel habe ich bewusst einfach gehalten und nur zwei mögliche Perspektiven aufgezeigt: Die des dozierenden Wissenschaftlers und die des Laien, also Ihre Perspektive. Es gibt jedoch unzählige andere Perspektiven. Aus welcher Sicht können Sie auf die Brillenglas-Sparte von Carl Zeiss blicken? Der Gedanke an Brillenträger, Optiker, Augenärzte und Mitbewerber liegt nahe. Doch darüber hinaus sind es Materialzulieferer, Mitarbeiter, Politiker, Verbände und Fachjournalisten, Berufseinsteiger und Fachkräfte. Selbst diese Perspektiven lassen sich noch weiter unterteilen: Ein Single hat möglicherweise einen ganz anderen Blick auf Themen als ein Verheirateter, ein Hersteller von Putztüchern wiederum einen anderen als ein Lieferant von Einrichtungsgegenständen im Laborbereich.

Kann ich das überhaupt? Mich in die Rolle eines Optikers versetzen? Eines Forschers? Oder eines Mediziners? Die kurze Antwort lautet: Ja. Sich in die Rolle anderer Menschen zu versetzen und andere Sichtweisen anzunehmen, ist eine angeborene Fähigkeit von Menschen. Das heißt nicht, dass wir alle schizophren sind, doch wir alle haben verschiedene – wie es Kommunikationsforscher sagen – Teilpersönlichkeiten in uns. »Der Mensch ist mit sich selbst nicht ein Herz und eine Seele«, sagt der Hamburger Kommunikationsforscher Friedemann Schulz von Thun und hat ein Persönlichkeitsmodell entwickelt, das er das »Innere Team« nennt. Im Kern besagt es, dass das Ich aus einer Vielzahl von Stimmen besteht, die sich ständig zu Wort melden, mal geordnet, manchmal auch wild durcheinander plappernd.

Diese innere Zerrissenheit lässt sich nicht abstellen, auch wenn sie mitunter nervt. Niemand ist ausschließlich naiv oder gerissen, ernst oder humorvoll, diszipliniert oder undiszipliniert. Wir alle sind beides. Kreative Menschen vereinen viele Eigenschaften in sich, die teilweise auf den ersten Blick völlig konträr zueinander sind und nicht im geringsten zusammenpassen wollen. Wenn ein PR-Manager das erste Mal dem Geschäftsführer eines Unternehmens gegenübersteht, können sich aus dem Inneren der staunende Bewunderer (»Ist das toll, was der geschafft hat«), der Kritiker (»Wie der mit seinen Mitarbeitern umgeht, ist sehr zweifelhaft«) und der Komiker (»Ob der sich auch sein eigenes Denkmal hinstellt?«) melden. Viele von uns sind verwirrt, weil sie dieses Stimmenwirrwarr nicht einordnen können. Doch es ist ein ganz normales menschliches Verhalten.

Wenn Paartherapeuten Politiker analysieren

Dieses Wirrwarr können Sie nutzen. Betrachten Sie ein Thema doch einmal aus einer vollkommen anderen Perspektive. Koalitionskrach in Berlin? Überlegen Sie nicht, was die Opposition sagt. Das ist erwartbar und langweilig. Überlegen Sie, welche Tipps ein Paartherapeut geben würde. Sie wollen etwas über Fußball schreiben und dabei auch die zum Lesen animieren, die sich nicht dafür interessieren? Schreiben Sie den Artikel aus Sicht eines Wissenschaftlers, der erklärt, was den Mann am Fußball fasziniert. Nehmen Sie die Rolle eines Sponsors ein, der erklärt, was den Marktwert eines Spielers erhöht. Oder denken Sie darüber nach, wie der Ball das Spiel sieht.

Überlegen Sie einmal, aus wie viel verschiedenen Perspektiven Sie einen Blick auf ein Unternehmen werfen können: Mitarbeiter der Buchhaltung haben einen anderen Blick auf das Unternehmen als Mitarbeiter aus dem Verkauf, Stammkunden einen anderen als Spontankäufer von Produkten, Umweltschutzverbände einen anderen als Gewerkschaften, langjährige Zulieferer einen anderen als Zu-

Perspektivenwechsel: Fußball aus Sicht von Betroffenen

lieferer, die erst einige Monate für Sie arbeiten. Überlegen Sie, welche Sichtweise der Kurierdienst, der tagsüber eilige Sendungen bringt, auf das Unternehmen haben könnte. Oder der Sicherheitsdienst, der nachts nach dem Rechten sieht. Je mehr verschiedene Perspektiven Sie finden, desto vielfältiger werden später die Ideen, die Sie entwickeln.

In der täglichen Arbeit verdrängen Sie oft eine oder gleich mehrere Ihrer Teilpersönlichkeiten. Und das aus gutem Grund: Versuchen Sie mal als Pressesprecher eines Unternehmens Ihre verspielten oder naiven Wesenszüge dem Top-Management zu zeigen. Das wäre berufliches Harakiri und dazu möchte ich Sie nicht animieren. Diese Charakterzüge passen nicht in die Atmosphäre eines Unternehmens, in der es darum geht, Positionen einzunehmen und zu verteidigen, Entscheidungen zu treffen, klare Meinungen zu formulieren und Stärke zu zeigen. Und manch ein Vorstandsvorsitzender würde eher die Nacht in einem Ameisenhaufen verbringen als seine kreativen Wesenszüge zu zeigen. Lassen Sie sich davon nicht anstecken. Gehen Sie zur Not zum Spinnen in den Keller!

Schauen Sie sich das Inhaltsverzeichnis von INNOVATION einmal unter dem Aspekt der Perspektivenvielfalt an: Aus wie viel verschiedenen Perspektiven sind die Themen konzipiert? Vielleicht denken Sie sich: »Ich habe die Artikel ja noch gar nicht gelesen.« Müssen Sie auch nicht: Das Inhaltsverzeichnis sollte so spannend sein, dass es die Zielgruppe anspricht.

Innovation-Inhaltsverzeichnis: Alles aus der Experten-Perspektive

Die wissenschaftliche Perspektive ist unverkennbar: Es geht um das Auge, die Faszination Sehen, um visuelle Wahrnehmung und Augen bei Mensch und Tier. Die Überschrift »Visuelle Illusionen« ist nicht eindeutig, der Leser übersieht sie leicht. Auch Überschriften wie »Luxusartikel oder Gebrauchsgegenstand?« lassen Leser im Unklaren. Deutlicher wird es nur bei den medizinischen Themen.

Eine Zeitschrift ist ein journalistisches Produkt, das sorgfältig auf die unterschiedlichen Zielgruppen abgestimmt werden muss. Was hilft es, wenn Augenärzte begeistert sind, der Endkunde jedoch – so er ein Teil der erklärten Zielgruppe ist – das Magazin aus der Hand legt, weil er sich nicht wiederfindet? Was bringt es, wenn ein Magazin technik- und informationsorientiert ist, die Leser es aber unter anderem zur Entspannung nutzen? Das große Problem vieler Kundenzeitschriften: Sie scheinen von einem anderen Planeten zu kommen. Am Bedürfnis der Zielgruppe weit vorbeikonzipiert. Oder aber beliebig: Ein kunterbunter Mix an Themen, der mit dem Unternehmen nichts, aber auch wirklich gar nichts zu tun hat. Spätestens dann stellt sich die Frage: Wozu?

Lassen Sie Ihre innere Vielfalt zu! Sie ermöglicht es Ihnen, ein Thema aus der Rolle eines Managers oder eines Angsthasen, eines Fleißigen oder eines Faulen, eines Erwachsenen oder eines Kindes zu betrachten, sich so neuen Sichtweisen zu öffnen und Themen vielfältiger anzugehen.

So wechseln Sie die Seite – Perspektivenwechsel in der Praxis

Schritt 1: Notieren Sie sich eine Ausgangsfrage oder eine Ausgangssituation. Wollen Sie Pressetexte über ein Unternehmen verfassen, weil es ein Firmenjubiläum gibt? Oder über ein bestimmtes neues Produkt? Eine Dienstleistung, die das Unternehmen anbietet? Geht es darum, möglichst viele Geschichten rund um den Messeauftritt eines Unternehmens zu kreieren? Oder überlegen Sie, welche möglichen Sichtweisen es auf das Thema Klimaschutz in Ihrem Unternehmen geben könnte? Die Formulierung der Ausgangsfrage hat einen großen Einfluss auf das spätere Ergebnis!

Schritt 2: Überlegen Sie, welche Menschen mit einem bestimmten Produkt, einem Unternehmen oder einer Angelegenheit zu tun haben. Denken Sie hier so breit wie möglich! Wenn Sie die Pressearbeit für einen Fußballverein machen, denken Sie nicht nur an Spieler und Zuschauer, sondern auch an Polizisten, die für die Sicherheit zuständig sind, Händler, die die T-Shirts der Mannschaft verkaufen, die Eltern der Spieler und so weiter. Teilen Sie die Zuschauer in verschiedene Gruppen auf: Fans, Gelegenheitsbesucher, Männer, Kinder, Frauen, Senioren und so weiter.

Schritt 3: Notieren Sie sich, welche Fragen, Ansichten und Gedanken diese verschiedenen Menschen jeweils haben. Schränken Sie sich an dieser Stelle nicht ein! Lassen Sie alle Gedanken zu! Noch befinden Sie sich in der breiten Phase der Ideenfindung, noch suchen Sie nach möglichst vielen Ansichten, Meinungen, Fragestellungen und Begriffen. Denken Sie auf keinen Fall jetzt bereits an die Umsetzung! Wenn Ihnen spontan Gedanken kommen, wie Sie das Thema später angehen können, notieren Sie sich diese Gedanken auf einem Extrablatt, aber beginnen Sie auf keinen Fall damit, jeden Einfall jetzt bereits dahingehend zu bewerten, ob Sie daraus später etwas machen können.

In einem meiner Seminare haben die Teilnehmer mit Hilfe dieser Technik eine Konzeption für eine Messezeitung erarbeitet. Das Thema ist das Gleiche wie das von INNOVATION, dem Kundenmagazin von Zeiss: Es geht darum, ein Magazin rund um Brillengläser zu konzipieren.

Schritt 1: Definition der Aufgabe

Die Zeitung für die Besucher der Messe soll Unternehmensinhalte in redaktioneller Form vermitteln. Das Thema soll aus mehr Perspektiven beleuchtet werden als es INNOVATION getan hat. Hauptzielgruppe ist das Fachpublikum, das aus Ärzten, Optikern, Entwicklern etc. besteht. Aber auch der Endkonsument ist auf der Messe. Das Magazin soll eine Mischung aus sachlicher Information und Unterhaltung werden.

Schritt 2: Perspektiven bestimmen

Überlegen Sie, welche Zielgruppen an Ihrem Messestand vorbeikommen oder die Fachveranstaltungen besuchen. Seien Sie dabei so offen und so detailliert wie möglich! Vielleicht sind für die spätere Konzeption der Messezeitschrift nicht alle Perspektiven interessant, weil beispielsweise Materialzulieferer zwar mit Ihnen in Kontakt kommen, jedoch als Empfänger für Ihre Botschaften nicht interessant sind. Notieren Sie sie trotzdem! Wenn Sie zu früh beginnen, einzelne Zielgruppen auszuschließen, hören Sie irgendwann auf zu denken: Sie werden einzelne Zielgruppen dann zwangsläufig vergessen.
Tipp: Um Ihre Phantasie anzuregen, können Sie weitere Perspektiven hinzufügen, die nichts mit Ihrer eigentlichen Zielgruppe zu tun haben. Beispielsweise die Perspektive eines Komikers, eines Schauspielers oder eines Künstlers. Probieren Sie es aus! Es macht Spaß.

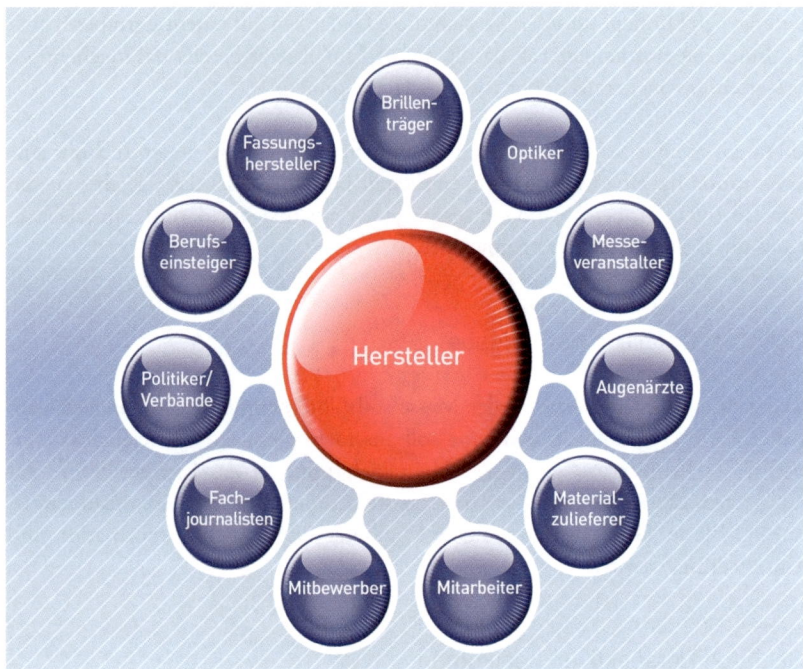

Unterschiedliche Perspektiven auf einen Hersteller

Schritt 3: Welche Fragen, Gedanken und Einstellungen haben die verschiedenen Beteiligten?

Gehen Sie Schritt für Schritt die einzelnen Perspektiven durch. Konzentrieren Sie sich dabei zunächst auf die wichtigsten drei bis fünf Perspektiven. Wenn das Magazin unterhaltsam sein soll, vergessen Sie den Komiker und den Künstler nicht! Fragen, Gedanken und Einstellungen eines Optikers:

- Wie hoch sind meine Margen?
- Gibt es irgendetwas, was ich meinen Altkunden als neu verkaufen kann?
- Welche Trends gibt es?
- Wer ist vor Ort?
- Wie sind die Lieferbedingungen? Welche Modalitäten gibt es?
- Wie ist die Produktshow?
- Ich kann mich gegen die Konkurrenz nur noch durch guten Service halten

- Wie hat sich die Marke entwickelt?
- Welches Image hat die Marke?
- Wie sicher ist der Zulieferer?
- Welches Alleinstellungsmerkmal hat das Glas?

Fragen, Gedanken und Einstellungen eines Brillenträgers:
- Ist das Glas bruchsicher? Ist es entspiegelt?
- Meine Brille ist immer so schwer
- Glas ist doch gleich Glas, oder nicht?
- Ist Brille eigentlich noch cool?
- Wie ist das Preis-Leistungs-Verhältnis?
- Ist das Glas gesund für meine Augen?
- Wie flexibel bin ich? Taugt das Glas für mehrere Lebenssituationen oder muss ich die Brille häufiger wechseln?
- Sind meine Brillengläser modisch?
- Wie sind die Brillengläser im Vergleich zu Kontaktlinsen?
- Welche Serviceangebote macht mir der Hersteller?

Fragen, Gedanken und Einstellungen von Augenärzten:
- Kann ich aus der Kooperation einen Nutzen ziehen?
- Ich stehe unter Kostendruck und muss meine Praxisgewinne erhöhen
- Kann ich Zusatzeinnahmen über Vorträge erzielen?
- Kann ich den Hersteller empfehlen?
- Hat das Glas etwas Besonderes?

Fragen, Gedanken und Einstellungen von Politikern und Verbänden:
- Schafft das Unternehmen Arbeitsplätze?
- Ist es besonders innovativ?
- Hat es Auslandsbeziehungen?
- Hat das Unternehmen etwas, das zu meiner Agenda passt?
- Fördert das Unternehmen Bildung, beispielsweise durch Kooperationen mit Grundschulen etc.? Unterstützt es Wettbewerbe wie Jugend forscht?

Fragen, Gedanken und Einstellungen von Entwicklern/Forschern:
- Was macht der Wettbewerb?
- Welche Probleme sind noch nicht gelöst?
- Was wollen Optiker und Brillenträger?
- Welche Qualitäten werden künftig wichtig sein?

- In Zukunft wird es »intelligente« Gläser geben, die mit tragbaren Computern verknüpft sind
- Gibt es neue Herstellungsverfahren?
- Wie ist der Entwicklungsstand in der Forschung?

Die verschiedenen Perspektiven sind die Grundlage für die Entwicklung von Themen. Sie können diese Technik übrigens nicht nur – wie in unserem Beispiel – nutzen, um Kunden-, Mitarbeiter- oder Messemagazine zu konzipieren, sondern auch, um Themen für die Presse zu entwickeln. Der Perspektivenwechsel eignet sich immer dann, wenn Sie Themen einmal aus einer anderen Sichtweise angehen wollen.

Themen entwickeln und Formen finden

Im letzten Schritt werden aus den verschiedenen Sichtweisen Themen entwickelt. Legen Sie ein Blatt Papier vor sich und teilen Sie es in zwei Spalten: In die linke Spalte tragen Sie die Frage, den Gedanken oder die Einstellung einer bestimmten Person ein. In der rechten Spalte notieren Sie alles, was Ihnen dazu einfällt. Bitte alles!

Fragen, Gedanken, Einstellungen	Ideen dazu
Nutzer: Ist Brille eigentlich noch cool?	Interview mit einem bekennenden berühmten Brillenträger, zum Beispiel Götz Alsmann (WDR, »Zimmer Frei«) oder Harald Schmidt. Oder eine Umfrage: Deutschlands most sexiest Brillenträger alive.
Nutzer: Taugt das Glas für mehrere Lebenssituationen?	»Tagebuch einer Brille« – Erlebnisse im Alltag eines Brillenträgers aus subjektiver Sicht der Brille geschrieben.
Nutzer: Ist die Qualität wirklich gut? Wie ist das Glas geschliffen?	»Der perfekte Schliff« – Blick hinter die Kulissen der Produktion. Quiz: Prominente unscharf: Wer steckt dahinter?
Politiker: Hat das Unternehmen etwas, das zu meiner Agenda passt?	»Warum wir dem Standort Deutschland treu bleiben.«

Fragen, Gedanken, Einstellungen	Ideen dazu
Entwickler: Wie wird das Glas der Zukunft aussehen?	Bericht über die Vision »intelligenter Gläser«, die sich ihrem Träger noch besser als bisher anpassen und unter Umständen mit soge- nannten »Wearables«, also tragbaren Com- putern, die in die Kleidung eingearbeitet sind, verbunden werden.
Optiker: Ich kann mich gegenüber der Konkurrenz nur noch durch guten Service halten.	»Der 24-Stunden-Service für kaputte Brillen.« Reportage über einen Manager, der rund um die Uhr unterwegs ist und dessen kaputtes Brillenglas rund um die Uhr sofort ausgetauscht werden kann.
Optiker: Welche besondere Qualität haben die neuen Gläser?	Grafische Umsetzung auf der Titelseite. Hübsche Frau scharf und unscharf. Überschrift: »Damit Scharfes noch schärfer wird.«

Denken Sie dann noch über die verschiedenen Formen nach: Wenn Sie nur Artikel in einem Magazin haben, wird es schnell langweilig. Gehen Sie bei jedem Thema die verschiedenen Formen durch. Beispiel: Sie gewinnen Harald Schmidt als bekennenden Brillenträger für Ihr Magazin. So unterschiedlich können Sie allein dieses Thema aufbereiten:

- Als Artikel: Bericht über Harald Schmidt als »Brillenbekenner«
- Als Kurzmeldung: Die neue Runde – Harald Schmidt trägt Nickelbrille
- Reportage: Ein Tag im Leben von Harald Schmidts Nickelbrille
- Interview: Fünf Fragen an Harald Schmidt
- Rubriken wie »Fünf faszinierende Fakten über …« oder »Wussten Sie, dass …«
- Comedy: Brillensprüche, die Harald Schmidt nicht mehr hören kann
- Kommentar/Glosse: Harald Schmidt schreibt selbst
- Kurzstatements: Die besten Brillen-Sprüche aus der Show

Sie können auch andere Formate wählen: f.a.q.: Frequently asked questions, Rätsel und Wissenstests oder Comics. Seien Sie frei, spinnen Sie herum, überlegen Sie, welche Formate sich für die Zeitung anbieten würden.

Die thematischen Ansätze, die Sie mit Hilfe des Perspektivenwechsels generie- ren, sind wesentlich vielfältiger, als Sie es im Magazin von Zeiss gelesen haben. Selbst aus einem Thema wie Brillenglas, das auf den ersten Blick nicht viel her- gibt, können Sie auf diese Art und Weise eine fast unendliche Zahl von Themen generieren.

Der Perspektivenwechsel ist eine der Techniken, die effektiver wird, je länger Sie sie nutzen: Am Anfang ist es ungewohnt, sich in die verschiedenen Perspektiven zu begeben. Zudem gibt es natürliche Hindernisse: Wenn Männer problemlos die Sichtweise einer Frau (und umgekehrt) einnehmen könnten, wären Tausende von Ehen auf einen Schlag von einem Großteil ihrer Probleme befreit.

Der Perspektivenwechsel unter Zeitdruck

Perspektivenwechsel gehört zu den besten, leider aber auch zu den zeitaufwändigsten Kreativtechniken. Je mehr Perspektiven Sie wählen, desto vielfältiger werden die Ideen, desto mehr Zeit nimmt diese Technik jedoch auch in Anspruch. Wenn Sie wenig Zeit haben, beginnen Sie zunächst einmal mit drei bis fünf Perspektiven und gehen die nächsten Schritte mit wenigen Perspektiven durch. Wenn Sie mit den Ergebnissen des Denkprozesses unzufrieden sind, fügen Sie jeweils weitere Perspektiven hinzu und beginnen von vorne.

Sie werden beim Perspektivenwechsel häufiger an Ihre Grenzen stoßen: Wenn Sie als Vierzigjähriger versuchen, die Sichtweise eines Dreizehnjährigen einzunehmen, stellen Sie schnell fest, dass die 27 Jahre Altersunterschied ein nicht zu unterschätzendes Problem darstellen. Umgekehrt ist es als 25-jähriger männlicher Single schwer, sich problemlos in die Denkweise einer Mutter einzufühlen. Akzeptieren Sie diese Schwierigkeiten und sehen Sie sie als positives Zeichen! Fragen Sie die Personen, deren Perspektiven Sie einnehmen wollen. Sie verhindern so, dass Sie mit Ihren Texten gnadenlos an der Zielgruppe vorbeischreiben.

Perspektivenwechsel	
Besonders geeignet für	Verschiedene Sichtweisen auf ein Thema gewinnen, Konzeption von Artikelserien, Kunden- oder Mitarbeitermagazinen
Eignung für den Einsatz im Team	☺☺☺☺
Eignung für die Arbeit alleine	☺☺☺
Anzahl der Ideen	☺☺☺
Originalität der Ideen	☺☺☺☺☺
☺ Vorteile	☹ Nachteile
Perspektivenwechsel ist eine der besten Kreativtechniken, wenn Sie eine Vielzahl origineller und verschiedenartiger Ideen generieren wollen. Zudem lässt sich das Ergebnis durch die Wahl der Perspektiven von vornherein gut beeinflussen.	Die Technik ist zeitaufwändig: Planen Sie rund eine Stunde ein. Wenn Sie die Technik alleine anwenden, verpufft ein Großteil des Potentials: Gerade der Dialog über die verschiedenen Sichtweisen bringt Ihnen eine Reihe von Inspirationen, auf die Sie sonst verzichten müssten.

2.4 Probleme! Jaa! – Mit problemorientiertem Denken Themen- und Kampagnenideen generieren

Im Journalismus gibt es klassische Servicebeiträge. Alle funktionieren nach dem gleichen Muster: Der Leser, Hörer oder Zuschauer hat ein (reales oder vom Journalisten angenommenes) Problem, das Medium zeigt die Lösung auf. Diese Servicethemen bieten Orientierung und Sicherheit, sie tragen dazu bei, eine bestimmte Zielgruppe an das Medium zu binden. Die Entwicklung dieser Ratgeberthemen beginnt damit, dass Sie sich intensiv mit den Problemen der Zielgruppe auseinandersetzen. Überlegen Sie im Zusammenhang mit dem Thema, das Sie bearbeiten: Welche Probleme haben die Mitglieder der Zielgruppe an ihrem Arbeitsplatz? In ihrer Freizeit? In ihrer Familie? In ihrem Freundeskreis? Welche finanziellen Probleme haben sie? Welche Ängste, welche Sorgen?

Nehmen wir an, Sie haben den Auftrag, durch PR-Maßnahmen Handwerker zu umweltbewusstem Verhalten zu bewegen. Der klassische Weg besteht darin, durch Artikel die Vorteile von umweltgerechtem Verhalten darzustellen und die Betriebe dazu aufzufordern, Gutes zu tun. Die Wirkung dieser Maßnahmen ist absehbar: Sie werden viel Zustimmung für diese Artikel erhalten, jeder wird Ihnen bestätigen, dass das, was Sie da gerade geschrieben haben, sehr wichtig ist, zu Beginn werden Sie sicherlich sogar einige Erfolge erzielen, aber dann wird der Appell schnell wieder in Vergessenheit geraten.

Versetzen Sie sich stattdessen in die Rolle des Handwerkers. Nehmen Sie seine Perspektive ein und überlegen Sie, welche Probleme er in seinem beruflichen Alltag hat: Er muss an Aufträge kommen, er muss Eigen-PR und Marketing betreiben, er muss seine Kunden pflegen und so weiter.

Können Sie ihn dabei unterstützen, indem Sie Pressetexte für umweltbewusstes Arbeiten entwickeln, die Sie ihm für die lokale Pressearbeit zur Verfügung stellen? Können Sie ein Aktionsnetzwerk »Pro Umwelt« gründen, dem Handwerker beitreten können und das im Gegenzug diese Handwerker in die lokale Presse bringt? Können Sie ein Öko-Gütesiegel entwerfen, das der Handwerker einsetzen kann, um bestimmte Zielgruppensegmente anzusprechen?

Mit problemorientiertem Denken entwickeln Sie zielgerichtet Ideen, mit denen Sie bei Ihrer Zielgruppe einen echten oder auch nur einen subjektiv empfundenen Nutzen schaffen.

Problemorientiertes Denken	
Besonders geeignet für	Entwicklung von Servicethemen mit unmittelbarem Nutzwert für die Zielgruppe. Mit problemorientiertem Denken können Sie auch PR-Strategien und Kampagnen entwickeln, die Nutzen schaffen.
Eignung für den Einsatz im Team	☺☺☺
Eignung für die Arbeit alleine	☺☺☺☺☺
Anzahl der Ideen	☺☺☺☺
Originalität der Ideen	☺☺☺☺

☺ Vorteile	☹ Nachteile
Sie entwickeln Themen, die weit weg von der Beliebigkeit sind. Diese Form von Kommunikation stößt nicht auf Widerstand, sondern wird im Gegenteil oft sogar dankend entgegengenommen.	Die Problemwelt der Zielgruppe ist von Ihrer Lebenswelt häufig sehr weit weg. Verbringen Sie Zeit mit den Menschen, für die Sie schreiben. Beobachten und analysieren Sie, welche Probleme sie haben.

2.5 Auf der Suche nach verborgenen Schätzen – Fragetechniken für den PR-Alltag

Einer der wirkungsvollsten Hebel, um kreative Blockaden aufzubrechen oder einfach nur schnell auf neue Ideen zu kommen, sind Fragen. Fragen sind der Anfang jeder neuen Erkenntnis, jeder neuen Idee und jeder neuen Entwicklung. Und sie sind ein effektives Mittel, um innerhalb kürzester Zeit verschiedene Ideen zu einem Thema zu entwickeln. In diesem Abschnitt möchte ich Ihnen verschiedene Fragetechniken vorstellen. Sie können sie sehr gut alleine nutzen. Während beispielsweise der Perspektivenwechsel, den Sie gerade eben kennengelernt haben, im Team am besten funktioniert, sind die fünf W-Fragen, die ich Ihnen gleich vorstelle, vor allem für die Arbeit alleine geeignet. Das heißt nicht, dass Sie sie nicht im Team einsetzen können. Doch der Mehrwert, den Ihnen die Teamarbeit im kreativen Prozess üblicherweise bietet, ist speziell bei dieser Technik eher mäßig.

Der Klassiker: Die fünf W-Fragen

Die einfachste Methode sind fünf W-Fragen, die im Journalismus zur Grundausbildung gehören: Wer? Wo? Was? Warum? Wie? Probieren Sie es aus: Bevor Sie das nächste Mal einen Artikel beginnen, überlegen Sie sich zuvor fünf Fragen zu jedem W. Fünf mal »Wer?«, fünf mal »Wo?« und so weiter.

Sie sind für die interne Kommunikation einer Großbäckerei zuständig und arbeiten an einem Artikel für das Mitarbeitermagazin, in dem Sie das neue innovative Vital-Brot mit noch weniger Fett vorstellen wollen. Zu jedem W stellen Sie fünf Fragen.

Wer?
- Wer hat das Brot entwickelt?
- Wer sollte das Brot essen?
- Wer backt das Brot?
- Wer empfiehlt das Brot?
- Wer hatte die Idee?

Wo?
- Wo wurde das Brot entwickelt?
- Wo kann man es überall essen?
- Wo wird es überall eingesetzt?
- Wo stammen die Zutaten her?
- Wo kann man es probieren?

Was?
- Was ist der Vorteil dieses Brots?
- Was ist in dem Brot enthalten?
- Was sagen Ärzte zu dem Brot?
- Was ist an diesem Brot anders als an anderen Broten?
- Was bewirkt das Brot im Körper?

Warum?
- Warum ist dieses Brot ein Vital-Brot?
- Warum sind die Zutaten so gewählt?
- Warum sollte man dieses Brot essen?
- Warum ist dieses Brot für die Ernährung wichtig?
- Warum hilft das Brot beim Abnehmen?

Wie?
- Wie wird das Brot gebacken?
- Wie wird es verpackt?
- Wie schmeckt es?
- Wie lange hält es?
- Wie muss es aufbewahrt werden?

Wenn Sie die fünf W-Fragen konsequent durchgehen, werden Sie schnell eines feststellen: Es ist einfach, ein oder zwei Fragen mit »Wer?« oder »Was?« zu formulieren. Ab der dritten Frage wird es deutlich schwerer.

Fünf W-Fragen	
Besonders geeignet für	Entwicklung verschiedener Aspekte eines Themas
Eignung für den Einsatz im Team	☺☺☺
Eignung für die Arbeit alleine	☺☺☺☺☺
Anzahl der Ideen	☺☺☺☺☺
Originalität der Ideen	☺☺
☺ Vorteile	☹ Nachteile
Eine der Techniken, die Sie alleine einsetzen können, um Blockaden zu durchbrechen. Vor allem unter Zeitdruck liefern die fünf W-Fragen schnell und zuverlässig Ergebnisse, die Ihnen sofort weiterhelfen.	Die Technik fixiert Sie sehr stark auf die Ausgangsfrage und erlaubt es Ihnen kaum, gedanklich auszubrechen. Die Ideen, die Sie hier generieren, haben nur eine mäßige Originalität.

Die Negativliste

Die Negativliste funktioniert ähnlich wie die fünf W-Fragen. Dabei fragen Sie sich: Was weiß ich über das Thema *nicht*? Schreiben Sie alles auf, was Ihnen in den Sinn kommt. Ich sage bewusst: Alles! Die Negativliste ist nicht so strukturiert wie die fünf Fragen, sie erlaubt es ihnen, sich gedanklich weiter zu lösen und freier zu den-

»Dumme« Fragen erwünscht

ken. Bei der Negativliste sind bewusst auch die Fragen zugelassen und erwünscht, die üblicherweise als »dumme Fragen« gelten. Im Gegensatz zu den fünf W-Fragen, bei denen Sie innerhalb kürzester Zeit eine hohe Anzahl schnell umsetzbarer Ideen erhalten, ist diese Technik komplexer. Sie werden im Beispiel gleich sehen, dass die gedankliche Freiheit zu Folgendem führt: Sie notieren Fragen, die mit dem Thema überhaupt nichts mehr zu tun haben. Das macht die Technik ineffektiver als die fünf W-Fragen, führt im Gegensatz dazu jedoch häufig zu originellen Ideen.

Für Ihren Artikel über das neue Vital-Brot überlegen Sie, was Sie nicht wissen:

- Wo kommen die Körner her?
- Ist das Brot auch für das Herz gut?
- Wie heißt die Frau des Erfinders?
- Wie viele Körner hat ein Brot?
- Wird das Brot von Polizisten gegessen?
- Schmeckt es auch Schwänen?
- Wird es dafür einen Innovationspreis geben?
- Woher kommt das Wort Vital?

Sie beginnen nun, mit den Ergebnissen ihres Denkprozesses gedanklich zu spielen. Die Fragen bringen Sie auf folgende Ideen:

Unter den Artikel des Magazins setzen Sie eine Schätzfrage: »Wie viele Körner sind in einem Diät-Brot verarbeitet?« Leser können schätzen. Wer am dichtesten dran liegt, gewinnt einen Preis.

Sie suchen sich eine Polizeiwache und vereinbaren eine Kooperation: Die Beamten nehmen das Brot mit in ihre Nachtschicht. Am Ende heißt die Geschichte: »Vital-Brot im Härtetest: Wie fit hält es Polizisten im Einsatzstress?«

Sie füttern Schwäne in der Paarungszeit und machen den Vital-Versuch: Schwan mit Vital-Brot gegen Schwan ohne Vital-Brot. Was dann passiert, überlasse ich Ihrer Phantasie …

Wenn Sie die fünf W-Fragen und die Negativliste miteinander kombinieren, können Sie die Vorteile beider Techniken voll ausschöpfen.

Negativliste	
Besonders geeignet für	Neue und unbekannte Aspekte eines Themas
Eignung für den Einsatz im Team	☺☺☺☺☺☺
Eignung für die Arbeit alleine	☺☺☺☺☺
Anzahl der Ideen	☺☺☺
Originalität der Ideen	☺☺☺☺
☺ Vorteile	☹ Nachteile
Die Technik erlaubt es Ihnen, frei und unkonventionell zu denken. Weil Sie gezielt danach fragen, was Sie nicht wissen, erhalten Sie viele neue Aspekte. Den Zeitaufwand können Sie selbst kalkulieren.	Die Ergebnisse sind unstrukturierter und unsortierter als die der fünf W-Fragen. Zudem müssen Sie damit rechnen, dass Sie mindestens 50 Prozent der Ergebnisse nicht verwenden können.

Geschichten finden mit der 360-Grad-Befragung

Wonach suchen Journalisten? Nach Geschichten. Was ist das, was einem Artikel die Würze gibt? Geschichten. Und worüber transportieren Sie Philosophien und Werte am besten? Über Geschichten. Geschichten wie diese hier aus »Deutschland – Deine Unternehmer«, einer Artikelserie im MANAGER MAGAZIN. Wie beschreiben Sie einen eigenwilligen Führungsstil? So, wie in der Geschichte über Karl-Erivan (Charly) Haub, dem geschäftsführenden Gesellschafter von Tengelmann.

> »Dass Charly Haub ein freundlicher, wenn auch manchmal eigenwilliger Mann ist, erleben genauso Kassiererinnen und Marktleiter in den Filialen. So lud Haub einmal sein Topmanagement in den Mannschaftsbus des FC Bayern München und klapperte damit 54 Plus-Filialen in drei Ländern ab. ›Als Händler muss ich draußen bei den Leuten sein‹, erklärt der Chef.«

Wie zeigt ein Manager, dass er auf dem Boden geblieben ist? So wie Bernard Meyer, Chef der Papenburger Meyer-Werft:

> »Meyer hat eine positive Ausstrahlung«, findet Bade von der IG Metall. »Wenn ein Schiff überführt wird, läuft er in Jeans herum, schüttelt jedem die Hand und schnackt ein wenig.« In gewisser Weise verkörpere der Unternehmenslenker damit ein Gegenbild des globalisierten Kapitalismus. Bei einer Konferenz in Papenburg sei Meyer mit dem Fahrrad zu einem Empfang beim Bürgermeister gekommen und habe die internationale Delegation mit dem in der Region üblichen »Moin moin, allerseits« begrüßt. Das sei typisch für ihn. »Mit seiner Art ist er zum Imageträger der gesamten Branche geworden«, meint Bade.

Und welche Geschichte symbolisiert den unkonventionellen Verhandlungsstil eines Managers?

»Hermann Wirtz (61), Gesellschafter und Geschäftsführer der Stolberger Dalli-Gruppe, kann als leutseliger Mensch durchgehen. Geschäfte schließt er gern per Handschlag ab. Sein Bierchen trinkt er auch mal in den örtlichen Gaststätten Postwagen oder Haus Rosenthal. Und als Dieter Bohlen einmal zögerte, bevor er mit ihm einen Lizenzvertrag über ein Parfüm schloss, spaßte Wirtz: ›Dieter, wenn du jetzt nicht unterschreibst, dann kriegst du nichts zum Abendessen.‹«

Jeder Mensch und jedes Unternehmen hat Geschichten, die es wert sind, erzählt zu werden, auch wenn es auf den ersten Blick nicht so scheint. Und in jedem Unternehmen, in jeder Institution stecken Themen, die für die Presse interessant sind. Allerdings sind viele dieser Themen wie verborgene Schätze: Sie sind da, müssen aber mühsam gehoben werden. Dazu dient die 360-Grad-Befragung, die Ihnen hilft, ein PR-Thema systematisch von allen Seite zu befragen.

Bei der 360-Grad-Befragung suchen Sie systematisch nach den Geschichten hinter dem Unternehmen, hinter den Produkten, hinter den Menschen und hinter dem Nutzen, den das Unternehmen bietet. Wenn Sie die Fragen durcharbeiten, werden Sie mit hoher Wahrscheinlichkeit über diese Formulierung stolpern: »Welche Geschichten könnten sie haben?« bzw. »Welchen Nutzen könnten Sie haben?« Diese Formulierung ist ein bewusster Appell an Ihre Phantasie: Überlegen Sie sich Geschichten, die hinter dem Unternehmen, den Produkten oder den Mitarbeitern stecken könnten. Und beginnen Sie, nach diesen oder ähnlichen Geschichten zu suchen.

Dieser gedankliche Schritt ist nicht ganz einfach zu verstehen, deshalb möchte ich ihn Ihnen kurz mit einem Beispiel aus meiner Zeit als Reporter bei PRO SIEBEN erläutern:

Eines der beliebtesten und bildstärksten Themen von Fernsehsendern ist Hochwasser. Kaum steht die erste Kuhweide unter Wasser, rücken die ersten Kamerateams an. Wenn Flüsse wie die Mosel und der Rhein über ihre Ufer treten, spielen sich in Städten wie Cochem oder Koblenz immer wieder die gleichen Szenen ab: Hochwasserbrücken werden gebaut, das Inventar von Gaststätten und Wohnungen wird aus dem Erdgeschoss nach oben getragen, das Wasser steigt und dann paddeln Helfer zwischen den Häusern hin und her. Über dieses Szenario habe ich in meiner Reporterzeit in allen Variationen immer und immer wieder berichtet und es wurde mir zu langweilig. Ich begann mir zu überlegen: Welche bildstarken Geschichten könnte es geben? Und überlegte mir, dass sicherlich irgendwo eine Kirche unter Wasser steht und der Pastor im Ruderboot nachsieht, ob alles in Ordnung ist. Irgendwo, so dachte ich mir, lässt sich bestimmt das Bild des Pastors finden, der in die Kirche rudert und am Altar anlegt. In Koblenz sind wir fündig geworden und tatsächlich: Die Geschichte hat sich in der Realität fast genauso abgespielt wie in meinem Kopf.

Wenn Sie darüber nachdenken, welche Geschichten ein Unternehmen haben könnte, heißt es nicht, dass Sie Geschichten erfinden. Aber häufig sitzen Unternehmenschefs auf einem wahren Fundus an Geschichten ohne es zu wissen. Und selbst wenn Sie Ihre Kunden oder Ihre Vorgesetzten direkt nach Geschichten aus ihrem Unternehmen fragen, werden Sie keine Antwort bekommen. Sie müssen ihnen auf die Sprünge helfen. Nehmen wir an, Sie schreiben einen Artikel zum fünfzigjährigen Jubiläum eines Unternehmens und sind auf der Suche nach kuriosen Ereignissen. Im ersten Schritt fragen Sie nach Kuriositäten. Dann gehen Sie einen Schritt weiter und überlegen sich: Irgendwann in fünfzig Jahren Unternehmensgeschichte ist bestimmt einmal eine Materiallieferung ausgeblieben und die Mitarbeiter haben angefangen zu improvisieren.

Diese Geschichte erzählen Sie dem Unternehmenschef. Sie werden erstaunt sein, was dann passiert. Er wird sich an eine ähnlich gelagerte Geschichte erinnern, auf die er ohne Ihre Phantasiegeschichte niemals gekommen wäre: »Nein, das ist nie passiert, aber einmal ist die Beleuchtung in der Montagehalle ausgefallen und da haben wir meinen alten VW-Käfer genommen und Lampen an die Lichtmaschine angeschlossen.«

Verstehen Sie die 360-Grad-Befragung auf keinen Fall falsch! Es geht nicht darum zu lügen, sondern Phantasiegeschichten als Katalysator für echte Geschichten einzusetzen.

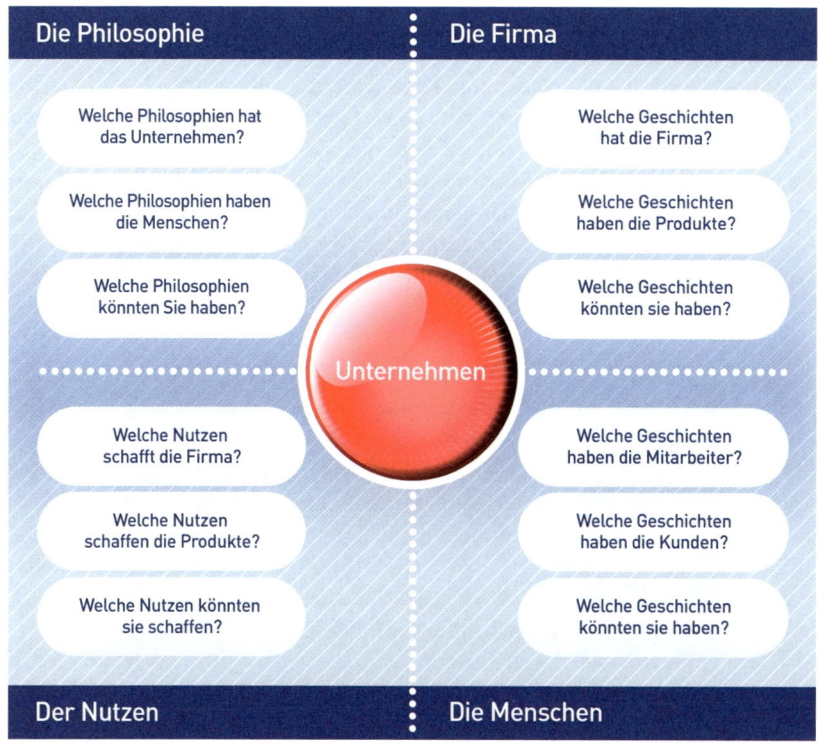

Einmal um des Unternehmen herumfragen: Die 360-Grad-Befragung

Welche Geschichten hat die Firma?

Die Geschichte von Google ist die Geschichte von David gegen Goliath. Zwei Studenten tüfteln monatelang an einer neuen Suchtechnologie und konzipieren die Suchmaschine Backrub, den Vorläufer von Google. Die Technologie hinter der Maschine beruht auf sogenannten »Page Ranks«. Eine Revolution: Die Suchmaschine ist in der Lage, Seiten im Internet nach ihrer Wertigkeit zu ordnen. Eigentlich wollen Larry Page und Sergey Brin ihre Technologie verkaufen. Doch die Internetportale im Markt haben kein Interesse. Mit umgerechnet etwas mehr als 800.000 Euro Startkapital gründen sie ihr Unternehmen. Und verändern das Internet für immer.

»Na ja,« werden Sie jetzt vielleicht sagen. »Das sind aber Ausnahmen.« Wirklich? In fast jeder Firma finden sich Geschichten: Wie ist die Firma entstanden? Was war das Ausschlaggebende? Gab es Krisen, die das Team durch gemeinsame Anstrengung überwunden hat? Wie ist die Philosophie entstanden? Und so weiter.

Auftraggeber – Unternehmen und Behörden, aber auch Verbände und Vereine – sitzen häufig auf einem wahren Fundus an Geschichten, die sie Freunden und ihrer Familie erzählen. Die wenigsten kommen auf die Idee, dass es gerade diese Geschichten sind, die für die Presse etwas Besonderes sind. Für Mitarbeiterzeitungen sind die Geschichten hinter der Firma und hinter den Produkten spannend. Auch für Redenschreiber, die versuchen, eine technokratisch klingende Rede ihres Vorstandsvorsitzenden mit emotionalem »Futter« aufzuwerten.

»Mitunter bleibste Zaungast, wenn Du nicht gespart hast.« »Wer sein Spargeld bei sich trägt, der wird im Walde umgelegt.« Mit Werbesprüchen wie diesen warb die Berliner Sparkasse – gegründet 1818 – in vergangenen Tagen. Die PR-Agentur Publicis erhielt den Auftrag, daraus eine Ausstellung zu organisieren. Monatelang trug die Agentur Wissens- und Sehenswertes aus der Geschichte der Berliner Sparkasse zusammen, darunter bis zu 90 Jahre alte Werbefilme, die zum Zeitpunkt ihrer Produktion Maßstäbe setzten. »Insbesondere auch in der PR lassen sich dadurch viele neue spannende Themen finden«, sagt Wolfgang Hünnekens, Geschäftsführer von Publicis Berlin.

Gehen Sie auch auf die Suche nach kuriosen Geschichten in der Firmengeschichte Ihrer Kunden! Und überlegen Sie, wie Sie diese kreativ und zeitgemäß für die Kommunikationsziele der Kunden nutzen können!

Welche Geschichten haben die Produkte?

Wassereinbruch im Tunnel! Damit hatte bei JR East niemand gerechnet. Die japanische Eisenbahngesellschaft war gerade dabei, einen Tunnel durch den Mount Tanigawa zu bohren, als plötzlich Wasser eindrang. Für das Management war klar: Abpumpen und entsorgen, lautete die Anordnung. Doch dann: Wieder etwas Unvorhergesehenes. Ein kleiner Zwischenfall sorgte dafür, dass der Plan – im wahrsten Sinne des Wortes – ins Wasser fiel. Einer der Techniker probierte das Wasser und befand, dass es vorzüglich schmeckte. Und schlug vor, das Wasser nicht zu entsorgen, sondern als Mineralwasser abzufüllen. Das Management von JR East probierte das Tunnelwasser ebenfalls und beschloss, es unter dem Namen

Oshimizu zu verkaufen. Das Mineralwasser wurde so erfolgreich, dass JR East Verkaufsautomaten auf fast 1.000 Bahnhöfen aufstellen ließ.

Fragen Sie nach den Geschichten rund um die Produkte Ihres Unternehmens oder Ihres Kunden.

- Wie ist die Idee zu einem Produkt entstanden?
- Ist das Produkt ein Abfallprodukt einer anderen Entwicklung? Denken Sie an die Geschichte der Teflon-Pfanne. Ihre Beschichtung stammt aus der Raumfahrt-Forschung. Die Geschichte ist so durchkommuniziert, dass jeder, der vor einer Pfanne steht, unweigerlich denkt: »Wahnsinn! High Tech!«
- Welche Hürden gab es bei der Entwicklung? Was mussten sich die Entwickler alles einfallen lassen, um die Schwierigkeiten zu überwinden?

»Unser Produkt ist aber so langweilig, dass ich schon beim Aussprechen des Namens gähnen muss.«

»Und unser Produkt erst. Wir haben damit letzte Woche unseren Schäferhund eingeschläfert.«

Nun, wenn es so ist: Spinnen Sie Geschichten. Fragen Sie: Welche Geschichte könnte das Produkt haben? Die Unterwäsche von bruno banani, über die Sie in diesem Buch bereits gelesen haben, verkauft sich nicht, weil sie nachweislich die beste Qualität hat, sondern weil die Macher die besten Geschichten rund um das Produkt gesponnen haben:

> Im Teilchenbeschleuniger erreichten die Protonen einer Short der Serie «Your Active Underwear« die sagenhafte Energie von 24 MeV (Millionen Elektronenvolt). Mit umgerechnet 239.697.964,948 km/h bzw. 66.582.768,0411 m/s verfügt bruno banani jetzt offiziell über die »schnellste Unterhose der Welt«.

Viel Spaß beim Geschichten spinnen. Am Anfang ist es ungewöhnlich. Je häufiger Sie es tun, desto mehr Spaß macht es!

Welche Geschichten haben Chefs und Mitarbeiter?

Roland Arnold ist ein Unternehmer, der viel mit dem Auto unterwegs ist. An einem verregneten Tag fuhr er auf einen Autobahnparkplatz. Was er dort sah, veränderte sein Leben für immer. Mühsam versuchte eine Frau, ihren behinderten Mann ins Auto zu heben. Sie bückte sich zu ihm herab, hob ihn aus seinem Rollstuhl heraus, verzog das Gesicht vor Anstrengung und rutschte aus. Der behinderte Mann fiel auf den Boden. Der Unternehmer eilte zur Hilfe. Und während er gemeinsam mit der Frau den Gestürzten ins Auto hob, kam ihm eine Idee: Warum eigentlich baue ich nicht Autos für Behinderte um?

Aus diesem Schlüsselerlebnis von Roland Arnold entstand Paravan, ein Unternehmen, das sich darauf spezialisiert hat, Autos für Behinderte umzubauen. Mit einer Vielzahl eigener Erfindungen und Entwicklungen hat der Tüftler aus Baden-Württemberg ein Unternehmen mit 80 Mitarbeitern aufgebaut, das den Deutschen Handwerkspreis gewann und von Bundeskanzlerin Angela Merkel persönlich beglückwünscht wurde.

Klaus Schuppan ist ein Landwirt, der viel mit dem Trecker fährt. Seine Fahrten über Feld und Land nutzt er zur Inspiration. Er dachte viel darüber nach, was er mit seinem Mais noch so alles anfangen kann. Eines Abends saß er bei Freunden, kaute Erdnussflips und warf einen Blick auf die Packung. Was er dort sah, war für ihn der Beginn einer Geschäftsidee, die zu einem der originellsten Produkte für Kinder führte. Schuppan sah mit Erstaunen, dass Erdnussflips zu einem großen Teil aus aufgeschäumtem Mais bestehen. Und begann, seinen Mais aufzuschäumen und als Material für Verpackungen einzusetzen. Irgendwann begannen seine Kinder, mit dem aufgeschäumten Mais zu spielen, verschiedene Teile anzufeuchten, aneinander zu kleben und daraus Figuren zu formen. Schuppan setzte sich wieder auf seinen Trecker, dachte nach und erfand ein Produkt: Playmais. Bunte Bausteine aus Mais, die Kinder zerreißen, schneiden und verformen können.

Mais zum Spielen: Eine geniale Unternehmensgeschichte

Zwei Männer mit außergewöhnlichen Ideen. Und zwei großartige Geschichten, die die Unternehmen bis heute prägen. Doch nicht nur in der Führungsetage ist der Fundus an menschlichen Geschichten unendlich. Auch in anderen Abteilungen finden Sie Geschichten, die für die PR-Arbeit wertvoll sind: Die Verkäuferin, die Ihren Charme spielen lässt und zum Star der männlichen Kundschaft geworden ist. Der junge Vater, der seinen zweijährigen Sohn mit in ein Meeting nehmen muss, weil der Babysitter krank ist. Und das Paar, das über Liebesbriefe in den Akten kommunizierte und ein Missverständnis auslöste, als eine Akte versehentlich in einer anderen Abteilung landete. Regina Raab von der Deutschen Akademie für Public Relations hat bei einem ihrer Kunden einen Mitarbeiter mit dem Namen Rühmann entdeckt. Es stellte sich heraus, dass der Mitarbeiter tatsächlich über einige Ecken mit dem berühmten Schauspieler Heinz Rühmann verwandt war. Eine dankbare Geschichte für die Lokalpresse.

Mais zum Spielen: Eine geniale Unternehmensgeschichte

»Das geht bei uns auf keinen Fall. Das ist ja nicht seriös. Da begeben wir uns ja auf das Niveau der BILD-Zeitung. Um Gottes Willen! Und das passt ja auch überhaupt nicht in die derzeitige Kommunikationsstrategie.«

Dann ändern Sie eben die Kommunikationsstrategie. Journalisten sind an bewegenden menschlichen Geschichten interessiert, nicht an fein säuberlich abgestimmten Kommunikationsstrategien. Ich werde nie den Anruf einer PR-Mitarbeiterin vergessen: Ich war Sendungsredakteur beim Radio und sie begann das Gespräch mit den Worten: »Wir bringen im kommenden Monat ein neues Produkt auf den Markt und haben dazu eine Strategie entwickelt, mit der wir die Produktvorteile kommunizieren wollen.« Was glauben Sie, wie ich reagiert habe? Ich habe angenommen, sie hätte sich in der Durchwahl geirrt und sie an die Marketingabteilung durchgestellt. Und dann habe ich wieder das getan, wofür ein Redakteur bezahlt wird: Nach Storys gesucht.

Bewegende menschliche Geschichten sind der Treibstoff für gute PR-Arbeit. Sie lassen sich hervorragend nutzen, um ein Unternehmen in Publikumsmedien zu platzieren. Diese Geschichten geben einem Unternehmen das, was das Produkt häufig vermissen lässt: Emotionen. Erklären Sie das Ihrem Vorstandsvorsitzenden. Oder versenden Sie weiterhin seriöse Pressemitteilungen und nehmen Sie Ihren Platz im Wirtschaftsteil unten rechts ein. Da wo es nicht stört und wo es keiner bemerkt.

Welche Geschichten haben die Kunden?

Was machen die Kunden Ihres Auftraggebers mit dem Produkt? Gibt es eine besondere Beziehung der Kunden zum Unternehmen? Gibt es Kunden, die das Produkt in einer vollkommen anderen Art und Weise verwenden als vorgesehen? Ist die Breite der Kundenpalette eine Geschichte wert?

Welchen Nutzen hat die Firma? Welchen Nutzen haben Produkte?

Notieren Sie, was die Kunden des Unternehmens davon haben, das es das Unternehmen gibt. Reduzieren Sie es auf den Grundnutzen. Schreiben Sie also nicht: »Der Kunde hat eine optimierte Prozessabwicklung.« Sondern: »Der Kunde hat mehr Zeit.« Oder: »Der Kunde ist Sorgen los.« Schreiben Sie auf, welche Probleme der Kunde früher hatte und wie diese Probleme gelöst wurden. Auch hier ist die dritte Frage die entscheidende: Welchen Nutzen könnten sie haben? In der so genannten Nutzeninnovation steckt der Stoff für gute Pressegeschichten.

Der Russe Igor Charkovsky machte Schlagzeilen, indem er einen neuen Nutzen für Delfine fand, die in einem Delfinpark am Schwarzen Meer gehalten werden. Bis zu seiner Idee waren die Tiere vor allem eine Touristenattraktion, bisweilen wurden sie von Ärzten auch für Therapiezwecke – Delfintherapie für traumatisierte Kinder – eingesetzt. Charkovsky fand für die Tiere eine neue Einsatzmöglichkeit: Als Geburtshelfer. Er hatte festgestellt, dass Delfine äußerst liebevoll mit Neugeborenen umgehen und sie nach der Geburt vorsichtig an die Oberfläche schubsen. Seitdem werden am Schwarzen Meer Delfin-Geburten angeboten.

Gehen sie bewusst auf die Suche nach einem ungewöhnlichen neuen Nutzen für ein Produkt oder eine Dienstleistung. Sie machen PR für einen Entwickler von Robotern? Setzen Sie sie als Botschafter bei einem Szene-Event ein. Sie wollen ein Weiterbildungsinstitut in die Presse bringen? Schreiben Sie eine Geschichte über die »Kontaktbörse Weiterbildung« und die vielen Paare, die sich dort kennengelernt haben.

Die Nutzeninnovation bietet sich als Mittel für kreative PR sehr gut an: Im Gegensatz beispielsweise zu einer Produktinnovation ist sie verhältnismäßig einfach umzusetzen, erfordert wenig Investitionen und hat – wenn sie originell ist – großen Gesprächswert.

Welche Philosophie hat die Firma?

Hat die Firma besonders innovative Arbeitsstrukturen? Setzt sie auf Quereinsteiger? Bildet sie die Mitarbeiter nach einem besonderen Prinzip aus? Welche Ideen bringen die Mitarbeiter ein? Sorgt sich der Firmenchef in besonders rührender Art und Weise um seine Angestellten? Gibt es besondere soziale Aktivitäten, die den Teamgeist stützen? Gibt es Mitarbeiter mit besonderen Fähigkeiten, die dem Unternehmen zugutekommen?

Was machen Sie mit diesen Geschichten?

Träumen Sie nicht auch davon, dass ein Wirtschaftsmagazin einen Bericht über »Deutschlands innovativste Firmenchefs« macht und Ihr Vorstandsvorsitzender, Geschäftsführer oder Auftraggeber dabei ist? Doch woher soll der Journalist diesen innovativen Firmenchef kennen, wenn weder Ihr Auftraggeber noch Sie jemals auf den Gedanken gekommen sind, ihn als besonders innovativ darzustellen? Jeden Tag gibt es Zeitungen, Zeitschriften, Online-Portale, Radio- und Fernsehsender, die allgemeine Geschichten machen, für die sie Protagonisten suchen:

- »Arbeit und Familie – In diesen Unternehmen fühlen sich Papa und Mama wohl«
- »Experten verzweifelt gesucht – Die Suche von Unternehmen nach Fachkräften wird immer schwieriger«
- »Wertvolle Erfahrung – So gelingt die Integration älterer Arbeitnehmer«
- »Wir bleiben hier – Warum Unternehmen am Standort Deutschland investieren«
- usw.

Als PR-Manager gehen Sie den umgekehrten Weg wie der Journalist: Sie haben das Beispiel, für das Sie ein übergeordnetes Thema suchen, das Sie in der Presse platzieren können. Sie bieten dieses Beispiel Redaktionen an oder liefern das Grundkonzept für einen Artikel bzw. Beitrag gleich mit. Sie können dem Thema mehr

Gewicht geben, indem Sie gemeinsam mit der IHK oder dem Sozialministerium eine Veranstaltung zur Integration älterer Arbeitnehmer durchführen, einen Politiker, einen Experten, Ihr Unternehmen und die Presse einladen. Vielleicht hat auch eine Zeitung Interesse daran, bei einer solchen Veranstaltung als Partner mitzuwirken. Immerhin ist das Thema relevant und es gibt eine Chance für die Redaktion, Leser zwischen 45 und 65 zu erreichen und zu binden.

360-Grad-Befragung	
Besonders geeignet für	Suche nach Geschichten in einer Firma oder Organisation
Eignung für den Einsatz im Team	☺☺☺
Eignung für die Arbeit alleine	☺☺☺☺☺
Anzahl der Ideen	☺☺
Originalität der Ideen	☺☺☺☺☺
☺ Vorteile	☹ Nachteile
Mit dieser Technik können Sie sich einmal rund um Ihr Unternehmen oder Ihren Kunden fragen. Sie appelliert an Ihre Phantasie und ist vor allem dann geeignet, wenn Sie eine Aufgabe gerade alleine lösen müssen.	Die Qualität der Ergebnisse hängt stark von Ihrer Recherche und der Kooperation des Unternehmen bzw. des Kunden ab. Die Anzahl der Ideen ist im Vergleich zu anderen Techniken gering, die Chance auf Originalität hingegen sehr hoch!

2.6 Ebenenwechsel: Beobachten, abstrahieren, fertig ist das Thema

Sie sehen einen Mann in einem neuen Anzug vor sich stehen. Wenn Sie mit Hilfe von Assoziationen und Fragen auf Themensuche gehen, kommen Sie bereits auf eine Vielzahl von Ideen. Sie bleiben aber häufig sehr nah beim Thema »Anzug« oder »Kleidung«. Mit dem Ebenenwechsel heben Sie das Thema – daher der Name der Technik – auf eine neue Ebene. Überlegen Sie sich: In welchen Themen könnte der Mann mit dem Anzug eine Rolle spielen?

- Eitelkeit in der Chefetage
- Kleidung und Karriere: Der richtige Dresscode für den Weg nach oben
- Die heimlichen Symbole der Macht (z. B. Accessoires zum Anzug)
- Deutschlands bestangezogener Manager
- Die häufigsten Probleme von Geschäftsreisenden (z. B. der verknitterte Anzug)
- Design für Männer
- Männer und Marken: Steckt in Boss immer ein Boss?
- Mausgrau im Meeting: Wie bunt dürfen Männer sein?

Beim Ebenenwechsel geht es darum, schnell von der konkreten auf die abstrakte Ebene und wieder zurück zu wechseln. Im Prinzip drehen Sie den Prozess der Ideenfindung um. Normalerweise fangen Sie auf der abstrakten Ebene an und suchen dann auf der konkreten Ebene Beispiele für die Umsetzung. Sie fragen sich beispielsweise: „Ich möchte einen Artikel zum Thema Design für Männer schreiben. Welche Beispiele gibt es dafür?" Dann landen Sie beim Anzug. Startpunkt für den Ebenenwechsel ist die konkrete Ebene. Sie beobachten einen Anzug und überlegen sich, welches übergeordnete Thema Sie dazu umsetzen könnten.

Ebenenwechsel	
Besonders geeignet für	Suche nach allgemeinen Themenfeldern rund um ein Produkt, ein Unternehmen oder eine Branche.
Eignung für den Einsatz im Team	☺☺☺
Eignung für die Arbeit alleine	☺☺☺☺☺
Anzahl der Ideen	☺☺☺☺
Originalität der Ideen	☺☺☺
☺ Vorteile	☹ Nachteile
Eine schnelle Methode, mit der Sie Beobachtungen und Details sehr gut auf eine allgemeine Ebene heben können. Der Ebenenwechsel geht sehr schnell, Sie generieren innerhalb weniger Minuten zahlreiche Ideen.	Es sind häufig noch keine konkreten Ideen, sondern vor allem generelle Themenbereiche, die Sie als Ergebnis erhalten. Verfeinern Sie die Themensuche beispielsweise durch Assoziationen und Fragen.

Den Ebenenwechsel können Sie einsetzen, um aus Beobachtungen in einem Unternehmen Themen zu generieren. Machen Sie einen Beobachtungsspaziergang! Gehen Sie durchs Unternehmen, beobachten Sie und definieren Sie übergeordnete Themen. Am Anfang ist der Ebenenwechsel etwas ungewohnt, weil Sie normalerweise anders herum denken. Doch wenn Sie sich diese Denktechnik erst einmal zu eigen gemacht haben, werden Sie sich fragen, warum Sie jemals anders gearbeitet haben. Versprochen!

2.7 Die Lotterie-Methode: Die Technik der Spinner

Gib dem Zufall eine Chance! So könnte man diese Technik kurz beschreiben. Bei der Lotterie-Methode nutzen Sie die Fähigkeit Ihres Gehirns, neue und originelle Kombinationen zwischen Themenfeldern zu kombinieren, die eigentlich nichts miteinander zu tun haben. Ich muss Sie vorwarnen: Es ist die Technik der Spinner. Sie erhalten vollkommen ungeplante Ideen für Themen, die jedoch teilweise extrem weit von der Realität weg sind. Dafür erhalten Sie die Chance auf wirkliche kreative Zufallstreffer, die verrückt und überraschend sind und Ihnen genau deshalb die Aufmerksamkeit bringen können, die Sie mit »normalen« Geschichten nicht erhalten.

Mit Hilfe dieser Methode haben wir eine Reihe von PR-Themen für eine Schweizer Eliteuniversität entwickelt. Im ersten Schritt definieren Sie lediglich potenzielle Schlagzeilen:

Inspiration	Potenzielles PR-Thema für die Eliteuniversität.
Gipsfuß	Wirtschaftsprofessoren fordern Gipsfuß für die Schweizer Wirtschaft.
Landarzt	Wirtschaftsuni bietet Landarztausbildung für Manager.
Strumpfband	Strumpfband-Strategie: Damit in unsicheren Zeiten nichts rutscht.
Fitness	Obligatorische Fitnesskurse für künftige Manager.
Hefeteig	Das Rezept der Wirtschaftsprofessoren: Mit diesen Zutaten geht die Wirtschaft auf wie ein Hefekuchen.

Bürgermeister	Wirtschaftsprofessoren fordern Nachhilfe für Bürgermeister.
Zirkuszelt	Neue Reifeprüfung am Trapez für Manager. Artisten bereiten Manager auf eine Laufbahn ohne Netz und doppelten Boden vor.
Sektempfang	Fachhochschule lässt Korken knallen – Wirtschaftskrise treibt Manager an die Hochschulen.
Froschkönig	Vom Frosch zum Wirtschaftskönig.
Picknick	De Luxe Menü statt Brotsamen.
Gewitter	Fachhochschule legt Studenten unter Computertomograph. Dekan: »Wir wollen, dass es im Hirn unserer Studenten ein Gewitter gibt. Viel zu oft erzeugen wir einen Kurzschluss durch schlechte Lehrinhalte.« Deshalb testet die FH Vorlesungen unter dem CT.
Korkenzieher	FH bringt jedes Jahr einen guten Jahrgang. Der beste Jahrgang und seine Geheimnisse.
Schlittenfahrt	Schleuderkurse für Manager. Oder: Sicher durch die Krise steuern. Sicher durch die Krise schlitteln.

Im zweiten Schritt überlegen Sie, wie Sie diese Schlagzeilen umsetzen können. Was genau ist der Gipsfuß für die Schweizer Wirtschaft? Welche Geschichte soll sich hinter der Schlagzeile »Vom Frosch zum Wirtschaftskönig« verbergen? Ist es die Geschichte eines Arbeiters, der dank der Universität zum erfolgreichen Unternehmer wurde? Oder die Geschichte einer Innovation, die erst im zehnten Anlauf – natürlich dank der Unterstützung der Universität – erfolgreich war?

So verwenden Sie die Lotterie-Methode: Geben Sie Ihren Kollegen ein Thema vor und fordern Sie sie auf, innerhalb von 60 Sekunden mit Hilfe eines zufällig gewählten Bildes Ideen für einen originellen Themendreh zu genieren. Oder nutzen Sie die Technik allein: Nehmen Sie ein Thema und kombinieren Sie es wahllos mit Dingen, die Sie sehen. Die Lotterie-Methode ist übrigens ein schöner und äußerst produktiver Zeitvertreib in der Bahn oder beim Autofahren.

Lotteriemethode	
Besonders geeignet für	Ausgefallene und ungewöhnliche Themen und Themendrehs.
Eignung für den Einsatz im Team	☺☺☺☺☺
Eignung für die Arbeit alleine	☺☺☺☺☺
Anzahl der Ideen	☺☺☺
Originalität der Ideen	☺☺☺☺☺
☺ Vorteile	☹ Nachteile
Wenn es wirklich ausgefallen sein soll, ist die Lotteriemethode kaum zu überbieten. Sie können sie immer wieder einsetzen und Ihre Phantasie spielen lassen, wenn Sie auf die Suche nach originellen Bildern gehen.	Selten haben sich alle Bedenkenträger so schnell gemeldet wie bei dieser Technik. »Geht nicht!« »Viel zu verrückt!« »Das passt nicht zur Strategie!« Wichtig! Niemals die Ideen im Rohzustand den Zweiflern präsentieren.

2.8 »Fünf-Minuten-Terrine« der Ideenfindung – Die TAF-Methode

Eine typische Situation: Ein Kunde verlangt Konzepte. Aber bitte gestern! Binnen kürzester Zeit müssen Ideen entwickelt werden. Dazu eignet sich die TAF-Methode, die im Buch »Journalistische Kreativität« erstmals vorgestellt wurde. TAF steht für: Thema – Assoziationen – Fragen. Es ist eine Kurzform des APFEL, mit der Sie in nur fünf Minuten Ideen für Themen entwickeln können: Mit Hilfe von Assoziationen wird zunächst das persönliche Archiv an Wissen und Erfahrungen systematisch durchsucht. Dann werden systematisch Fragen an diese Begriffe gestellt. Diese Methode lässt sich in nur fünf Minuten anwenden!

Thema	Assoziationen (zwei Minuten)	Fragen (drei Minuten)
Schlüsselbegriff	Gedanken/Erinnerungen rund um diesen Begriff. Freier unbewerteter Gedankenfluss!	Was weiß ich nicht?

Sie sollen in kürzester Zeit Ideen für PR-Themen rund um einen Magenbitter ausarbeiten. Folgende Assoziationen und darauf basierende Fragen entstehen.

Assoziationen	Fragen	Ideen
Wandern	Was hat Kräuterlikör mit Wandern zu tun? Wirkt er motivierend oder belebt er den Kreislauf?	Recherche von Studien, die die motivierende Wirkung belegen. Möglicher Artikel: »Ein Glas Kräuterlikör steigert die Lust auf Bewegung.«
Kräuter	Welche Kräuter sind da drin? Welche Wirkung haben sie? Sind sie vielleicht sogar gesund?	Recherche der Wirkung der Kräuter, Befragung von Ärzten, evtl. Durchführung einer Umfrage oder Studie. Mögliche Artikel:
		1. »Die gesunde Wirkung von Kräutern.« (Seitenaspekt: Im Kräuterlikör geht die Wirkung nicht verloren.)
		2. »Kräuter steigern die Lust auf Liebe – Studie: Likör setzt Hormone frei.«
Hausbar	Wird die Hausbar wieder modern? Was mischt man da?	Lifestyle-Artikel: »Tschüss Bloody Mary – neue Cocktail-Ideen für die Hausbar.«
Verdauungsschnaps	Hilft das wirklich der Verdauung?	Artikel: »Was geschieht im Körper bei der Verdauung – wie kann ein Likör hier unterstützen?«
Bitter	Warum schmeckt einigen Leuten Bitteres, anderen nicht?	Artikel oder TV-Beitrag: »Der Bitter-Test. Wie bitter darf es sein?«

TAF liefert schnell und zuverlässig solide Ideen und ist deshalb bestens geeignet, um Kreativblockaden bei der Themensuche zu durchbrechen. Die Originalität der Ideen ist begrenzt. Bedingt durch das feste Schema und die Kürze der Zeit entstehen mit TAF keine ausgefallenen Ideen, die es zuvor noch nie gegeben hat. Wie bei der Fünf-Minuten-Terrine: Sie soll satt machen, das Gourmetessen dauert länger.

TAF-Methode	
Besonders geeignet für	Schnelle Entwicklung von Themen
Eignung für den Einsatz im Team	☺
Eignung für die Arbeit alleine	☺☺☺☺☺
Anzahl der Ideen	☺☺☺☺☺
Originalität der Ideen	☺☺
☺ Vorteile	☹ Nachteile
Geht immer, passt immer, ist zuverlässig wie ein VW Golf.	Die Qualität der Ideen ist in Ordnung, aber nicht sensationell. Ein Golf ist kein Porsche …

3 »Und wieder werden neue Maßstäbe gesetzt« – Kreative und unkreative Pressetexte

Manche Pressemitteilungen bringen einen zur Verzweiflung: Ob als Journalist oder als Leser, der auf einem Internetportal wie OPENPR zufällig auf diese Meldung stößt: Man liest, reibt sich verwundert die Augen und fragt sich, worum es da eigentlich geht. Versuchen Sie mir bitte einmal zu erklären, was der Anbieter dieses Online-shops seinen Kunden und der Presse eigentlich sagen will:

Mit XYZ online Shoppen und Bares sparen

Es ist wieder ein neuer Anbieter auf dem Markt, der den Kunden anbietet, nach dem Einkauf in den über 440 auf XYZ angebotenen Onlineshops günstiger einzukaufen und dabei noch Provisionen bar auf Ihr Bankkonto zurückzuerhalten. XYZ bietet dabei unterschiedliche Modelle an, zunächst einmal das Partner-Modell, bei dem Sie vollkommen kostenlos das Portal nutzen können und natürlich auch bei Ihrem Einkauf Geld zurückerhalten. Zum anderen gibt es das Premium-Modell für Vieleinkäufer, bei dem eine monatliche Gebühr gezahlt werden muss, allerdings eine weitaus höhere Provision gespart werden kann.

Die Überschrift ist so langweilig, dass sie einem praktisch nicht auffällt. Wäre der Internetshop der einzige Anbieter, der von sich behauptet, dass man beim Einkauf dort sparen kann, könnte man dieser Überschrift immerhin noch einen gewissen Einzigartigkeitscharakter zubilligen. Aber bei der Flut der Shops, die behaupten, die Billigsten zu sein, kann man mit dieser Aussage bei niemandem mehr punkten. Über die Überschrift »Wir garantieren – bei uns sparen Sie nicht!« wäre ich wenigstens noch gestolpert und hätte mich vielleicht dazu hinreißen lassen nachzusehen, wer den Mut besitzt, mit so etwas zu werben.

Was will uns der Einstiegssatz sagen? Verfolgt der Anbieter einen tieferen Sinn damit, gegen sämtliche Regeln des Marketings zu verstoßen und sich von vornherein als Kopie bestehender Geschäftsmodelle zu positionieren? Die Aussage »Es ist wieder ein neuer Anbieter auf dem Markt, der den Kunden anbietet …« führt unweigerlich dazu, dass der Leser denkt: »Oje, noch einer.« Überlegen Sie einmal, wie Sie einen solchen Satz aufnehmen:

> »Es ist wieder ein neues Automodell auf dem Markt.« Denken Sie bei dieser Formulierung nicht auch fast automatisch: Muss das sein? Hätte es das alte Modell nicht auch noch getan?
>
> »Es ist wieder eine neue Fertigsuppe auf dem Markt.« Unweigerlich denke ich dabei, dass ich noch nicht einmal die bestehenden Suppen alle durchprobiert habe.

Formulierungen können ein Produkt einzigartig erscheinen lassen oder beliebig machen, sie entscheiden darüber, wie ein Produkt, ein Unternehmen oder eine Person wahrgenommen werden. In diesem Kapitel trainieren Sie anhand konkreter Beispiele, Überschriften und Texte zu entwickeln, die sich vom Einerlei des Phrasendreschens abheben. Sie werden lernen, kreative Überschriften für PR-Texte zu finden und trainieren, Texte kreativer zu gestalten, sei es, indem sie sprachliche Bilder und Analogien konsequent ausbauen oder ungewöhnliche Vergleiche in Ihren Text integrieren und sprachliche Pointen setzen.

Hilfe, eine Phrase!

»Vorsicht vor dem Phrasendrescher« titelte WERBEN & VERKAUFEN einen Bericht über Pressemitteilungen in der IT-Branche. Die Neigung zu Superlativen ist in der IT-Kommunikation so verbreitet wie Grippe im Winter. »Und wieder kündigt ein ›weltweit führender Anbieter‹ sein aktuellstes Produkt an, das natürlich ›neue Maßstäbe setzt‹ und ›an den großen Erfolg des Vorgängers anknüpft‹«, schreibt die Fachzeitschrift und zitiert Armin Barnitzke, den stellvertretenden Leiter der COMPUTERZEITSCHRIFT: »Bei der Flut von Meldungen ist viel heiße Luft dabei.« Mittlerweile sei es in der Redaktion bereits ein »running gag«, wenn sich wieder ein Unternehmen selbst als Marktführer anpreise.

Probieren Sie doch mal den Headline-Blablator aus, mit dem Sie auf unproblematische – dafür aber auch unkreative – Art und Weise neue Überschriften für Pressemitteilungen im Software-, Hardware- und Home-Entertainment-Bereich kreieren können. Sie können jeden Begriff aus Spalte eins mit einem Verb aus Spalte zwei und einer Phrase aus Spalte drei kombinieren. In die letzte Zeile der ersten Spalte können Sie – vorausgesetzt Sie arbeiten in den genannten Bereichen

– versuchsweise den Namen Ihres Unternehmens, Ihres Kunden, eines Produkts oder einer Dienstleistung aus Ihrem Haus eintragen. Und? Passt doch irgendwie, oder?

Headline-Blablator

Produkt/Kunde	austauschbares Verb	austauschbare Phrase
Version 7.1 ...	... sorgt für ...	... erstklassige Performance
Neuartige Projektionstechnik ...	... bringt ...	... absolutes Entertainment
Computer der neuesten Generation ...	... garantiert ...	... einzigartige Bildqualität
Neueste Spielkonsolengeneration ...	... verspricht ...	... perfekte Leistung
Handy der Zukunft ...	... bietet ...	... atemberaubende Effekte
Moderner Pocket-PC ...	... setzt auf ...	... frischen Wind
IP-TV ...		... stark optimierte Benutzeroberfläche
Navigationssystem ...		... ideale Internetnutzung
... (Hier können Sie Ihren Kunden, Ihr Produkt oder Ihr Unternehmen eintragen.)		... noch mehr Funktionen

Vergleichen Sie das Ergebnis mal mit den Hunderten von Pressemitteilungen, die täglich die Redaktionen von Internetportalen, Zeitungen und Zeitschriften überfluten. Sie werden schnell feststellen, dass ein Großteil der Pressemitteilungen aus der Software- und Hardwarebranche nach diesem Muster aufgebaut ist. Ihre Pressemitteilung klingt wie alle anderen. Die Folge: Sie geht unter. Die Begriffe aus dem Headline-Phrasendrescher entstammen übrigens alle den Pressemeldungen zur CeBit 2007, auf der es schien, dass alle Hersteller mit ihren Produkten den »ganz großen Wurf« gewagt haben, der einzigartige »neue Perspektiven« eröffnete und mit dem sie »rundum Innovationen« zeigten.

Neben den platt gedroschenen Phrasentexten gibt es eine weitere Gruppe: Pressemitteilungen, in denen sich ein Fachbegriff an den nächsten reiht, so dass sie am Ende maximal noch für Insider verständlich sind.

Labortest fahndet nach Mykotoxinen im Blut

Mykotoxine können bei Mensch und Tier karzinogen wirken, insbesondere die Aflatoxine auf Nüsse.

Der Test untersucht mit nur einer Blutprobe erhöhte Schimmelpilzwerte auf 10 Schimmelpilze, 3 Mykotoxine und den Hefepilz Candida albicans.

Immerhin klärt der Absender darüber auf, was Mykotoxine eigentlich sind: Gefährliche Stoffwechselprodukte der Schimmelpilze, die bei Menschen und Tieren schon in kleinsten Konzentrationen toxisch wirken. Ein weiterer netter Service: Am Ende der Meldung gibt es den Hinweis auf eine gebührenfreie Patientenhotline. Für alle, die die Meldung nicht verstanden haben.

Wenn Sie mit Ihren PR-Texten mehr Menschen erreichen wollen als einen kleinen Teil von Experten, brauchen Sie Kreativität, um

- Überschriften zu entwickeln, die Neues und Relevantes versprechen und den Leser neugierig machen,
- Begriffe und Bezeichnungen zu finden, die sich aus der kommunikativen Masse abheben,
- Fachbegriffe und komplexe Sachverhalte so zu übersetzen, dass sie auch ein freier Journalist oder ein durchschnittlicher Internetuser versteht,
- Meldungen so zu formulieren, dass sie nicht die dreihundertste Kopie der Standardmeldung zum Thema sind und es keine Selbstfolter ist, sie zu lesen.

In diesem Kapitel werden Sie eine Reihe von Techniken kennenlernen, mit denen Sie Überschriften, Begriffe und Formulierungen jenseits des Üblichen entwickeln, Fachbegriffe und komplexe Sachverhalte einfach darstellen und Meldungen so formulieren können, dass es eine Lust ist, sie zu lesen.

3.1 Lass mal swotten! – Wie Sie kreative Überschriften und Begriffe entwickeln

Aussagekräftige, originelle und plakative Überschriften und Begriffe zu entwickeln gehört zur Königsdisziplin – nicht nur in der PR, sondern auch im Journalismus, in Buchverlagen, in der Werbung und im Marketing. Eine gute Überschrift für einen Pressetext, ein packender Name für eine PR-Aktion und eine bildhafte emotionale Sprache erhöhen die Chancen ungemein, dass ein Text bzw. eine Aktion von Journalisten und der Öffentlichkeit wahrgenommen wird. Namen und Überschriften spielen selbst in hochseriösen Bereichen wie Arbeitsmarktinitiativen oder der Benennung eines Instituts eine große Rolle. Und sie machen einen scheinbar durchschnittlichen Beruf für Leser interessant: »Mehr als nur ein Job: Mountain Manager auf Deutschlands höchstem Berg« titelt das Internetmagazin BAHNFAHREN.INFO. Das macht neugierig. Und so beschreibt das Magazin diesen Beruf, der »mehr als nur ein Job« ist:

> »Was macht ein Mountain Manager? Martin Hurm, einer der Initiatoren des Projekts, klärt auf: ›Ein Mountain Manager betreut während der Sommermonate sowohl Individual- als auch Gruppengäste.‹ Nach der Wintersaison kommen pro Tag durchschnittlich bis zu 4.000 Besucher auf die Zugspitze, darunter viele, die noch nie im Gebirge waren. Diesen Gästen stehen die Mountain Manager während ihres Besuchs auf Deutschlands höchstem Berg zur Seite, erklären ihnen, wie man sich auf knapp 3.000 Metern Höhe richtig verhält, wo es etwas zu essen gibt oder wann die letzte Bahn von welcher Station ins Tal fährt.«

Man könnte den Mountain Manager auch Besucherdienst nennen. Oder Individual- und Gruppenreisebetreuer. Nur: Würden Sie die Geschichte »Der Besucherdienst auf der Zugspitze« lesen? Kreativ wäre auch eine Bezeichnung wie Berghostess. Aber das würde möglicherweise in eine falsche Richtung führen ...

Auch Beratungs- und Lehrmethoden brauchen kreative Namen, die attraktiv klingen und leicht von der Zunge gehen. Warum ist die SWOT-Analyse (Strengths – Weaknesses – Opportunities – Threats) einer der Klassiker der Managementlehre? Weil der Begriff einfach ist, gut klingt und leicht auszusprechen ist. »Lass mal swotten« klingt besser als »Lass uns eine interdependente Situationsanalyse durchführen«. Aus dem gleichen Grund ist AIDA (Attention – Interest – Desire – Action) bis heute einer der Klassiker des Marketings. Auch der Begriff der Wertschöpfungskette hält sich wacker in den Managementetagen. Dass es inzwischen modernere und präzisere Methoden gibt, hat der Popularität der Wertschöpfungskette bislang nicht geschadet: Die bildhafte Bezeichnung ist in den Köpfen praktisch aller Führungskräfte fest verankert.

Reden Sie mit einem Dreijährigen!

Spätestens seit dem Erfolg des Buchs »Simplify your Life« ist Einfachheit ein Trend. Zukunftsexperte Andreas Giger nennt sie die »Revolte gegen das Zuviel«, die Studie »Werbetrends 2007« kam zu einem ähnlichen Ergebnis: Statt komplizierter Anglizismen und gekünstelt wirkenden Satzkonstruktionen setzen sich wortarme, aber einfallsreiche Slogans durch. Zudem haben die Macher der Studie, das Internetportal SLOGANS.DE und das Trendbüro Hamburg, einen »Trend zur Natürlichkeit« ausgemacht. Nun sind Überschriften keine Werbeslogans, trotzdem zeigt dieser Trend, dass die Zeit der Anglizismen, der technisch komplizierten Sätze und der gestelzten Phrasen vorbei ist. Der IT-Hausmeister, den ein Unternehmen in einer Pressemitteilung anbietet, ist dafür ein gutes Beispiel: Weg vom hochkomplizierten Slang, den maximal Insider verstehen, hin zu einer Sprache, die einfach ist und Vertrauen schafft.

Hausmeister statt Netzwerkadministrator

Die Firma IT Service Net bietet Ihren Kunden keine Netzwerkadministratoren für Aftersales- und Onsite-Service IT-Management an, sondern den IT-Hausmeister. Originaltext der Pressemitteilung: »Der kennt sich aus, leistet Soforthilfe, führt sämtliche Reparaturen aus und sorgt für Sicherheit.«

Wie kommen Sie auf solch einfache Begriffe? Stellen Sie sich vor, Sie würden das, was Sie erklären müssen, einem Dreijährigen erklären. Der kleine Junge löchert Sie so lange mit Fragen, bis er es endlich verstanden hat. Mit dieser Methode kommen Sie schnell vom Netzwerkadministrator zum Hausmeister:

»Papa, was arbeitest Du?«

»Papa ist Netzwerkadministrator.«

»Was ist das?«

»Das ist jemand, der dafür sorgt, dass alle Computer funktionieren.«

»Und was machst Du da?«

»Ich sorge dafür, dass die Computer miteinander sprechen können.«

»Und wenn sie nicht miteinander sprechen?«

»Dann sind sie kaputt.«

»Und dann?«

»Dann mache ich sie wieder heil.«

»Wie machst Du das?«

»Ich richte Netzwerkkarten ein, lade Treiber aus dem Internet herunter und konfiguriere die Systeme so lange, bis sie wieder funktionieren.«

»Das versteh ich nicht.«

»Du musst Dir das vorstellen wie Onkel Otto. Der ist Hausmeister. Wenn in der Wasserleitung ein Loch ist, dichtet er es ab. Und wenn der Strom ausfällt, wechselt er die Sicherung. So was macht Papa bei den Computern.«

Lassen Sie den Dialog mit dem Dreijährigen innerlich vor sich ablaufen. Jedes Mal, wenn Sie auf einen Fachbegriff oder einen unverständlichen Satz stoßen, fragen Sie nach, was das genau bedeutet. Und versuchen, es in ganz einfachen Worten zu erklären. Probieren Sie es aus. Stellen Sie sich vor, Ihr Kunde – ein Hersteller von Gartendünger – beauftragt Sie, einen PR-Text zu verfassen, mit dem seine neue Spezialmischung in die Presse kommt.

Übung

Aufgabe

Restrukturierung von Gartenböden
Ihr Kunde ist ein Hersteller von Bodendünger.
Der Auftrag: Verfassen Sie einen Text über einen neuen Dünger, der durch seine natürlichen Mineralien besser als bisherige Produkte zur Restrukturierung von Gartenböden beiträgt.

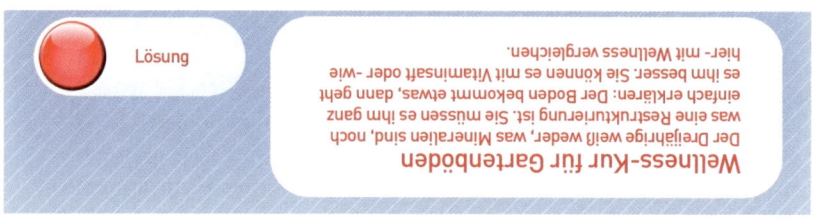

Wellness-Kur für Gartenböden

Der Dreijährige weiß weder, was Mineralien sind, noch was eine Restrukturierung ist. Sie müssen es ihm ganz einfach erklären: Der Boden bekommt etwas, dann geht es ihm besser. Sie können es mit Vitaminsaft oder – wie hier – mit Wellness vergleichen.

Was passiert, wenn Sie in den inneren Dialog mit einem Dreijährigen eintreten? Sie gehen auf die Suche nach einem Erklärungsmuster, das bei dem Dreijährigen mit Erfahrungen hinterlegt ist. Der Dreijährige weiß, dass seine Eltern ihm Vitaminsaft geben, wenn er krank ist. Vielleicht weiß er auch, dass sich Papa und Mama ab und zu ein Wellnesswochenende gönnen. In beiden Fällen geht es einem hinterher besser als vorher.

Natürlich sind Ihre Leser keine Dreijährigen. Doch Sie machen es auch dreißigjährigen Lesern leichter, Informationen zu konsumieren, wenn Sie nicht nur das Faktengedächtnis, sondern auch das episodische Gedächtnis aktivieren. Im Faktengedächtnis ist Erlerntes – wie beispielsweise die Wirkung von Mineralien in Böden – abgespeichert, im episodischen Gedächtnis sind Erfahrungen und Erinnerungen abgelegt. Letzteres ist leichter und schneller abrufbar. Die Suche nach Fakten dauert länger als die Suche nach Bildern, Erinnerungen und Erfahrungen. Probieren Sie es aus:

Fakten	Bilder, Erinnerungen, Erfahrungen
Nennen Sie die Bundespräsidenten seit Richard von Weizsäcker.	Wie sieht ein Staatsempfang aus?
Wie heißen die Landeshauptstädte der fünf neuen Bundesländer?	Wo waren Sie, als Sie erfuhren, dass die Mauer fällt?
Erklären Sie den Begriff »Warenterminbörse«.	Stellen Sie sich ein Pferderennen vor.

Wenn Sie nicht gerade Fachmann oder Fachfrau auf den Gebieten ehemalige Bundespräsidenten, neue Bundesländer und Warentermingeschäfte sind, wird Ihr Denkprozess ungefähr so ablaufen:

»Bundespräsidenten. Moment … Herzog hieß der, das war der mit dem Ruck. Dann … Rau. Ähm … Köhler und sein Rücktritt. Und schließlich Wulff. War da noch einer dazwischen? Nein, Oder doch? Nein, da war keiner dazwischen. Weizsäcker, Herzog, Rau, Köhler, Wulff. So müsste es richtig sein.«

Beim Thema Staatsempfang haben Sie hingegen sofort die Bilder von zwei Politikern vor Augen, die in die Kameras strahlen und sich die Hände schütteln. Besondere Ereignisse – wie beispielsweise der Mauerfall oder der 11. September – brennen sich förmlich in Ihre Erinnerung ein. Und auch bei dem Begriff Pferderennen läuft schnell ein Film vor Ihnen ab.

Je leichter Sie es Lesern machen, Ihre Botschaften mit Bekanntem im Kopf zu verknüpfen, und je schneller Sie diese Kombinationsleistung fördern, desto einfacher ist die Informationsaufnahme. Und je einfacher die Informationsaufnahme, desto lieber werden Texte gelesen. Das gilt auch für Journalisten: Indem Sie die Vorarbeit leisten, nehmen Sie dem Journalisten ein Stück Denkarbeit ab. Die kreative Aufgabe, komplizierte Sachverhalte in einfach verständliche sprachliche Bilder zu übersetzen, bleibt nämlich sonst bei ihm hängen.

Denken Sie an Opern und Onkel Dagobert! – Kreieren Sie Kunstworte!

Eine gute Methode, mit der Sie komplexe Sachverhalte kreativ kommunizieren können, sind Kunstworte, die mit Begriffen hinterlegt sind. Den Dauerbrenner des Marketings – die AIDA-Formel – habe ich bereits angesprochen: Attention, Interest, Desire, Action – das Werbewirkungsprinzip, das 1898 von Elmo Lewis erstmals beschrieben wurde, ist bis heute fester Bestandteil der Ausbildung im Marketing und in der Kommunikation:

• Attention: Die Aufmerksamkeit des Kunden wird erregt
• Interest: Er interessiert sich für das Produkt
• Desire: Der Wunsch nach dem Produkt wird geweckt
• Action: Der Kunde kauft das Produkt

In der modernen Verkaufspsychologie gibt es inzwischen bessere und ausgereiftere Modelle als die AIDA-Formel, doch in den Köpfen hält sie sich hartnäckig. Ein Hauptgrund dafür ist, dass Lewis es verstanden hat, ein Kunstwort zu finden, das sofort an eine Oper erinnert und einfach gut klingt. Er hätte seine Theorie auch

»monokausale reiz-reaktionsschematische Käuferpsychologie« nennen können. Ich gehe jede Wette ein: Sie wäre längst vergessen.

Ein Begriff wie die AIDA-Formel wird in der Fachsprache Akronym genannt. Es sind Kunstwörter, die aus den Anfangsbuchstaben mehrerer Wörter zusammengesetzt sind und die häufig – aber nicht immer zwingend – als ein Wort gesprochen werden. Wissen Sie, was Light Amplification by Stimulated Emission of Radiation ist? Gebündeltes Licht. Oder kurz: Laser.

Gerade wenn es darum geht, neue Dienstleistungen oder neue Methoden zu verkaufen, ist der Name ein wichtiges Kriterium. Allerdings möchte ich Sie vor Mogelpackungen warnen! Journalisten bemerken schnell, wenn sich hinter einem Kunstwort letztlich nur heiße Luft verbirgt. Ziel eines guten Namens, eines guten Begriffs und einer guten Headline muss es sein, gute Inhalte gut zu verpacken und damit die Gefahr zu verringern, dass sie nur deshalb im Nadelöhr der Aufmerksamkeit stecken bleiben, weil sie langweilig oder austauschbar klingen.

Bei dieser Methode gibt es drei mögliche Vorgehensweisen:

Variante eins: Sie suchen nach einem Begriff, der direkt oder indirekt etwas mit der Dienstleistung, dem Produkt oder der Methode zu tun hat. Anschließend suchen Sie nach Begriffen, mit denen Sie das Wort hinterlegen.

Variante zwei: Sie suchen einen Begriff, der plakativ ist, leicht zu merken und zum Kunden passt. Dieser Begriff muss nichts mit dem Tätigkeitsfeld Ihres Kunden zu tun haben. Orientieren Sie sich zum Beispiel an Comics und überzeugen Sie Ihren Kunden, dass ein Entwicklungszentrum mit dem Namen *Dagobert* einzigartiger klingt als das »Entwicklungszentrum für integrierte modulare Schaltsystemforschung«.

Variante drei: Sie gehen nicht vom Namen aus, sondern von den einzelnen Begriffen. Schreiben Sie dazu alle Begriffe herunter, die Sie in dem späteren Wort wieder finden wollen. In der Regel kommt dabei ein Begriff wie »Gjkwldjw« heraus, der weder schön anzusehen, noch auszusprechen ist. Bilden Sie eine Tabelle mit drei bis fünf Spalten. In die erste Spalte schreiben Sie alle Begriffe untereinander. In den Spalten zwei bis fünf notieren Sie alle Synonyme, die Ihnen zu den einzelnen Begriffen einfallen. Manchmal fällt Ihnen zu einem Begriff kein Synonym ein, manchmal nur eines, manchmal sprudeln die Ideen. Es geht auch hier nicht darum, die Tabelle bis zur letzten Spalte auszufüllen, sondern Ihnen Kombinationsmöglichkeiten zu verschaffen.

Beginnen Sie jetzt, die Anfangsbuchstaben der Begriffe miteinander zu kombinieren, einzelne Begriffe wegzulassen, andere hinzuzufügen. Sie werden schnell feststellen, dass Sie bei dieser Methode einen akuten Vokalmangel haben. Ks, Ps, Fs, Gs und Ms finden sich viele. A, E, I, O und U hingegen sind schwer zu finden. Ich habe bei dieser Art der Namenssuche häufig einen Vokal als Stellvertreter eingefügt. Er hat eigentlich keine Bedeutung, gibt aber dem Begriff später seinen Klang. Den inhaltlichen Sinn bekommt der Vokal erst am Ende.

Das dicke Ding – Spielen mit dem Dreiklang

Der bewusste Einsatz von drei Wörtern, die mit dem gleichen Buchstaben beginnen, einen ähnlichen Klang haben oder sogar gleich sind, stammt aus der Werbung. Titel, Überschriften, Sendungs- oder Kampagnennamen sind so wesentlich einprägsamer: Die Comedy-WG auf SAT1 heißt nicht umsonst »Die dreisten Drei«, eine der erfolgreichsten Radiokampagnen, die wir entwickelt haben, war »Das Dicke Ding«. Der Name hat zum Erfolg wesentlich beitragen. Das Spiel mit dem Dreiklang lässt sich auch für Überschriften in PR-Texten und Pressemitteilungen verwenden, jedoch mit einer Einschränkung: Achten Sie darauf, dass die Überschrift nicht so werblich wirkt, dass Journalisten den Text kopfschüttelnd beiseite legen. Und prüfen Sie unbedingt, ob Ihre Idee nicht zufällig bereits von Dutzenden anderer PR-Agenturen genutzt wurde. Weil die Dreiklang-Technik schnell anwendbar ist und schnell Ergebnisse bringt, ist sie weit verbreitet. So weit, dass ein Werbespot schon wieder einen Schritt weiter ging und das erwartete dritte Wort durch ein anderes ersetzte: »Feiern, flirten, … Party.« Auch das ist eine Möglichkeit, kreativ zu sein. Ändern Sie einfach das dritte Wort.

»Nackt!« Erzeugen Sie bewusste Missverständnisse!

Bewusste Missverständnisse sorgen für ein kurzes Schmunzeln beim Leser und sind eine Einladung zum Lesen: »Völlig hüllenlos! Die neuen vorgeschälten Kartoffeln von Meister Müller.« Diese Art von Überschriften ist seltener zu finden. Der Grund ist banal: Es ist anstrengend, eine gute Überschrift zu finden, die auf einem Missverständnis beruht. Und es erfordert ein hohes

Bewusste Missverständnisse erregen Aufmerksamkeit

assoziatives Denken. Ein Missverständnis entsteht, indem Sie zwei komplett unterschiedliche Begriffe oder Aussagen miteinander kombinieren: Die erste Aussage führt den Leser in die Irre, die zweite Aussage klärt das Missverständnis auf, wobei die Zweideutigkeit der ersten Aussage ersichtlich wird.

Verzweifeln Sie nicht, wenn es Ihnen auf Anhieb nicht gelingt. Bewusste Missverständnisse zu erzeugen, ist eine der Königsdisziplinen sprachlicher Kreativität. Sie suchen nach Begriffen, die in einem anderen Bereich eindeutig besetzt sind, jedoch in Bezug auf Ihr Produkt bzw. Ihre Dienstleistung eine Zweideutigkeit erlangen. Versuchen Sie es mit »Wenn … wäre …«-Fragen. Überlegen Sie, wie das Produkt wäre, wenn es kein Produkt wäre, sondern ein Mensch, ein Nachbar, ein Star, ein Musikstück etc. Oder wenn es erotisch wäre.

- Wenn das Produkt ein Mensch wäre, welche Eigenschaften würden diesen Menschen auszeichnen? Wäre es ein guter Freund? Ein netter Nachbar? Oder ein verständnisvoller Zuhörer?
- Wenn das Produkt ein Star wäre, was wäre es dann? Wie könnte man das Aussehen des Stars beschreiben?
- Wenn das Produkt ein Musikstück wäre, welchen Stil hätte es? Wie würde es klingen?
- Wenn das Produkt ein Film wäre, welcher Film wäre es?
- Wenn das Produkt erotisch wäre, wie würden Sie es beschreiben?
- Wenn das Produkt ein Krimineller wäre, welche Attribute würden Sie ihm geben?

	Produkt: Die vorgeschälte Kartoffel		
	Antwort 1	Antwort 2	Antwort 3
Wenn sie ein Mensch wäre, wäre sie …	… aalglatt	… der beste Freund der Hausfrau	… Glatzenträger
Wenn sie ein Star wäre, wäre sie …	… weichgespült	… eine Frau mit Traumfigur	… Kojak
Wenn sie kriminell wäre, wäre sie …	… mit allen Wassern gewaschen	… durchtrieben	… eiskalt
Wenn sie erotisch wäre, wäre sie …	… nackt	… hüllenlos	… mit perfekten Rundungen

Aus den Antworten generieren Sie nun Überschriften im Stil von »Völlig hüllenlos! Die neuen vorgeschälten Kartoffeln von Meister Müller«, in denen Sie zunächst ein bewusstes Missverständnis erzeugen und dieses anschließend auflösen.

Ableitung bekannter Sprüche

Es gibt so viele bekannte Sprüche, die jeder im Ohr hat. Da liegt es nahe, einen dieser Sprüche zu nehmen, leicht abzuwandeln und für eine Überschrift einzusetzen. Nehmen wir an, Sie schreiben einen Artikel über Gewürze. Dann entwickeln Sie mit Hilfe dieser Technik Überschriften, die bewusst an Bekanntes anknüpfen.

- Anknüpfung an Literaturtitel: »Würzen oder nicht würzen. Das ist hier die Frage.«
- Anknüpfung an bekannte Werbesprüche: »Lebst Du noch oder würzt Du schon?«, »Aus Freude am Würzen«, »Ich würze es!« oder »Da werden Sie gewürzt!«
- Anknüpfung an gängige Alltagsweisheiten: »Gut gewürzt ist halb gewonnen«, »Würz mal wieder«

Diese Technik ist relativ einfach anzuwenden. Wenn Sie ein bisschen kombinieren, finden Sie im großen Topf der bekannten Aussprüche schnell irgendetwas, was Sie auf ein Produkt oder ein Unternehmen übertragen können. Doch Achtung! Genau das kann zum Bumerang werden! Es liegt in der Natur der Sache, dass Techniken, die einfach anzuwenden sind, häufig verwendet werden. Und so gibt es kaum noch einen bekannten Spruch, der nicht schon mehrere Male in der einen oder anderen Form durch den sprachlichen Fleischwolf gedreht wurde. Gerade Shakespeare hat es hier schon hart getroffen. Nutzen Sie diese Technik, aber verwenden Sie sie sorgsam. Prüfen Sie unbedingt den Originalitätsgehalt Ihrer sprachlichen Schöpfung! Und achten Sie darauf, dass das Originalzitat wirklich noch modern ist. Gerade Omas Weisheiten haftet etwas Muffiges an.

Wir sind Papst! Formulieren Sie die BILD-Headline!

Nehmen Sie sich die letzten zehn Ausgaben der BILD-Zeitung. Schauen Sie sich die Überschriften an. Erkennen Sie das Muster? Kurz, prägnant, auf den Punkt. Wir sind Papst! Drei Worte, die alles sagen. Die auffallen. Die einprägsam sind. Unter dieser Überschrift ist meistens noch ein weiterer Satz, der die Details erklärt. Das wars.

Die BILD-Zeitung hat die phänomenale Eigenschaft, selbst die kompliziertesten Themen in eine plakative Schlagzeile und einen kurzen Erklärsatz zu packen. Und damit das Wichtigste auf den Punkt zu bringen. Probieren Sie es! Wenn Sie den Inhalt Ihres Pressetextes so klar formulieren können, ist das Thema gut. Wenn nicht: Suchen Sie ein anderes Thema.

3.2 ABBA lebt! – Die ABBA-Matrix

Im letzten Abschnitt habe ich Ihnen mehrere Techniken vorgestellt, mit denen Sie Kunstworte und Begriffe entwickeln können, die an Bekanntes im Kopf des Empfängers appellieren. Ich ahne, dass Sie nach diesem Abschnitt einen besonderen Blick auf den Namen der Methodik werfen, die ich Ihnen jetzt vorstelle. Entsprechend habe ich mir äußerste Mühe gegeben, einen zu finden, der sofort an etwas Bekanntes in Ihrem Kopf andockt und leicht zu merken ist: Die ABBA Matrix. Hat sie irgendetwas mit der bekannten Musikband zu tun? Genauso viel wie die AIDA-Formel mit der bekannten Oper. Also: Nichts. Aber ich bin sicher, dass der Name binnen kürzester Zeit fest in Ihrem Kopf verankert sein wird. Denn wie bereits erwähnt: Wir merken uns Dinge leichter, wenn verschiedene Regionen des Gehirns angesprochen werden und wir es schaffen, logisches mit emotionalem und bildhaftem Denken zu verknüpfen.

Die ABBA-Matrix ist eine Kombinationsmethodik, in der Sie Techniken wiederfinden, die Sie in diesem Buch bereits kennengelernt haben:

- Assoziationen,
- Bilder,
- Begriffe und
- Analogien.

Sie können ABBA nutzen, um Begriffe und Überschriften zu finden, aber auch um Ideen für sprachliche Bilder oder Analogien zu entwickeln. Die Abgrenzungen zwischen den einzelnen Spalten sind fließend: Es kann sein, dass Sie auf der Suche nach Assoziationen sind und dabei Bilder oder Analogien entstehen. Lassen Sie sich davon nicht verunsichern! Kreativtechniken sind immer nur Gedankenstützen, keine strukturierten Muster, bei denen juristisch klar voneinander abzugrenzende Bereiche entstehen. Zerbrechen Sie sich auch nicht den Kopf darüber, wenn Sie in die Assoziationsspalte einen Begriff eintragen, den Sie nach nochmaligem Nachdenken eher für die Spalte Bilder passend finden. Am Ende werden Sie die Begriffe ohnehin kombinieren, so dass die Grenzen zwischen den einzelnen Spalten aufgehoben werden.

Schritt 1: Füllen Sie die ABBA-Matrix

Definieren Sie die Aufgabenstellung zu Beginn so präzise wie möglich. Wollen Sie einen Titel für ein neues Kundenmagazin finden? Suchen Sie nach einer Überschrift für eine Pressemitteilung? Brauchen Sie einen guten Namen für ein Institut, ein Produkt, eine Methode oder eine neuartige Organisationsform? Beginnen Sie anschließend, die einzelnen Spalten der Matrix zu füllen.

Assoziationen

In der ersten Spalte schreiben Sie alles auf, was Ihnen zu der Ausgangsfrage oder dem Begriff einfällt. Mitunter hilft es, einen Begriff oder eine Ausgangsfrage in mehrere Einzelteile zu zerlegen und – gerade bei komplexeren Projekten – eine zweite Matrix anzulegen. Sie suchen nach einem Namen für ein Ernährungsinstitut? Bilden Sie Assoziationen zu dem Begriff »Ernährung« und zu dem Begriff »Institut«.

Bilder

Versuchen Sie, als Kameramann, als Fotograf oder als Karikaturist zu denken und schreiben Sie in der zweiten Spalte alle Bilder auf, die Ihnen im Zusammenhang mit dem Ausgangsbegriff oder der Ausgangsfrage in den Sinn kommen. Als ich mein Buch »Fest im Sattel« geschrieben habe, einen Ratgeber für Arbeitnehmer, deren Position wackelt, habe ich mit dieser Methode des bildhaften Denkens eine Reihe von Kapitelüberschriften entwickelt: Die zehn Haifisch-Regeln des Managements oder die Luftpumpen-Strategie, mit der Sie Worte wichtiger klingen lassen können als sie sind. Auch der Buchtitel ist so entstanden: Wir hatten das Bild vor Augen, wie sich ein Angestellter fest an seinen Bürostuhl klammert, während der Stuhl versucht ihn abzuwerfen.

Begriffe

Dies ist die Spalte zum spielen: Notieren Sie hier Begriffe, die Sie gerne in einer Überschrift sehen würden, die irgendwie gut klingen, obwohl sie eigentlich nichts mit dem Thema zu tun haben oder die der Auftraggeber gerne verwendet. Mögen Sie das Wort »Strategie« im Zusammenhang mit neuen Methoden und Abläufen? Dann schreiben Sie es hier hinein. Oder wollten Sie schon immer mal den Begriff »Teddybär« in einer Überschrift sehen? Dann schreiben Sie es hier hinein.

Diese Spalte ist auch das Spielfeld für Ihre Interessen: Kreative Texte sind individuell und immer auch ein Ausdruck der Persönlichkeit dessen, der sie verfasst. Interessieren Sie sich für Fußball? Für Kunst? Für Tiere? Haben Sie eine Familie? Sind Sie Mitglied in einem Schachclub? Oder lesen Sie gerne Geschichtsbücher?

Füllen Sie diese Spalte mit Begriffen, die Ihnen naheliegen und die Themen repräsentieren, in denen Sie sich auskennen. Sie werden erstaunt sein, wie selbstverständlich sich Begriffe, die scheinbar weit weg sind, später mit dem Thema kombinieren lassen.

Analogien

Analogien haben Sie bereits bei der Themenfindung kennengelernt. Fragen Sie sich: Woran erinnert Sie das Thema oder die Ausgangsfrage? Womit können Sie es vergleichen? Wenn ein Unternehmen der IT-Branche eine neuartige Methode entwickelt hat, um versprengte Wissenscluster in Unternehmen aufzufinden und nutzbar zu machen, lässt sich das sicherlich gut mit einer Schatzsuche vergleichen. Oder der Suche nach neuen Ölquellen. Oder der Arbeit eines Detektivs. Wenn Sie die Arbeit eines Routers in einem Computernetzwerk erklären wollen, können Sie es technisch so erklären:

> »In digitalen Haushalten sorgen Router für die richtige Verbindung. Sie dienen als Knotenpunkte zwischen den einzelnen Endgeräten des Konsumenten. Immer häufiger steuern sie nicht nur die Internetverbindung des Computers, sondern ersetzen die Telefonanlage. Dadurch können mehrere User gleichzeitig im World Wide Web surfen und zugleich über das Internet telefonieren: Der Router funktioniert dabei als Schaltzentrale.«

Sie können aber auch die kreative Variante wählen und über Analogien an Bekanntes beim Leser anknüpfen: Sie senken die Einstiegshürde in einen Text, erzeugen Bilder im Kopf, die es leichter machen, Informationen aufzunehmen und ermöglichen es dem Leser, gedankliche Brücken zu bauen und das Gelesene leichter zu speichern. Um Analogien zu bilden, erhöhen Sie im ersten Schritt den Abstraktionsgrad. Sie gehen weg vom Router, der den Datenverkehr regelt, und fragen sich: Wie lässt sich das, was der Router tut, allgemein beschreiben?

Ein Router schafft Ordnung in einem komplexen System, bringt Struktur ins Chaos, regelt und lenkt.

Konkretes Denken

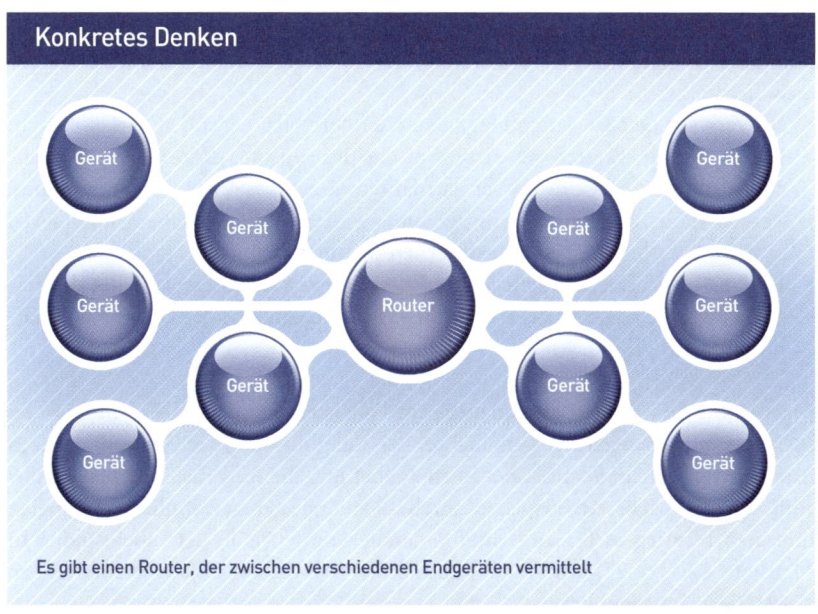

Es gibt einen Router, der zwischen verschiedenen Endgeräten vermittelt

Abstraktes Denken

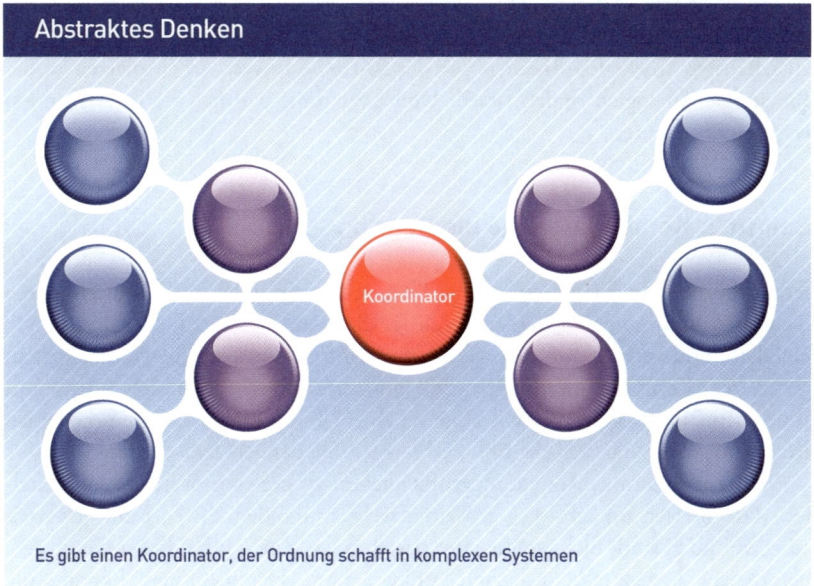

Es gibt einen Koordinator, der Ordnung schafft in komplexen Systemen

Denken Sie abstrakt – Es hilft Ihrer Kreativität

Im zweiten Schritt überlegen Sie: In welchen Systemen gibt es ähnliche Knotenpunkte? Wo gibt es ähnliche Abläufe, ähnliche Mechanismen oder ähnliche Funktionsweisen?

- Im Verkehr: Der Tower am Flughafen oder der Polizist, der den Verkehr regelt. Genau wie ein Router treffen sie Entscheidungen über Prioritäten: Wer darf zuerst starten und landen? Wer darf fahren, wer muss warten? Fluglotsen und Verkehrspolizisten sind Vermittler und Knotenpunkte in einem komplexen System, das ohne sie zusammenbrechen würde.
- In der Musik: Der Dirigent ist der Router eines Orchesters. Er leitet die einzelnen Musiker an und koordiniert ihre Einsätze, so dass das Gesamtwerk harmonisch klingt.

Machen Sie den Router zur Ameise, zum Polizisten oder zum Dirigenten. Oder suchen Sie im Bereich der Geschichte, der Religion oder der Philosophie nach Analogien. In einem Seminar bekamen Teilnehmer die Aufgabe, für einen Artikel zum Thema »Mehr Arbeitsplätze durch Bioenergie« ungewöhnliche Analogien für einen Einstieg zu finden. Unter anderem wurden sie in der Bibel fündig. In Matthäus 17, 24–27, prophezeit Jesus Petrus, dass der erste Fisch, den er fangen werde, Geld im Maul hat.

Der Vergleich mit der Bibel mag für Ihre Unternehmensbroschüre vielleicht etwas weit hergeholt sein, das gebe ich zu. Aber das Beispiel zeigt, dass sich selbst zu scheinbar trockenen Themen wie der Entstehung von Arbeitsplätzen in der Bioenergie Analogien finden lassen. Und zwar dort, wo man sie zu Beginn am wenigsten vermutet.

Schritt 2: Kombinieren Sie die Begriffe

Jetzt beginnen Sie, die einzelnen Begriffe miteinander zu kombinieren. Probieren Sie immer und immer wieder, ergänzen Sie die Liste um Begriffe, die Ihnen noch einfallen, und versuchen Sie, so viele Überschriften und Begriffe wie möglich zu generieren. Kombinationsübungen sind einfacher als Sie denken. Ich möchte mit Ihnen zum Einstieg in diesen Teil gerne eine Übung machen. Die Aufgabe ist: Kombinieren Sie die zwei Begriffe und formen Sie daraus Überschriften.

Wenn es darum geht, neue Begrifflichkeiten zu kreieren, werden Sie feststellen, dass Sie sich zunächst gegen Wörter wehren, die dem ersten Eindruck nach zu gewöhnlich sind, nicht zueinander passen oder keinen inhaltlichen Sinn ergeben. Seien Sie gerade beim letzten Punkt nicht zu kleinlich: Viele Begriffe, die wir heute selbstverständlich benutzen, ergeben inhaltlich überhaupt keinen Sinn. Denken Sie an das Wort »Gesundheitsreform«: Meine Gesundheit hat damit nie-

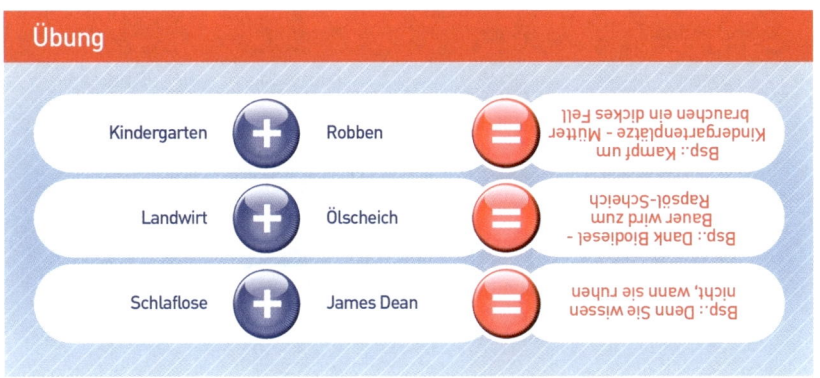

Übung

Kindergarten	+	Robben	=	Bsp.: Kampf um Kindergartenplätze - Mütter brauchen ein dickes Fell
Landwirt	+	Ölscheich	=	Bsp.: Dank Biodiesel - Bauer wird zum Rapsöl-Scheich
Schlaflose	+	James Dean	=	Bsp.: Denn Sie wissen nicht, wann sie ruhen

mand reformiert. Korrekt müsste der Begriff »Gesundheitspolitikreform« heißen. Klingt aber blöd. Oder der Begriff »Netzwerk«: Wenn man ganz besonders pingelig ist, ist dieser Begriff vollkommen unsinnig. Er ist eine direkte Übersetzung des englischen Begriffs »Network«. Korrekt müsste es »Netz« heißen. Was hat ein »Netz« mit dem Wort »Werk« zu tun? Im klassischen Sinne: Nichts. Sprachwissenschaftler beklagen das immer wieder. Doch diese Begriffe klingen schön und jeder weiß, was gemeint ist. Also benutzen wir die unsinnigen Begriffe.

Bevor Sie also neue und ungewohnte Begriffskombinationen verwerfen, erinnern Sie sich bitte an das Chancendenken! In der Kombinationsphase ist es Ihre Aufgabe, eine möglichst große Anzahl von Ideen zu generieren. Aussortiert wird später. Ideen sterben immer erst zum Schluss!

Zwischen den einzelnen Bereichen kann es übrigens hin und wieder Überschneidungen geben. Lassen Sie sich davon nicht beunruhigen. Es geht bei der ABBA-Matrix nicht darum, sauber voneinander getrennte Spalten zu erarbeiten, sondern eine Vielzahl von möglichst weit auseinander liegenden Begriffen zu erhalten, die Sie dann miteinander kombinieren können.

Eine PR-Agentur bekommt den Auftrag, einen Artikel über Derivate zu schreiben. Bankkunden soll aufgezeigt werden, wie sich mit Hilfe von Derivaten auch bei fallenden Aktienkursen Geld verdienen lässt und wie die Bank durch den Einsatz dieser Instrumente Fonds gegen Finanzmarktrisiken absichert. Als Grundlage des Artikels dient ein Artikel aus der Süddeutschen Zeitung, in dem Derivate erklärt werden: »Gehandelt werden Kontrakte, deren Wert sich indirekt von dem Preis eines anderen Wertpapiers oder Rohstoffs ableitet (lateinisch: derivare).« Mit Hilfe der ABBA-Matrix sucht die Agentur nach Assoziationen, Bildern, Begriffen und Analogien.

Assoziationen	Bilder	Begriffe	Analogien
Lotto	Zitrone	James Bond	Goldmarie
Pferderennen	Kristallkugel	Seefahrt	Schwarzfahren mit der Bahn
Glücksspiel	Roulettetisch	Malerei	Falsch parken
Geld	Dollarscheine	Strategie	
Kurse	Geldregen	Taktik	
Gold	Fallschirm		
Öl	Pralinenschachtel		
Börsencrash	Crash = Verkehrsunfall		
Pessimisten	Koch		

Im nächsten Schritt beginnen Sie zu kombinieren. Sie entwickeln bildhafte Überschriften und Textpassagen.

Sieg bei Verlust! Wie Sie sich über fallende Aktienkurse freuen können

Steigen Sie in Ihren Text mit einer Passage im Reportagestil ein, in der Sie die scheinbar verkehrte Welt eines Geschäftsmannes beschreiben, der hofft, dass sein Investment verliert und die Kurse fallen. Einen ähnlichen Ansatz verfolgen Sie mit der Analogie zum Pferderennen, bei der Sie die (scheinbar) verkehrte Logik beschreiben, dass das langsamste Pferd gewinnt: Sie beschreiben eine Szene, bei der ein Zuschauer auf das langsamste Pferd setzt und hofft, dass es gewinnt. Anschließend ziehen Sie einen Vergleich zum Geschäft mit Derivaten.

Derivate – der Airbag fürs Depot

In Ihrem Text ziehen Sie zunächst einen Vergleich zur gestiegenen Autosicherheit in den letzten Jahren. Ein Beispiel, das jeder kennt und jeder nachvollziehen kann, das sichtbar und fühlbar ist. Danach bauen Sie über den Begriff »Crash« eine Brücke zur Funktion von Derivaten in einem Depot:

»Vor einigen Jahren war ein schwerer Autounfall ein (fast) sicheres Todesurteil. Doch die Autoindustrie hat die Sicherheit von Autos kontinuierlich verbessert, unter anderem durch Airbags. Genau wie Autos sind auch Anlagefonds sicherer geworden: Fondsmanager mischen zunehmend Derivate bei. Sie sind der Airbag fürs Depot.«

Erst jetzt erklären Sie, wie Derivate genau funktionieren. Im Artikel der Süddeutschen Zeitung hieß es dazu: »Anstatt bei einem Kursrutsch Aktien zu verkaufen und verstärkt in sichere Anleihen zu investieren, erhöhe man mit Derivaten die Kursgewinne bei Anleihen und sichere sich gegen Verluste bei Aktien ab.« Die Zeitung schildert dabei ein Problem, das Anleger haben: Viele von ihnen haben Derivate im Depot, ohne es zu wissen.

Übung

Begriff Pralinenschachtel **Ihre Idee**

Tipp Erinnern Sie sich an den Film Forrest Gump mit Tom Hanks? Seine Mutter sagt stets: „Das Leben ist wie eine Pralinenschachtel. Du musst sie öffnen um zu sehen, was drin ist." Diese Analogie zum Film ist der Einstieg zum Text.

Begriff Koch **Ihre Idee**

Tipp Um ein gelungenes Gericht zu kochen, mischen Köche viele Zutaten. Am Ende schmeckt es, doch der Gast weiß nicht mehr genau, was in dem Essen drin ist. Gute Anlage-Köche verfahren ähnlich: Das Gericht schmeckt, doch was genau ist das Rezept?

Begriff Seiltänzer **Ihre Idee**

Tipp Fondsmanager sind wie Seiltänzer: Ihre Performance ist umso eindrucksvoller, je mehr sie riskieren. Und genau wie Seiltänzer sichern sie sich gegen den Absturz ab: durch Derivate, Sicherheitsnetze im Depot. Doch diese Netze sind nur bei genauem Hinsehen zu erkennen.

Übung

Entwickeln Sie Ideen für den Zugang zu einem Text, in dem Sie bildhaft und kreativ beschreiben, was es für Anleger bedeutet, Derivate im Depot zu haben ohne es zu wissen. Die Schlüsselbegriffe, die Sie dafür benötigen, haben wir mit der ABBA-Matrix entwickelt.

3.3 »Mach mich an, Baby« – So wird Kompliziertes sexy

Sie sitzen in der PR-Abteilung eines Konzerthauses und brüten über einer Pressemitteilung. Ein großes Event für Klassikfreunde steht bevor: Die Aufführung einer Elegie von Rachmaninow in einer besonderen Interpretation. Genau so könnten Sie es schreiben. Damit wären Sie auf der sicheren Seite: Das Thema hätte große Chancen, in die Feuilletons der Zeitungen zu gelangen. Dummerweise kaum darüber hinaus. Und selbst wenn sich ein an Kultur durchschnittlich interessierter Mensch einmal ins Feuilleton der Zeitung verirrt, besteht die latente Gefahr, dass er durch das Fachchinesisch abgeschreckt wird. Was ist eine Elegie? Muss man das kennen? Ist das etwas fürchterlich Neumodisches, was sich niemand anhören kann? Oder fördert eine Elegie am Ende Depressionen?

Der Veranstalter hat die Hürden hoch gesetzt: Er möchte ein ausverkauftes Haus. Dummerweise lässt sich der Konzertsaal durch die Kernzielgruppe der klassisch Kulturinteressierten nur ungefähr zur Hälfte füllen. Sie brauchen dringend mehr Gäste. Für Ihre PR-Arbeit bedeutet das, dass Sie die Zugangshürden zu dem Thema senken, von Expertendeutsch auf Normaldeutsch übersetzen und Rachmaninow für den Durchschnittsbürger attraktiv machen müssen.

Im Kreativ-Coaching setze ich das Treppenmodell ein, das sehr gut symbolisiert, welche Rolle Absender und Empfänger einer Botschaft haben. Oben auf der Treppe steht der Absender, also Sie. Sie haben sich intensiv mit einer Materie auseinandergesetzt, Sie haben Hintergrundwissen, Sie kennen die Inhalte. Unten steht der Empfänger: Er möchte gerne die Treppe hochsteigen und sich zum Wissenden machen. Die Fragen für Sie sind dabei:

- Helfen Sie als Wissender dem Unwissenden, die Treppe zu erklimmen, indem Sie ihn dort abholen, wo er sich gerade befindet?
- Oder bauen Sie Hindernisse (in Form von komplizierten Formulierungen, Fremdwörtern, unbekannten Namen und Ereignissen) auf, die das Aufsteigen unmöglich machen?

Lesen Sie sich diese Pressemitteilung durch, die das Fraunhofer-Institut für Graphische Datenverarbeitung im April 2007 veröffentlicht hat:

> »Das Application Sharing Tool Realtime Remote Desktop ermöglicht den problemlosen Austausch vor allem graphikintensiver Daten und Anwendungen mit räumlich entfernten Projektpartnern.«

Haben die Verfasser es mir als Leser ermöglicht, zu den Wissenden aufzusteigen? Oder haben Sie mir Steine in den Weg gelegt? Wenn Sie nicht gerade ein IT-Spezialist sind, werden Sie wahrscheinlich zu dem Ergebnis kommen: Keine Steine, sondern Felsbrocken. Der Begriff *Application Sharing Tool Realtime Remote Desktop* wird vielleicht wenigstens als Lehrbeispiel für unverständliche Fremdwortkombinationen PR-Geschichte schreiben.

So schließen Sie (fast) jeden Leser aus!

Verwenden Sie möglichst viele Namen von Personen, die nur einer Minderheit bekannt sind. Ergänzen Sie sie um schwer verständliche Ereignisse und schaffen Sie einen Bezug zu etwas, was der Leser nicht kennt. Bauen Sie die Hürden möglichst früh auf! Hier eine Vorlage für eine Pressemitteilung aus dem Kulturbereich, mit der Sie garantiert niemanden erreichen werden:

> »Romeo Tschubalski hat sich als Autor um die Künstlergruppe Paard Wetenschap einen Namen gemacht, wurde dafür mit dem »Prix des jeunes évaluateurs« ausgezeichnet und hat sich nach seinen ersten Büchern ›Das Balaphon meiner Mutter‹ und ›Die Suche in Ladakh‹ jetzt der konzertanten Oper gewidmet.«

Bedenken Sie bitte unbedingt eines: Für jeden Leser sind Hindernisse individuell. Wenn Sie mit einem Musikspezialisten reden, werden beim Namen Anton Webern seine Augen leuchten, einen Nichtspezialisten verwirren Sie so sehr, dass er möglicherweise frustriert das Lesen aufgibt. (Und weil Sie jetzt sicherlich wissen möchten, wer Anton Webern ist: Ein Wiener Komponist, der zu Beginn des 20. Jahrhunderts einer der Begründer der atonalen Musik war. Und um Sie nicht

133

mit dem Begriff atonal zu verwirren: Man könnte atonal auch mit »melodiefrei« übersetzen. Kritiker von Anton Webern nennen es mitunter auch furchtbares Geklimper.)

Techniken, um dem Leser die Treppe heraufzuhelfen

Um Texte verständlicher zu machen, können Sie teilweise die gleichen Techniken nutzen, die Sie bereits bei der Themensuche kennengelernt haben: Arbeiten Sie beispielsweise mit problemorientiertem Denken oder ungelösten Fragen.

- Problemorientiertes Denken: Versetzen Sie sich in die Situation und die Lebenswelt des Empfängers der Botschaft. Überlegen Sie, welche Bedürfnisse oder Probleme er hat und stellen Sie dies in den Mittelpunkt. »Beim Videospielen im Internet gehören ruckelnde Bilder und Systemabstürze der Vergangenheit an« klingt anders als die technische Beschreibung des Programms.
- Beginnen Sie mit ungelösten Fragen, die sich der Leser stellt oder stellen könnte. Der Vorteil dieser Methode: Dem Leser werden breite Fragen angeboten und das Versprechen gegeben: Wenn Du zuhörst, bekommst Du die Antwort. Wichtig: Das Versprechen muss eingelöst werden.
- Stellen Sie das Besondere nach vorne, den Mehrwert der Information. Sie schreiben über ein neues Computerprogramm? Was genau ist der zentrale Mehrwert, den das Programm bietet?
- Greifen Sie Abwehrblockaden des Lesers auf und thematisieren Sie sie! Nehmen wir an, Sie schreiben einen Bericht über die Bilanzanalyse bei einem großen Unternehmen und Sie wollen mit diesem Text nicht nur Fachleute, sondern auch Halbinteressierte erreichen. Dann haben Sie mit folgendem Problem zu kämpfen: Schon beim Wort ›Bilanzanalyse‹ gehen bei einem Großteil der Leser die Schranken herunter: »Hilfe, kompliziert!« Greifen Sie genau das auf: »Hilfe, kompliziert! Das ist die natürliche Reaktion, wenn Sie das Wort ›Bilanzanalyse‹ hören …«

Drei Techniken möchte ich Ihnen etwas ausführlicher vorstellen. Sie erfordern in Ihrer Umsetzung ein höheres Maß an Kreativität. Sie müssen – beispielsweise beim Bau kreativer Brücken – intensiv nach Zusammenhängen suchen, Thesen aufstellen, diese überprüfen und wieder verwerfen, bevor Sie schließlich zum Ergebnis kommen. Das Ergebnis eines solch kreativen Denkprozesses lohnt jedoch in jedem Fall die Anstrengung!

Die Brücken-Strategie:
Schaffen Sie die Verbindung zum Bekannten!

Sie haben bereits erfahren, dass Menschen Neues am besten aufnehmen, wenn es zu etwas passt, was sie bereits kennen. Wenn Sie über Menschen schreiben: Stellen Sie ihre Bedeutung heraus. Schreiben Sie nicht: »Der Informatikwissenschaftler Alan Kay.« Sondern: »Der Vater des Laptops.« Der Leser soll sagen: »Aha, das ist der Mann dahinter. Das ist ja interessant.« Und nicht: »Alan wer bitte? Nie gehört.« Vielfach scheuen wir davor zurück, Menschen ein solches Label zu geben: Immerhin hat Alan Kay nicht den Laptop erfunden, sondern war lediglich der Hauptverfechter des Dynabooks, einem konzeptionellen Vorläufer des Laptops. Die Frage ist: Was möchten Sie erreichen? Eine wissenschaftlich genaue Darstellung der Computergeschichte schreiben? Oder einen Text, der neugierig macht: »Vater des Laptops spricht über die Zukunft der Computerindustrie« klingt verständlicher und besser als »Informatikwissenschaftler Alan Kay spricht …«. Sie können einen Kunstgriff nutzen: »Alan Kay, für viele der ›Vater des Laptops‹, spricht …«

Wenn Sie über Themen aus der Vergangenheit schreiben: Bauen Sie Brücken zu Dingen, die heute bedeutsam sind. Wie können Sie heute, mehr als 75 Jahre nach seinem Tod, einen Text über Thomas Edison, den Erfinder der Glühbirne, verfassen? Indem Sie Parallelen zu heute ziehen: Er lebte in einer Zeit ständiger Veränderungen, so wie wir heute. Er war ein Musterbeispiel für die kommerzielle Nutzung von Erfindungen. Das ist genau die gleiche Herausforderung, vor der Unternehmen heute stehen. Und er war ein aggressiver Verteidiger seiner eigenen Ideen, der seine Konkurrenten mit Klagen überzog. Ist Ideenklau nicht auch heute eines der zentralen Probleme der Wirtschaft?

Noch einmal zurück zum Beispiel der Elegie von Rachmaninow. Entwickeln Sie Ideen und Bilder, mit denen Sie an etwas anknüpfen können, was dem größten Teil Ihrer Zielgruppe bekannt und sympathisch ist. Seien Sie bei Ihrer Suche nach Brücken kreativ!

Hat vielleicht ein bekannter Popstar Anleihen bei Rachmaninow gemacht? Lässt sich ein Musikprofessor finden, der im Vorfeld des Konzerts so etwas bestätigt und damit in der lokalen Presse Wind macht?

Erinnert die Musik von Rachmaninow an einen Film, den alle kennen? Oder ist sie mit einer Filmmusik, beispielsweise einer tragischen Liebesszene, vergleichbar? Lässt sich hier eine Kooperation mit einem lokalen TV-Sender entwickeln, der die Liebesszenen mit Rachmaninow unterlegt zeigt?

Lässt sich über das Portal der lokalen Zeitung ein Video-Wettbewerb starten? Das schönste romantische Video mit der Musik des Komponisten gewinnt. Lässt sich dieser Wettbewerb an Schulen transportieren?

Gibt es Parallelen zwischen der Karriere von Rachmaninow und einem Prominenten? Gibt es einen Prominenten, der sich als Rachmaninow-Fan outet und empfiehlt, in das Konzert zu gehen? Geht der Prominente vielleicht selbst hin?

Suchen Sie bewusst nach Brücken zwischen der Welt des Unbekannten (in diesem Fall der klassischen Musik) und der Welt des Bekannten (in diesem Fall bekannte Musik, Film, Video, Prominente etc.).

So bauen Sie kreative Brücken:
- Notieren Sie, was Sie kommunizieren wollen
- Abstrahieren Sie und überlegen Sie, was das Oberthema ist
- Schreiben Sie die Zielgruppe auf
- Überlegen Sie, welche Erfahrungen die Zielgruppe mit dem Oberthema hat
- Bauen Sie die Brücke

Thema	Oberthema	Zielgruppe	Erfahrungen	Brücke
Rachmaninow	Musik	Halbinteressierte, wenig Klassikvorerfahrung	Popmusik	Rachmaninow als Vorbild für bekannte Popsongs
			Filmmusik	Rachmaninow als »Hollywood-Film ohne Bilder«
			Stars	Star outet sich als Rachmaninow-Fan

Die Boulevard-Strategie: Setzen Sie auf große Emotionen!

Sie schreiben eine Pressemitteilung über Rachmaninow? Vergessen Sie die Musik! Sie verfassen einen Text über Wirtschaft? Ignorieren Sie die wirtschaftlichen Zusammenhänge! Oder arbeiten Sie gerade an einer PR-Strategie für eine neue Software? Dann denken Sie für einen Moment bitte nicht mehr an die Software! Die Boulevard-Strategie ist das Erfolgsrezept der BILD-Zeitung, aber auch von TV-Sendungen wie »Extra« bei RTL oder »Focus TV« auf PRO SIEBEN: Geschichten, die auf dem Grundkatalog menschlicher Emotionen basieren. Es geht um Liebe, Trauer, Angst, Faszination, Freundschaft, Konflikt, die Suche nach dem Sinn, Enttäuschung und so weiter. Wenn ein Manager entlassen wird: Wie viel erfahren Sie in der Boulevardpresse über die wirtschaftlichen Zusammenhänge? Wenig. Statt dessen erfahren Sie die Geschichte einer Intrige voller Hinterlist und fieser Methoden. Wie viel erfahren Sie über die Interpretation eines Werks von Rachmaninow? Nichts. Aber die Angst der jungen hübschen Pianistin vor dem Versagen, das ist eine halbe Seite wert.

Mit der Boulevard-Strategie gehen Sie Themen, die kompliziert erscheinen, von der anderen Seite an. Sie gehen gezielt auf die Suche nach großen Emotionen. Schauen Sie sich Boulevardzeitungen einmal unter folgendem Aspekt an: Wie werden komplexe Themen, die im Prinzip schwer zugänglich sind, mit Hilfe großer Emotionen zu Boulevardthemen? Und wie schaffen es beispielsweise Veranstalter von Ausstellungen, diesem Bedürfnis nach der »Boulevardisierung« entgegenzukommen? Ein Beispiel dazu aus der BZ vom April 2007:

Können Bilder Schmerz heilen?

Eine Ausstellung im Hamburger Bahnhof und der Charité zeigen, was Künstler aller Epochen zu diesem Thema schufen.

... Der Schmerz in Bildern – können sie heilen, lindern? Den Schmerz des Künstlers? Den Schmerz des Betrachters? ... Ein Meisterwerk der Schau: die ›Kreuzigung‹ von Francis Bacon (1909–1992). Mit den verzerrten, verstümmelten und bluttriefenden Körpern drückt der englische Maler unseren alltäglichen Schmerz aus, aber auch seine eigenen Erfahrungen damit.

Um ein Thema mit der Boulevard-Strategie breitenwirksam aufzubereiten, lautet die einfache Frage: Wie würde das Thema heißen, wenn es das Kernthema nicht geben würde?

Wie würde das Thema einer Hauptversammlung lauten, wenn es die Hauptversammlung nicht gäbe? Versuchen Sie, ein Thema auf Grundlage von Emotionen aufzubauen. Gehen Sie zum Beispiel auf die Suche nach einem faszinierenden Superlativ: Das Größte, Kleinste, Schnellste, Genaueste. Oder suchen Sie nach Themen, die auf Emotionen wie »Geborgenheit« und »Sicherheit« basieren: Etwas, was das Unternehmen getan hat, um ein Kind glücklich zu machen. Oder um eine Einrichtung, die von der Schließung bedroht war, zu retten. »Was hat das mit der Hauptversammlung zu tun?«, fragen Sie. Nichts. Diese Geschichten sind das trojanische Pferd, das Sie gerade kennengelernt haben.

Jetzt sind Sie dran. Überlegen Sie, an welche Emotionen des Menschen Sie appellieren und wie die Geschichte lauten könnte, die Sie mit der Boulevard-Strategie entwickeln.

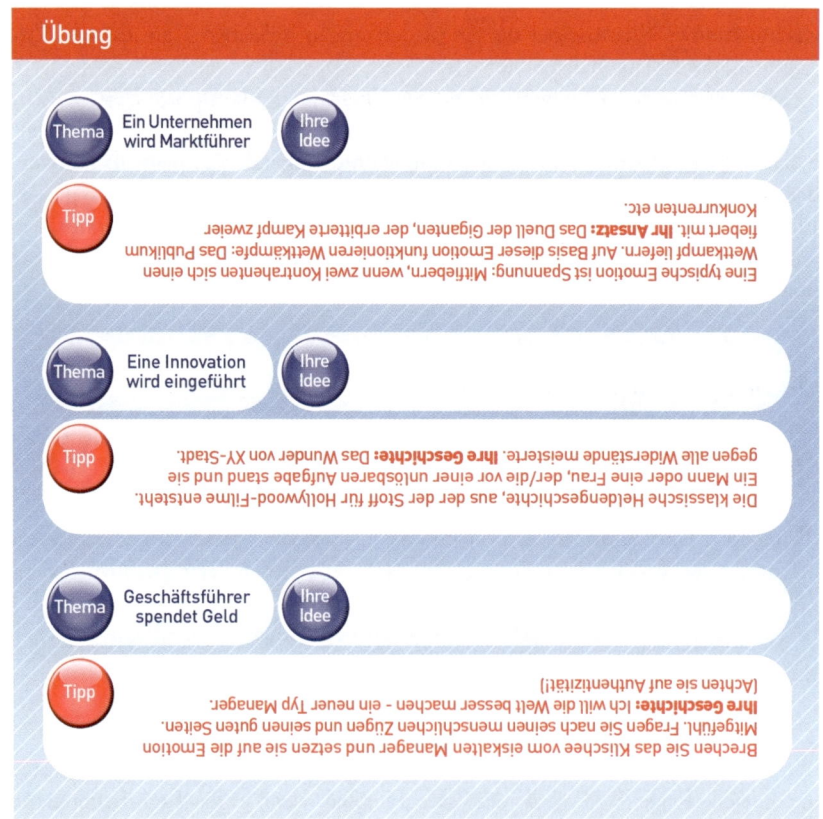

Übung

Thema Ein Unternehmen wird Marktführer — **Ihre Idee**

Tipp Eine typische Emotion ist Spannung: Mitfiebern, wenn zwei Kontrahenten sich einen Wettkampf liefern. Auf Basis dieser Emotion funktionieren Wettkämpfe: Das Publikum fiebert mit. **Ihr Ansatz:** Das Duell der Giganten, der erbitterte Kampf zweier Konkurrenten etc.

Thema Eine Innovation wird eingeführt — **Ihre Idee**

Tipp Die klassische Heldengeschichte, aus der der Stoff für Hollywood-Filme entsteht. Ein Mann oder eine Frau, der/die vor einer unlösbaren Aufgabe stand und sie gegen alle Widerstände meisterte. **Ihre Geschichte:** Das Wunder von XY-Stadt.

Thema Geschäftsführer spendet Geld — **Ihre Idee**

Tipp Brechen Sie das Klischee vom eiskalten Manager und setzen sie auf die Emotion Mitgefühl. Fragen Sie nach seinen menschlichen Zügen und seinen guten Seiten. **Ihre Geschichte:** Ich will die Welt besser machen - ein neuer Typ Manager. [Achten sie auf Authentizität!]

Die Themen der Boulevard-Strategie liegen nicht auf der Hand. Im Gegenteil: Sie müssen förmlich nach ihnen suchen, Sie müssen Emotionen aus Menschen herauslocken. Diese emotionale Ebene fällt uns oft schwer, weil wir zu sehr vom eigentlichen Geschehen abgelenkt sind. Der Veranstalter, der die Elegie von Rachmaninow auf die Bühne bringt, hält es für wesentlich relevanter, einen bekannten russischen Geiger zum Gastspiel überredet zu haben, als das Lampenfieber der wunderschönen Dirigentin zu thematisieren. Wenn der Dirigent ausfällt und ein Ersatzdirigent innerhalb von zwei Tagen das gesamte Stück einstudieren muss, ist das eine Geschichte, die man als Veranstalter lieber verschweigt oder nur ganz klein in der Presse sehen möchte. Doch warum daraus nicht eine Heldensaga machen? Mit allen Zutaten, die die Geschichte braucht: Der unüberwindbaren Herausforderung am Anfang, dem unglaublichen Willen, den Hindernissen, die überwunden werden, die Spannung vor der Herausforderung und die grandiose Leistung. Genau das sind die Geschichten, die auf großen Emotionen basieren.

Kreativfragen

- Wie würde das Thema lauten, wenn es das eigentliche Thema nicht geben würde?
- Auf welchen Emotionen aus dem Grundkatalog des Menschen kann mein Thema aufbauen?
- Welche Fragen muss ich wem stellen, um diese Emotionen herauszukitzeln?

3.4 »We love to PRtain you« – Unterhaltende und bildhafte PR-Texte

Vielleicht gab es einmal Zeiten, in denen PR ausschließlich bierernst war. In denen trockene Informationen trocken transportiert wurden in der Hoffnung, dass trockene Menschen diese trockenen Informationen trocken konsumieren. Diese Zeiten sind vorbei. Schon seit einigen Jahren setzen TV-Magazine, Radiosender und Zeitschriften auf die konsequente Vermischung von Information und Unterhaltung. Spätestens seitdem das Web 2.0 brutale Abrufzahlen liefert, ist klar, dass mit trockener Information alleine kaum relevante Nutzerzahlen zu generieren sind. Das Videotagebuch einer jungen übergewichtigen New Yorker Frau schaffte es im Frühling 2007 in die Top-Ten-Videos von YouTube. Diese Produktion hätte genauso im Fernsehen laufen können: Wenig Information, viel Unterhaltung.

Der Urheber des Videos, das Internetportal diet.com, erklärt Infotainment zur Philosophie und schreibt auf seiner Webseite: »Diet.com bietet Diät und Fitness-Videos, in denen Unterhaltung mit Informationen zu einem gesunden Lebensstil vermischt wird.« Und schaut man sich neue Geschäftsmodelle und Trends im Internet an, stellt man schnell fest, dass erfolgreiche neue Medien teilweise sehr wenig mit den klassischen Traditionsmedien zu tun haben, die bierernst und trocken berichtet haben.

PR muss sich zu PRtainment entwickeln. Wie lassen sich ernste und seriöse Themen unterhaltsam und einfach erzählen, ohne dabei an Seriosität zu verlieren? Wie lassen sich Pointen entwickeln und in einem Text platzieren? Und wie lassen sich Texte immer wieder originell und überraschend aufbereiten? In diesem Abschnitt finden Sie eine Reihe von Techniken, mit denen Sie Texte origineller gestalten können.

Bitte eintreten! – Der Einstieg in einen Text

Stellen Sie sich vor, Sie gehen durch eine Fußgängerzone und sehen an einem Modehaus ein Plakat mit der Aufschrift: »Nur heute! Alles 50 Prozent billiger!« Was tun Sie? Falls Sie nicht gerade komplett moderesistent sind, bleiben Sie wahrscheinlich stehen und überlegen, ob sich die Sache für Sie vielleicht lohnen könnte. Was tun Sie dann? Gehen Sie sofort in die Herren- bzw. Damenabteilung? Wahrscheinlich nicht. Sie werfen erst einmal einen kurzen Blick ins Schaufenster: Sind es wirklich teure Markenwaren, die herabgesetzt sind? Oder billige B-Ware, die ohnehin niemand haben möchte? Dann betreten Sie das Geschäft: Sie werfen noch einmal einen kritischen Blick auf das Angebot im Eingangsbereich: Was hängt dort? Lohnt sich das wirklich? Erst wenn das Geschäft Sie davon überzeugt hat, dass es sich wirklich lohnt, mehr Zeit und Aufmerksamkeit zu investieren, sind Sie bereit, sich tiefer mit dem Angebot zu beschäftigen.

Der Einstieg in einen Text ist wie das Schaufenster eines Geschäfts. Mit Ihrer plakativen Headline haben Sie es geschafft, Neugierige anzulocken. Doch jetzt wird Ihr Angebot einer ersten kritischen Prüfung unterzogen. Lohnt es sich, weiter zu lesen? Auch Radio- und TV-Beiträge oder interaktive Inhalte werden dieser Prüfung unterworfen: Ein Blick auf die Überschrift weckt die Neugier, anschließend entscheidet der Adressat binnen weniger Sekunden, ob er sich mit dem Inhalt näher beschäftigt oder nicht. Der Einstieg ist deshalb neben der Headline der wichtigste Teil eines Textes.

Bei einer Pressemitteilung gilt es im ersten Absatz, dem Leser schnell das Wichtigste zu vermitteln. Hier gilt es, vor allem auf Verständlichkeit zu achten sowie Mehrwert und Nutzen der Information herauszustellen. Ihre Kreativität ist besonders dann gefragt, wenn Sie es mit einer komplizierten Materie zu tun haben, die zu allem Überfluss auch noch mit Fremdwörtern gespickt ist.

Ich möchte Ihnen in diesem Abschnitt drei einfache Techniken vorstellen, mit denen Sie den Einstieg in einen Text so gestalten können, dass er leicht und unterhaltsam in ein Thema einführt, ohne an Seriosität zu verlieren. Mit Hilfe dieser Techniken erleichtern Sie es Lesern, Hörern, Zuschauern und Usern, sich schnell auf ein neues Thema einzustellen.

Kleiner, aber groß – Die Gegensatz-Technik

Mit Hilfe der Gegensatz-Technik wird ein (scheinbarer) Gegensatz thematisiert. Kombinieren Sie das, was scheinbar weit voneinander entfernt ist: Ein Riesenbagger, der millimetergenau arbeitet. Eine kleine Änderung mit einer großen Wirkung. Ein kostenloses Produkt, das besser ist als teure Produkte. Und so weiter. Ich möchte Ihnen die Technik mit einem Beispiel verdeutlichen: Für das Internetportal eines Kunden verfassen Sie einen Text über Lupine, eiweißhaltige Pflanzen, die kalorienarm und mineralstoffreich sind und aus denen sich viele Produkte für Vegetarier herstellen lassen. Es gibt Experten, die Lupine für ein wichtiges Nahrungsmittel der Zukunft halten.

Sie können diesen Text technisch angehen, so wie es die Autoren des Internetportals biothemen.de getan haben:

»Lupinen sind vielen von uns nur als Wildblumen bekannt. Durch ihre großen und oft farbenprächtigen Blütenstände sind sie an Straßenböschungen und Wegrändern besonders auffällig. Doch Imker schätzen Lupinen als Bienenweide, Gärtner auch als Bestandteil von bodenverbessernden Grüngemengen und Landwirte kennen sie seit über einem Jahrhundert als wertvolle Futterpflanze für alle unsere Nutztiere. Produkte aus pflanzlichem Eiweiß sind vor allem für die zunehmende Zahl der Milchallergiker und der Vegetarier auf dem täglichen Speiseplan unverzichtbar. Die proteinreichsten Nahrungspflanzen der Welt sind allesamt Hülsenfrüchte wie Erbsen, Linsen und Bohnen, aber auch Lupinen und Soja. Die Beliebtheit der Sojaprodukte, insbesondere des Tofu, ist auch in Deutschland stetig im Ansteigen begriffen, wenn auch die Diskussion um transgenes Soja und dessen allergenes Potential Bedenken aufwirft.

Einige Pioniere der Eiweißpflanzenforschung und -züchtung hatten bereits vor 100 Jahren die hohe Qualität der Lupinen für die Ernährung erkannt. Große Forschungsprojekte in Südamerika, Südafrika und Australien sowie privat initiierter Innovationsgeist von Züchtern, Anbauern und Verarbeitern auch in Deutschland haben inzwischen Lupinen zu einem anbauwürdigen, leicht verarbeitbaren und konsumfähigen Lebensmittel gemacht ... Die Bedeutung der Lupine könnte weltweit und in Europa zunehmen, da das Aminosäurespektrum und das Fettsäuremuster sehr günstig für die menschliche Ernährung sind. Erfreulicherweise ist die genetische Vielfalt der Lupinen im Gegensatz zur Eiweißpflanze Nummer Eins, der Sojabohne, weit größer. Dies begünstigt züchterische Erfolge auch ohne Gentransfer und hält langfristig das Risiko von Allergien sehr gering.«

Ist dieser Text informativ? Zweifelsohne. Er sagt viel über die Pflanze und ihre Bedeutung aus. Lädt er zum Lesen ein? Im Gegenteil: Wenn Sie nicht wirklich intensiv auf der Suche nach Informationen zu dieser Pflanze sind, wirken die vielen Fachbegriffe und die lexikonartigen Formulierungen eher abschreckend als einladend. Mit Hilfe der Gegensatz-Technik können Sie den Einstieg in den Text leichter machen.

- Klein-Groß-Gegensatz: »Eine kleine Blume hat das Zeug, die Lebensmittelindustrie zu revolutionieren. Die Lupine. Sie enthält Eiweiß, Mineralien und Ballaststoffe. Möglicherweise schützt sie sogar das Herz.«
- Unbeachtet-Beachtet-Gegensatz: »Von den meisten Autofahrern wird die kleine Wildblume in der Straßenböschung einfach übersehen. Doch bald könnte sie der Star auf dem Küchentisch sein. Die Lebensmittelindustrie arbeitet an Eiscreme, Pizza und Nudeln auf Lupinenbasis.«

Die Gegensatz-Technik funktioniert deshalb so gut, weil sie uns überlistet: Unser Gehirn unterteilt alles, was es wahrnimmt, in Schubladen. Dabei sortiert es nach Kontrasten und Gegensätzen, nach dem einen und dem anderen Extrem: Hell und dunkel, groß und klein, lieb und böse, dick und dünn, alt und jung und so weiter. In seinem Bestreben, alles zu klassifizieren, zu sortieren und in perfekt voneinander unterscheidbare Gegensätze zu trennen, spielt uns unser Gehirn sogar mitunter Streiche: Was ist das Gegenteil von süß? Die spontane Antwort darauf lautet wahrscheinlich: Sauer. Warum ist es nicht salzig? Oder bitter? Und wieso ist es überhaupt ein Gegensatz? Im China-Restaurant bestellen wir schließlich süßsauer.

Wenn Sie einen Text mit der Gegensatz-Technik beginnen, verwirren Sie den Informationskonsumenten zunächst, weil die gewohnten Klassifizierungen plötzlich nicht mehr funktionieren. Das Gehirn will darauf eine Antwort: Der Empfänger liest weiter.

* Erstellen Sie eine Liste von Eigenschaften beispielsweise des Produkts, über das Sie schreiben. Lupinen sind klein, dekorativ, am Straßenrand, unbeachtet, alltäglich etc.
* Suchen Sie nach Gegensätzen zu diesen Eigenschaften: Groß, funktional, im Labor, beachtet/ein Star, besonders etc.
* Kombinieren Sie die Gegensätze miteinander.

Das Schwein und das Messer – Nutzen Sie ungewöhnliche Vergleiche!

In unserem täglichen Sprachgebrauch nutzen wir täglich Vergleiche, um bestimmte Dinge deutlich zu machen oder einfach nur, um dem Gesagten einen Schuss Originalität mit auf den Weg zu geben. Die meisten Vergleiche, die wir dabei nutzen, sind nicht besonders originell: Etwas ist »klar wie Kloßbrühe«, jemand hängt »wie eine Klette« an Ihnen oder das Geschäftsmodell fällt zusammen »wie ein Kartenhaus.« Viele dieser konventionellen – aber auch sehr viele originelle – Redensarten finden Sie unter www.redensarten-index.de. Auf der Internetseite können Sie knapp 10.000 Redensarten und Ihre Bedeutung abrufen und nach Stichworten durchsuchen. Wenn Sie ausdrücken wollen, dass der Markt schwierig ist und Sie trotzdem alles tun, um Gewinn zu erzielen, geben Sie beispielsweise das Stichwort »Gewinn« ein und erhalten eine Auswahl an Redewendungen, beispielsweise »hart am Wind segeln«.

Sie wollen in einem Artikel aufzeigen, wie präzise Ihr Kunde – ein Automobilzulieferer – die Just-in-time-Lieferungen an die Hersteller managt. Überlegen Sie: Was steht für Präzision? Ein Schweizer Uhrwerk. Und für Präzision und Schnelligkeit: Ein Formel-1-Team. Bauen Sie Ihren Text mit dem Vergleich »Just in time – schnell und präzise wie ein Formel-1-Team« auf. Falls der Vergleich bereits zu abgegriffen ist: Suchen Sie einen anderen. Die Vergleichs-Technik funktioniert am besten, wenn der Vergleich originell ist und nicht schon hundertfach verwendet wurde. Wenn Sie sagen, dass »Investoren die Branche meiden wie der Teufel das Weihwasser«, nutzen Sie einen Vergleich, der bereits so oft benutzt wurde, dass er auf die schwarze Liste gehört. Finden Sie einen anderen Vergleich, indem Sie überlegen, wer im Leben was genau meidet. Was meiden Börsianer? Was meiden Frauen? Was meiden Sie persönlich? Was meiden Tiere? Das Ergebnis sind Vergleiche wie »Investoren meiden die Branche wie ich meine Exfrau« oder »wie ein Schwein das Messer«.

Wie wirksam originelle bildhafte Vergleiche sind, zeigte die Heuschrecken-Debatte, die im April und Mai 2005 Wellen schlug. Nachdem der damalige SPD-Vorsitzende Franz Müntefering ausländischen Kapitalinvestoren vorgeworfen hatten, wie Heuschrecken über deutsche Unternehmen herzufallen, löste das eine monatelange erhitzte Diskussion auf. Ohne diesen plakativen Vergleich hätte die Kritik Münteferings an den Kapitalinvestoren wahrscheinlich nur in den Wirtschaftsteilen der Zeitungen stattgefunden.

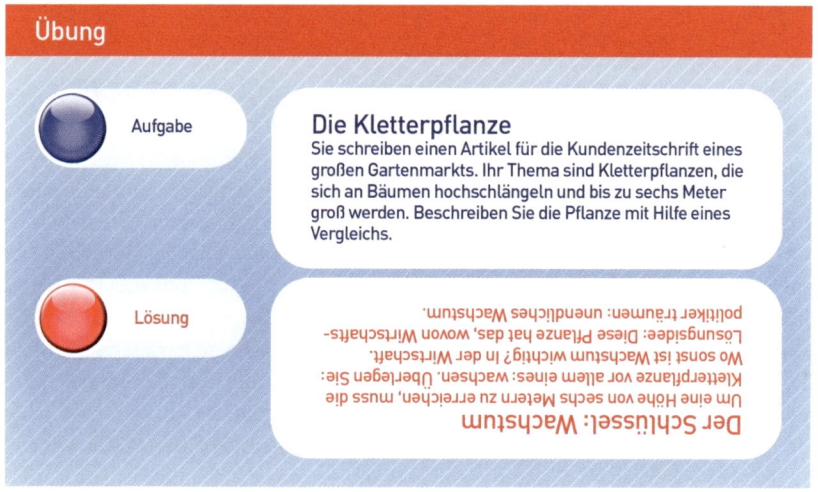

Übung

Aufgabe

Die Kletterpflanze
Sie schreiben einen Artikel für die Kundenzeitschrift eines großen Gartenmarkts. Ihr Thema sind Kletterpflanzen, die sich an Bäumen hochschlängeln und bis zu sechs Meter groß werden. Beschreiben Sie die Pflanze mit Hilfe eines Vergleichs.

Lösung

Der Schlüssel: Wachstum
Um eine Höhe von sechs Metern zu erreichen, muss die Kletterpflanze vor allem eines: wachsen. Überlegen Sie: Wo sonst ist Wachstum wichtig? In der Wirtschaft. Lösungsidee: Diese Pflanze hat das, wovon Wirtschaftspolitiker träumen: unendliches Wachstum.

In eine Rede eingebaut, können Sie mit ungewöhnlichen Vergleichen immer wieder Pointen setzen. Rechnen Sie damit, dass Sie – wenn Sie das erste Mal mit diesen Textideen auf einen konservativ geprägten Redner treffen – auf Widerstand stoßen. Doch eine gute Rede zeichnet sich gerade dadurch aus, dass sie einer gesunden Dramaturgie aus Unterhaltung, Erzählung und sachlicher Information folgt. Und dabei den Humor nicht vergisst. Getreu dem Motto des englischen Schriftstellers Oscar Wilde (1854–1900): »Ernsthaftigkeit ist die Zuflucht derer, die nichts zu sagen haben.«

Monsterwellen über der Truck Group – Bildhaftes Reden

Erinnern Sie sich noch an die Rede von Dieter Zetsche in der Einleitung zu diesem Buch? Was genau hat er über die Truck Group gesagt? Was genau wird dort vorangetrieben? Sie wissen es nicht mehr? Oje. Oder aber: Perfekt! Denn – das haben Sie ja bereits gelesen – auch das kann ja ein strategisches Ziel sein: Zuhörer einer Rede bzw. Leser eines Textes nicken anerkennend, weil sie Angst haben zuzugeben, dass sie nichts verstehen. Und haben schon wenige Sekunden später alles vergessen. Vielleicht aber war es gar nicht das strategische Ziel. Vielleicht wollte der Konzern Sie ja ernsthaft informieren. Ups! Dann sollten Sie jetzt aus dem Stand heraus sagen können, was die Truck Group da gerade treibt. Noch einmal zur Erinnerung:

> »Für die Truck Group haben wir das ›Global Excellence‹-Programm gestartet, das Produktivität und weltweite Integration vorantreibt – bei maximaler Flexibilität. Es wird uns in die Lage versetzen, die für dieses Geschäft typischen, zyklischen Marktbewegungen besser zu beherrschen und über den gesamten Zyklus eine Umsatzrendite von mindestens 7 Prozent zu erwirtschaften. Einzelne Jahre werden darüber und andere – je nach Zyklus – darunter liegen. Dabei wollen wir auch in der Abschwungphase mindestens weiterhin unsere Kapitalkosten verdienen. Die Nagelprobe kommt in diesem Jahr – und wir sind sicher, wir werden sie bestehen.«

In Bildern zu sprechen hilft Ihnen, Ihre Texte klarer, eindeutiger, leserfreundlicher und vor allem spannender zu machen. Bildhaftes Reden arbeitet – ähnlich wie Vergleiche – mit Analogien. Sie suchen nach einem Vergleich, nutzen diesen dann aber nicht nur für eine kurze Pointe, sondern halten das Bild länger durch.

Schritt 1: Suchen Sie nach dem passenden Bereich

Theoretisch können Sie aus jedem Bereich Vokabular anwenden. Die Frage ist nur: Ergibt es Sinn? Fragen Sie sich: Welcher Bereich aus dem öffentlichen Leben spiegelt das wieder, was ich ausdrücken möchte? Wenn Sie – wie Dieter Zetsche – ausdrücken wollen, dass Auf- und Abwärtsbewegungen in einer bestimmten Branche vollkommen normal sind und Sie daran arbeiten, diese zu beherrschen, suchen Sie nach Bereichen, in denen das ebenfalls wichtig ist. Schifffahrt zum Beispiel. In der Branche ist ein ständiges Bergauf und Bergab normal. Sie können Analogien zum

Bergsport nutzen oder persönlich werden und bildhaft von den Abenteuern Ihrer Kinder auf dem Spielplatz erzählen.

Schritt 2: Recherchieren Sie spannende Fakten aus dem entsprechenden Bereich

Wenn ich Ihnen vorschlage, eine Analogie zur Schifffahrt zu nutzen, werden Sie mit hoher Wahrscheinlichkeit – und zwar berechtigterweise – einwenden: Das habe ich schon einmal gehört. So originell ist das nicht. Im Prinzip haben Sie Recht. Aber eben nur im Prinzip. Erzählen Sie Ihren Zuhörern nicht nur, dass es Schiffe gibt und diese Schiffe bei Wellengang auf und ab gehen. Sondern verwenden Sie ein Bild, das neu und spannend ist. Die dazugehörigen Fakten recherchieren Sie zuvor. Einmal googeln wirkt Wunder! Sie geben die Suchbegriffe »Schifffahrt« und »Wellen« ein. Anschließend erhalten Sie Berichte der Helmholtz-Gemeinschaft über »Freak Waves«, Monsterwellen von 35 oder 40 Metern Höhe, die ganze Schiffe verschlucken können.

Schritt 3: Bauen Sie sprachliche Bilder auf

Beginnen Sie Ihre Rede beispielsweise, indem Sie vom Schicksal des Kreuzfahrtschiffs Bremen berichten, das 2001 im Südatlantik von einer Monsterwelle überrollt wird. Die Brückenfenster platzen, das eindringende Wasser legt die Bordelektronik lahm, die Maschinen fallen aus. Nur durch Glück überleben die 137 Passagiere. Dann ziehen Sie Parallelen und sagen beispielsweise, dass diese Monsterwellen in der Schifffahrt die Ausnahme, in Ihrem Marktsegment inzwischen Alltag geworden sind. Und dass Sie Ihre Geschäftsfelder auch für diese Extremsituationen wetterfest machen.

Ich gehe jede Wette ein, dass dieses Bild länger im Gedächtnis von Zuhörern und Lesern haften bleibt als das Global Excellence-Programm, das Produktivität und weltweite Integration vorantreibt und Sie in die Lage versetzen wird, die für dieses Geschäft typischen, zyklischen Marktbewegungen besser zu beherrschen und über den gesamten Zyklus eine Umsatzrendite von mindestens sieben Prozent zu erwirtschaften. Oder so ähnlich. Wie war das noch genau?

Tanze ROMBA mit mir! – Kunstwörter bauen und thematisieren

Sie schreiben einen Text über Work-Life-Balance, in dem Sie ihr Angebot – eine Ruheoase für gestresste Manager – platzieren wollen. Über dieses Thema ist viel geschrieben und gesagt worden, in Buchgeschäften gibt es ganze Regale, die voll sind mit Literatur zu diesem Thema. In Ihrem Text wollen Sie der Zielgruppe – leitenden Mitarbeitern von Unternehmen – aufzeigen, dass eine Investition in Stressabbaumaßnahmen gut investiertes Geld ist. Denn, so machen Sie die Rechung auf: Mitarbeiter, die unter einem Burn-out leiden, fehlen häufiger, sind weniger engagiert und weniger leistungsfähig.

Um die Neugier der Zielgruppe zu wecken, stellen Sie zu Beginn einen neuen Begriff vor: Beispielsweise »Stressabbaukosten«. In ihrem Artikel machen Sie dann rund um diesen Begriff eine betriebswirtschaftliche Rechnung auf, die zeigt, wie sich Stressabbaukosten zusammensetzen und warum sie eigentlich ein Gewinn sind.

Auch mit Abkürzungen können Sie arbeiten: Sie schreiben einen Text für den Anbieter von MBA-Kursen, in dem Sie Lesern aufzeigen wollen, wie sich die Investition von rund 40.000 Euro später rentiert. Kreieren Sie einen neuen Begriff, beispielsweise ROMBA. ROMBA steht für »Return on MBA«. So bauen Sie ein Kunstwort:

Kombinieren Sie Begriffe aus der Themenbeschreibung

Erläutern Sie das Thema in vier bis fünf Zeilen. Achten Sie darauf, dass Sie möglichst viele beschreibende Begriffe verwenden.

> Gestresste Mitarbeiter kosten Geld. Sie fehlen häufiger, sie sind weniger motiviert und sie machen häufiger Fehler. Maßnahmen zum Stressabbau kosten zwar Geld, doch sie sind eine gute Investition.

Suchen Sie in Ihrem Text Wörter, die Sie miteinander verbinden können. Kombinieren Sie Substantive und Verben miteinander oder entwickeln Sie aus zwei Verben einen neuen Begriff.

Spielen Sie mit Begriffen aus der Welt Ihrer Zielgruppe

Der Begriff ROMBA ist eine Anspielung auf die Unmenge betriebswirtschaftlicher Kennzahlen wie ROI (Return on Investment), ROS (Return on Sales) oder ROE (Return on Equity). Nehmen Sie Begriffe, die Ihre Zielgruppe benutzt, verändern Sie sie, wandeln Sie sie ab, spielen Sie phantasievoll mit ihnen herum. Nehmen Sie Begriffe wie *Cash-flow*, *Bilanz*, *EBIT* (Earnings before interest and tax) oder *Wertschöpfung*. Kombinieren Sie die Begriffe aus der Welt Ihrer Zielgruppe mit Begriffen aus Ihrem Angebot.

Nehmen Sie sich für die folgende Übung einige Minuten Zeit: Verfassen Sie zunächst einen Text, in dem Sie möglichst viele beschreibende Begriffe platzieren. Anschließend kombinieren Sie. Ihre Lösungsidee kann eine Anspielung auf bestehende Begriffe und Redewendungen sein, Begriffe aus der Welt Ihrer Zielgruppe beinhalten oder in eine vollkommen andere Richtung gehen. Spielen Sie herum! Seien Sie kreativ!

Übung

Aufgabe Sie schreiben einen Artikel über den guten Service eines Unternehmens, in dem Sie vor allem die Kundennähe betonen wollen. Mit welchem Begriff lässt sich das beschreiben?

Ihre Idee **Tipp** Kundenversteher Anspielung auf Frauenversteher

Aufgabe Sie verfassen einen Text, in dem Sie einen bekannten Fußballer von einer anderen Seite zeigen wollen: Er schreibt in seiner Freizeit Gedichte. Wie nennen Sie ihn?

Ihre Idee **Tipp** Der Fußballpoet

Aufgabe Sie schreiben für ein Pharmaunternehmen und wollen eine Salbe platzieren, die unter anderem Brennen bei Quallenkontakt lindert. Wie nennen Sie die Quallen?

Ihre Idee **Tipp** Höllenquallen Anspielung auf Höllenqualen

PMW: Pimp my Wortsalat

Sie arbeiten an einem Text zu einem besonders trockenen Thema? Oder suchen nach einem nicht allzu technischen Einstieg für eine technische Rede? Und es muss gerade ziemlich schnell gehen? Dann greifen Sie zu PMW, einem bewährten kreativen Hausmittel. Die Abkürzung steht für die drei Hauptbestandteile: Prinzipien, nach denen ein Mensch oder eine Organisation handelt, Mottos, die ein Unternehmen auszeichnen, und Weisheiten, die für einen bestimmten Menschen oder ein Produkt stehen. Man könnte PMW das »Gleitmittel des kreativen Textens« nennen: Diese Methode erlaubt es Lesern eines Texts und Zuhörern eines Vortrags, einfacher in den Inhalt hineinzugleiten. Prinzipien, Mottos und Weisheiten können sich wie ein roter Faden durch einen Text oder eine Rede ziehen und helfen, eine komplizierte Materie einfach zu erzählen. Vergleichen Sie selbst: In der linken Spalte finden Sie einen Text ohne, in der rechten Spalte mit PMW.

Text ohne PMW	Text mit PMW
»Jürgen Kaufmann ist Geschäftsführer des mittelständischen Textilunternehmens Farbenfroh, das vom Standort Mühlacker aus innovative Textilien in alle Welt vertreibt.«	»Wenn für Jürgen Kaufmann ein Gebot gibt, dann dieses: ›Du sollst nicht langweilen.‹ Sein Unternehmen Farbenfroh …«
»In der Innovationsabteilung des Nahrungsmittelkonzerns arbeitet ein Team von Entwicklern an Ideen für Lebensmittel von morgen.«	»›Wenn Dir jemand erzählt, Deine Idee sei verrückt, höre nicht auf ihn.‹ Dieser Spruch von Dell-Gründer Michael Dell hängt direkt neben dem Türschild der Innovationsabteilung. Hier entstehen Ideen für Lebensmittel von morgen.«
»Unternehmenschef Peter Durchgreif zeichnet sich durch ein flexibles Führungsverhalten aus: Üblicherweise gibt er seinen Führungskräften Verantwortung und einen großen Spielraum: Selbst wichtige Entscheidungen werden ohne ihn getroffen. In Krisen jedoch mischt er sich ein und trifft alle wichtigen Entscheidungen alleine.«	»Unternehmenschef Peter Durchgreif führt sein Unternehmen nach dem ›Spaghetti-Prinzip‹. Sind die Spaghetti hart – im Unternehmen läuft alles nach Plan – schiebt er sie sanft von hinten, seine Führungskräfte haben einen großen Spielraum. Sind die Spaghetti weich – weil es kritisch wird – zieht er sie von vorne und trifft alle wesentlichen Entscheidungen selbst.«

Das Spaghetti-Prinzip wird übrigens an Business-Hochschulen wie der Bocconi in Mailand als Beispiel für Unternehmensführung gelehrt.

Sie haben an meiner Formulierung zu Beginn (»bewährtes Hausmittel«) sicherlich gemerkt, dass ich den Griff zu PMW nicht uneingeschränkt empfehlen kann. Denn der Mensch an sich ist ein bequemes Wesen. Und spätestens seitdem Heerscharen von Rhetoriktrainern empfehlen, langweilige Reden durch knackige Zitate zu würzen, geht der Bequeme gerne auf www.zitate.de, markiert den erstbesten Satz, klickt die rechte Maustaste, kopiert das Zitat und fügt es direkt in die Powerpoint-Präsentation ein. Peinlich wird es dann, wenn auf einem Kongress drei Bequeme nacheinander reden und sich schon fast dafür entschuldigen, dass Sie das Zitat Ihres Vorgängers noch einmal bringen. Überprüfen Sie deshalb bei der Suche nach PMW unbedingt den Originalitätsfaktor!

Vorsicht! Phrasengefahr!
Diese fünf Weisheiten hat garantiert schon der Vorredner in seiner Präsentation!

- »Bill Gates wäre in Deutschland allein deshalb gescheitert, weil nach der Baunutzungsordnung in einer Garage keine Fenster drin sein dürfen.« (Jürgen Rüttgers, Ministerpräsident NRW)
- »Ich denke, es gibt weltweit einen Markt für vielleicht fünf Computer.« (Thomas Watson, Vorsitzender von IBM, 1943)
- »640 Kilobyte sind genug für jeden.« (Bill Gates, Microsoft-Gründer, 1981)
- »Rom wurde auch nicht an einem Tag erbaut.« (Allgemeine Weisheit)
- »Geht nicht, gibt's nicht.« (Werbespruch)

Ach so, eines noch: Wahrscheinlich hängt der Spruch von Michael Dell gar nicht neben der Entwicklungsabteilung Ihres Kunden. Hängen Sie ihn da einfach hin.

»Was machst Du denn so, beruflich?« – Anekdotisches Erzählen

Was macht ein Manager, der seine Verkäufer weniger im Büro und mehr beim Kunden sehen möchte? Er schreibt eine Mail, in der er sie auffordert, häufiger das

Gespräch mit dem Kunden zu suchen, er beruft ein Meeting ein, indem er die Wichtigkeit des Kundenkontakts betont, er gibt Richtlinien vor, die … blablabla. Und so weiter. Oder er nagelt ihnen einfach die Bürotür zu. Zack! Einfach so!

Ob es diesen Chef jemals gegeben hat, weiß ich nicht. Aber die Anekdote ist klasse. Sie stammt aus der gleichen Quelle wie das Spaghetti-Prinzip: Dem Strategietraining der Bocconi-Universität in Mailand. Anekdoten sind unterhaltsame Minigeschichten, die Sie in praktisch jeden Text einbauen können. Mit gut gewählten Anekdoten können Sie selbst Texteinstiege zu Themen, über die schon tausendfach geschrieben wurde, immer wieder neu und immer wieder frisch gestalten. Ein gelungenes Beispiel für anekdotisches Erzählen liefert die FAZ. Zum 70. Geburtstag von Wolf Biermann zitiert sie aus einem Stasibericht über den Liedermacher:

> »Biermann führt mit einer Dame Geschlechtsverkehr durch. Anschließend erbittet sich die Dame einen Cognac. Danach ist Ruhe im Objekt.«

Auch die WELT greift zur Anekdote, um den ehemaligen SPD-Vorsitzenden und Vizekanzler Franz Müntefering zu charakterisieren:

> »Der Mann kauft seine Anzüge von der Stange, er wohnt im Plattenbau, er lässt sich von einer Friseurin um die nächstbeste Ecke die Haare schneiden, die ihn beim ersten Kittelumlegen gefragt hat: ›Was machst Du denn so, beruflich?‹«

Die Anekdote finden Sie als Stilmittel in jeder SPIEGEL-Ausgabe. Achten Sie einmal darauf, wie die politischen Berichte aufgebaut sind: Sie finden als Einstieg in den Text fast immer eine situativ beschriebene Geschichte mit einer kleinen Pointe.

Achten Sie beim anekdotischen Erzählen jedoch darauf, dass Sie – ähnlich wie bei PMW – nicht immer wieder die gleichen Geschichten erzählen! Gehen Sie in Ihrem Unternehmen, Ihrer Organisation oder bei Ihrem Kunden stattdessen auf die Suche nach Anekdoten. Notieren Sie sie, speichern Sie sie, damit Sie »Anekdoten on demand« haben.

Der PC und seine intimsten Geheimnisse – Vermenschlichung

Sie können jedem Produkt menschliche Züge und einen Charakter geben. Ein Computer ist der intimste Freund der Sekretärin, der alle ihre Geheimnisse kennt und gut verwahrt, einer Lampe wird es im Wohnzimmer alleine zu langweilig und eine Pflanze hat ein Geheimnis, das sie bewahrt. In allen drei Fällen geben Sie Gegenständen menschliche Züge, Eigenschaften und Handlungsmotive. Vermenschlichung ist das, was Kinder- und Trickfilme erfolgreich macht: Der sprechende Affe, die dusselige Ente, die lachenden Baumaschinen bei Bob Baumeister und der verrückte Spongebob, ein menschlicher Schwamm.

In der Vergleichsübung haben Sie das Beispiel der Kletterpflanze kennengelernt, die sich um einen Baum schlängelt. Eine Lösungsidee war, das Wachstum mit Wirtschaftswachstum zu vergleichen. Sie können mit der Kletterpflanze (sprachlich gesehen) jedoch auch ganz andere Dinge tun: Sie können aus ihr einen Menschen machen.

Bei der Vermenschlichung überlegen Sie: Wenn das Objekt (oder Subjekt), über das ich schreibe, ein Mensch wäre, was für ein Mensch wäre es? Welche Eigenschaften hätte dieser Mensch? Wie würde sich dieser Mensch verhalten? Die Kletterpflanze, die sich um Bäume schlingt, würde die menschlichen Eigenschaften »anschmiegsam« und »zärtlich«, aber auch »besitzergreifend« oder »erdrückend« bekommen. Beginnen Sie Ihren Text, indem Sie die Pflanze mit ihren menschlichen Eigenschaften beschreiben und dabei bewusst die Parallele zu menschlichen Beziehungen herstellen.

Sagen Sie mal Nichts! – Der gezielte Erwartungsbruch

Bevor Sie anfangen beispielsweise eine Rede zu formulieren, überlegen Sie zunächst einmal, was die Zuhörer erwarten: Mit hoher Wahrscheinlichkeit den Standard-Powerpoint-Vortrag eines Geschäftsführers, möglicherweise sogar noch abgelesen. Wenn es ein Kongress ist, haben die Zuhörer möglicherweise bereits drei bis vier Powerpoint-Folterungen mit mehreren hundert Charts und Statistiken hinter sich. Und dann überlegen Sie: Was erwarten die Zuhörer nicht?

Schritt 1: Sammeln

Schreiben Sie alles auf, was Ihnen in den Sinn kommt. Denken Sie dabei nicht an den späteren Redetext, auch nicht daran, was andere Redner tun. Lenken Sie Ihre

Gedanken ausschließlich darauf, was die Zuhörer des Kongresses nicht erwarten. Schreiben Sie alles auf, was Ihnen in den Sinn kommt!

- Stille
- eine Rede von einem anderen Punkt als der Bühne
- einen virtuellen Redner
- eine Rede aus der Zukunft
- das Publikum redet
- etc.

Hören Sie nicht auf zu überlegen, bevor Sie eine Liste von mindestens zehn Dingen haben, die Zuhörer nicht erwarten. Ideal ist eine Liste, auf der zwischen 20 und 30 Dinge stehen. Seien Sie dabei phantasievoll und schränken Sie sich nicht ein! Wenn Ihnen einfällt »dass es schneit« oder »dass sie etwas zu essen bekommen«, schreiben Sie es auf.

Schritt 2: Umsetzen

Überlegen Sie nicht, ob Sie den gezielten Erwartungsbruch in die Rede einbauen können, sondern wie. Entwickeln Sie Ideen, mit denen Sie den Inhalt der Rede mit dem Stilmittel verknüpfen können.

Stille	Der Redner bittet das Publikum, für ca. 15 Sekunden still zu sein. Anschließend fragt er: »Was glauben Sie, ist in dieser Zeit passiert? In diesen 15 Sekunden wurden weltweit … neue Produkte zum Patent angemeldet. Bis zum Ende dieses Vortrags werden es … sein.«
Eine Rede von einem anderen Ort als der Bühne	Der Redner beginnt zu sprechen und bittet das Publikum, nach ihm zu suchen. Die Auflösung erfolgt nach ca. einer Minute mit den Worten: »Genau so beginnt Innovation. Ein großes Rätsel, man denkt, es ist einfach zu lösen und dann beginnt die große Suche nach dem Unbekannten.«

Virtueller Redner	Der Redner lässt die Rede von einem Avatar halten, der sich aus einer virtuellen Internetwelt meldet und die Zuhörer in der virtuellen Zukunft herumführt. Nach einer Weile erscheint er persönlich auf der Bühne: »So könnte die Zukunft aussehen, über die wir heute hier reden.«
Das Publikum redet	Nehmen Sie dies als Synonym für die Mitwirkung des Publikums am Vortrag. Der Redner stellt dem Publikum immer wieder Fragen. Statt darüber zu berichten, was die erfolgreichsten Innovationen der letzten fünf Jahre waren, fragt er das Publikum und lässt die Teilnehmer abstimmen, bevor er die Lösung präsentiert.

Vielleicht fragen Sie sich jetzt: »Ist das nicht einfach nur Rhetorik?« Im Prinzip ja. Doch es gibt schlechte Rhetorik und gute Rhetorik. Und gute Rhetorik zeichnet sich durch eines aus: gute Ideen.

4   Langweilen verboten! –
Kreative PR-Aktionen

Es ist ein heißer Tag und Sie gehen mit Ihren Kindern ins Schwimmbad. Die Kleinen sind im Wasser, Sie haben es sich in Sichtweite bequem gemacht und lassen entspannt Ihre Blicke umherkreisen. Da sehen sie plötzlich einen wundervollen Menschen – es verschlägt Ihnen schier die Sprache! Wie magisch bleibt Ihr Blick an seiner Anmut haften, als Sie auf einmal etwas vollkommen Unerwartetes sehen. Die Aufschrift: »Sollten Sie nicht lieber nach Ihren Kindern gucken?« Bumm! Zack! Ertappt! Das saß! Natürlich sollten Sie das.

Doch es kommt noch schlimmer. Sie gehen an den Pool und das Erste, was Sie sehen, ist ein ertrunkenes Kind. Sie zucken zusammen: Oh Gott, ist das mein Kind? Ist meinem Kind etwas passiert, während ich mich habe verzaubern lassen von der Anmut dieses Adonis (wenn Sie eine Leserin sind) oder dieser Venus (wenn Sie ein Leser sind)? Sie schauen genauer hin. Es ist nicht Ihr Kind. Sondern ein Plakat, das die Royal Life Saving Society auf den Boden des Schwimmbads geklebt hat. Neben dem Bild des ertrunkenen Kindes steht: »Wo ist Ihr Kind?« Ein gutes Beispiel dafür, wie kreative PR-Aktionen wirken. Sie sind überraschend und originell, häufig bildstark und plakativ, manchmal brechen sie bewusst mit den Erwartungen von Menschen, manchmal überspitzen sie sie aber auch.

4.1 Paul, das Kraken-Orakel – Beispiele für kreative PR-Aktionen

Wir befinden uns im Jahr 2010 der Fußball-Weltmeisterschaft in Südafrika. Eine organisatorische und logistische Meisterleistung! In fiebriger Spannung blickt die Weltöffentlichkeit rund um den Globus zu den Weltstars nach Johannesburg und Kapstadt. Nur dorthin? Nein! Ein von unbeugsamen PR-Strategen im nordrhein-westfälischen Oberhausen ausgeheckter Coup zieht ebenfalls eine beträchtliche Aufmerksamkeit auf sich … Dort lebt im Sea Life Centre der weise Krake Paul und sagt umweht von einem mystischen Zauber den Ausgang aller Spiele mit deutscher Beteiligung sowie des Endspiels korrekt voraus.

Verhaltensforscher, Meeresbiologen und Mathematiker debattierten über das Phänomen. Sprecher von Tierrechtsorganisationen, Ausrichter von Tintenfisch-festivals und chinesische Filmemacher griffen das Thema auf. Vor dem Finale waren 200 Journalisten bei seiner Vorhersage im Sea Life Centre anwesend, darunter Fernsehteams aus Spanien, Russland und Brasilien. Es versteht sich von selbst, dass Paul auch bei FACEBOOK und TWITTER zu finden war. Im Scheinwerferlicht der medialen Aufmerksamkeit während der WM 2010 hatte sich ein Trittbrettfahrer medienwirksam in Szene gesetzt – der Krake Paul!

Fleißig wurden im Fanshop des Sea Life Centre Stoff- und Plastikkraken verkauft, außerdem T-Shirts mit der Aufschrift »Wir sind Paul«. Eine Sprecherin bemerkte: »90 Prozent der Besucher fragen nach Paul.« Ein kurzfristiger Hype? Mit Sicherheit. Dennoch: Welch irrwitziges mediales Abenteuer für den kleinen Ort Oberhausen! Dieses Beispiel zeigt, wie durch geschickte PR-Arbeit innerhalb kürzester Zeit eine enorme Reichweite erzielt werden kann. Zumindest wenn sie über präkognitive Komplizen aus dem Tierreich verfügen.

Im Oktober 2010 starb Paul unter weltweiter Anteilnahme. Das war es also mit dem PR-Coup? Mitnichten! Schon hat Paul II. seine Nachfolge angetreten, mit knapp 30 cm Spannweite und 300 Gramm Gewicht noch nicht ganz ausgewachsen. Kann auch er das Ergebnis von Fußballspielen vorhersagen? »Unser Nachwuchs-Krake sollte eigentlich seinen Artgenossen und Medienstar persönlich kennenlernen und von ihm lernen«, sagte der Manager des Aquariums, Stefan Porwoll. Ob der neue Paul ähnliche Fähigkeiten besitze, werde sich bei der Europameisterschaft 2012 zeigen …

In diesem Kapitel stelle ich Ihnen zunächst einige Formate für kreative PR-Aktionen vor, anschließend zeige ich Ihnen, wie Sie PR-Aktionen schnell und einfach entwickeln können.

Machen Sie den Extrem-Test

Zu Beginn dieses Buchs haben Sie bereits erfahren, wie bruno banani Herren-unterwäsche aus einem ehemaligen VEB (Volkseigener Betrieb) durch spekta-kuläre Tests zu einer Kultmarke machte. Extremtests sind ein gutes Mittel, um Aufmerksamkeit zu generieren, vor allem dann, wenn sie bildstark sind.

Es ist der 7. Juli 2006 auf der Nordseeinsel Juist. Stuntman Frank Glaser, bekannt aus der Fernsehserie Cobra 11, setzt sich an das Steuer eines Gabelstaplers. Und wagt ein außergewöhnliches Experiment: Mit einem Elektrostapler fährt er an einer eigens konstruierten und 3,5 Tonnen schweren Rampe aus Stahl den 13 Meter hohen Wasser-turm von Juist senkrecht empor. Die 500 Zu-schauer jubeln.

Eine spektakuläre Aktion des Gabelstapler-Herstellers Linde, mit der die Produktvorteile in Szene gesetzt wurden: Die Leistungsstärke, die Zuverlässigkeit oder das neuartige Ener-gie-Managementsystem. Ein Extremtest, der nach Angaben von Linde dem Gabelstapler wesentlich mehr abverlangt, als der härteste vorstellbare Praxiseinsatz.

Machen Sie Dinge größer, kleiner, höher, weiter

Der Klassiker der PR-Aktion. Man nehme: Ein Produkt oder einen Menschen. Und mache es oder ihn größer. So wie der überdimensionale Oliver Kahn, der während des Fußballsommers 2006 überlebensgroß über die Autobahn hinüber nach dem Ball hechtete. Die Kampagne Land der Ideen setzte zu einem großen Teil darauf, Motive in überlebensgroßer Darstellung dort zu platzieren, wo mög-lichst viele Fotografen und Journalisten vorbeikamen. Beispielsweise die meterho-hen Fußballschuhe vor dem Berliner Hauptbahnhof.

Kampagne »Land der Ideen«: Großer Schuh, große Aufmerksamkeit

In Thüringen ging vor der Eröffnung des Weimarer Weihnachtsmarkts die Meldung durch die Medien, dass dort der größte Schwibbogen der Welt aufgestellt wird. Schwibbögen sind holzgeschnitzte Bögen mit Weihnachtsfiguren und Kerzen. Der weltgrößte Schwibbogen war Stadtgespräch. An jeder Ecke hörte man: »Wo ist er denn, der Riesen-Schwibbogen?« Die Enttäuschung war dann allerdings groß: Ein holzgeschnitzter Lichterbogen über dem Markt, nicht besonders spektakulär. Das ist das Problem: Sie können überdimensionale Pillenpackungen, T-Shirts, Shampooflaschen oder Glühbirnen irgendwo platzieren, das ist nie verkehrt. Die große Frage ist: Was dann? Dann hängt Ihr drei Meter hohes T-Shirt in der Fußgängerzone von Essen herum und Sie warten und warten und warten. Darauf, dass das Fernsehen das T-Shirt entdeckt und einen munteren Beitrag darüber macht. Wahrscheinlich warten Sie vergebens, außer Sie leben in einer Stadt, in der ein drei Meter hohes T-Shirt das einzige Tagesgespräch ist. Die wichtigste Frage für Sie ist: WAS? Was machen wir mit diesem T-Shirt?

Wenn Sie die Größerkleinerhöherweiter-Strategie anwenden, überlegen Sie unbedingt, was die Geschichte rund um Ihr über- bzw. unterdimensioniertes Produkt ist. Nehmen wir an, Sie planen eine PR-Aktion für einen Hersteller von T-Shirts. Stellen Sie folgende Fragen:

- Was ließe sich mit dem Produkt anstellen, wenn es kleiner wäre? Beispielsweise ließe sich die Mäuse-Nationalmannschaft im Murmel-Fußball damit einkleiden. Den Wettbewerb gibt es noch nicht? Rufen Sie ihn ins Leben.
- Was ließe sich mit dem Produkt anstellen, wenn es größer wäre? Wie wäre es mit einem maßgeschneiderten Happy-Birthday-T-Shirt für den Geburtstag des süßesten Elefanten im Zoo?

Schaffen Sie einen neuen Nutzen!

Den Weg, einem Produkt einen neuen Nutzen zu geben, haben Sie ja bereits in der 360-Grad-Befragung kennengelernt. Die gleiche Methode können Sie anwenden, um eine PR-Aktion zu initiieren. Noch einmal das Beispiel des T-Shirt-Herstellers. Überlegen Sie:

- Was kann man mit dem Produkt Gutes tun? Beispielsweise Spendenaufrufe für die dritte Welt drucken und damit im Sommer hunderte Jugendliche herumlaufen lassen.
- Wie lässt sich mit dem Produkt ein Tabubruch initiieren? Lässt sich ein Pheromon-T-Shirt entwickeln, das die erotische Anziehungskraft des Trägers erhöht?
- Wo würde man das Produkt niemals finden? In der Sauna. Überzeugen Sie Ihren Kunden, ein T-Shirt mit Kühleffekt herauszubringen, das Sie pressewirksam in der Sauna testen können.
- Wozu ist das Produkt vollkommen ungeeignet? Beispielsweise als Navigationsgerät. Lassen Sie für die nächste größere Veranstaltung Navigations-T-Shirts herstellen, die Sie vorab an die Presse verteilen.
- Wie können wir außerhalb unserer Kernzielgruppe einen neuen Nutzen schaffen?

Die letzte Frage hat sich die Frankfurter Agentur Hotwire gemeinsam mit ihrem Kunden Information Builders gestellt. Das Softwareunternehmen bietet eines dieser Produkte, die auf den ersten Blick so viel Kreativität zulassen wie eine Vollnarkose: Lösungen für Business Intelligence, Geschäftssoftware also, die komplexe Informationen in Grafiken und Tabellen aufbereitet. Zur Fußball-WM schuf die Agentur einen komplett neuen Nutzen: Sie schuf ein Analysetool, mit dem

Journalisten und WM-Zuschauer Spiele nach originellen Kriterien wie »vorge-
täuschte Verletzungen«, »Wutanfälle« und »Torjubel« analysieren konnten. Die
Idee der alternativen Statistik ist einfach, prägnant und witzig.

Wettbewerbe

Im Jahr 2009 fand sich in den Stellenanzeigen der SÜDDEUTSCHEN ZEITUNG oder
der FAZ ein interessantes Gesuch. Zu vergeben: Der beste Job der Welt! Gesucht
wurde ein Bewerber, der sechs Monate auf den Hamilton Islands im Great Barrier
Reef leben sollte. Seine Pflichten: Erkunden der Inselwelt und Berichterstattung
darüber im Internet. Seine Vergütung: Eine Villa in bester Lage mit Verpflegung
sowie 80.000 Euro Lohn. Bewerbungskriterium: Ein einminütiges Video. Zu
schön, um wahr zu sein?

Das australische Tourismusbüro »Tourism Queensland« hatte die PR-Kampagne mit Jobanzeigen auf der ganzen Welt initiiert und erhielt eine riesige
Resonanz. Über 34.000 Videos aus 200 Ländern von Aserbaidschan bis Zimbabwe
wurden auf der Bewerbungsseite hochgeladen, die millionenfach angeklickt wurde.
50 Kandidaten wurden schließlich mit ihren Videos präsentiert, darunter zwei
Deutsche. In zahlreichen Ländern erzeugten Radio- und Fernsehsender, Zeitungen
und Onlinemedien einen Hype und berichteten über die Kandidaten.

Einigen von ihnen wurde der Medienrummel sogar zu viel. Der Gewinner Ben
Southall berichtet nun in einem Blog von seinen Erlebnissen. Viele der ausrichten-
den PR-Agenturen wurden mit Preisen ausgezeichnet. Während sich die Kosten
für die Umsetzung der Kampagne auf 1,7 Millionen Dollar beliefen, wird ihre
Wirkung auf 150 Millionen Dollar geschätzt.

Wettbewerbe gehören zum Grundrepertoire kreativer PR-Aktionen. Nehmen
wir an, Sie haben eine PR-Agentur und Ihr Kunde produziert Holzpellets. Und
er hat sich auch noch in den Kopf gesetzt, durch eine spektakuläre Aktion in die
Medien zu kommen. Dann werden Sie zunächst einmal denken, dass Holzpellets
alles andere als sexy sind. Wenn Sie sie jedoch missbrauchen, um mit ihnen eine
neue Sportart zu erfinden, wird das Mauerblümchen schnell begehrt: Überlegen
Sie, für welche Sportart sich Holzpellets eignen würden. Sie könnten mit ihnen
Golf spielen. Oder Tennis. Oder das erste Holzpellet-Zielschießen absolvieren. Am
Rande einer Fachmesse, auf der Besucher sonst gelangweilt an Ihrem Stand vorbei-
schlendern, werden Holzpellets so plötzlich ein Anziehungspunkt.

Wichtig! Die Bilder müssen stimmen, sonst ist es für die Presse und vor allem
fürs Fernsehen uninteressant. Das Ergebnis (mit ein bisschen Glück) ist ein klas-
sischer »bunter Abhänger« für die Nachrichten oder ein »bunter Beitrag« für ein
Lokalmagazin. Je ernsthafter Sie die Sache angehen, desto größer der Erfolg:

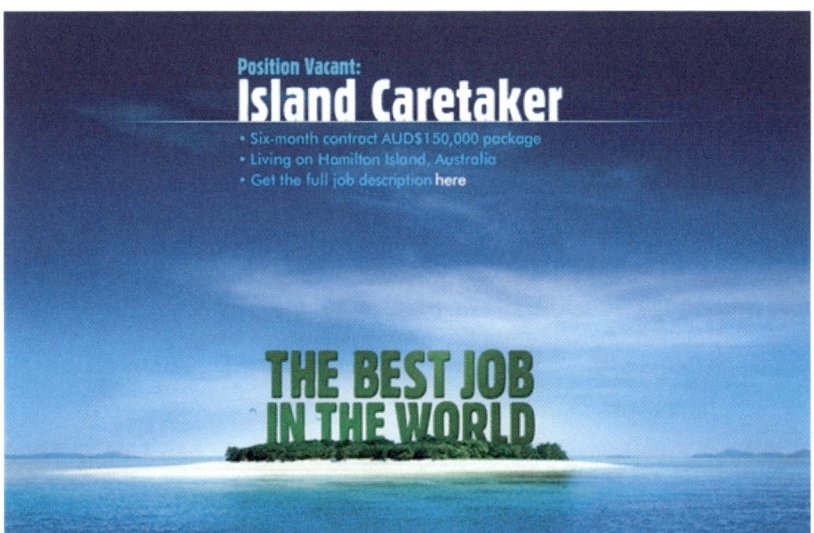

Interesse?

Spielen Sie nicht einfach nur Tennis. Sondern gründen Sie den »Holzpellet-Tennis-Weltverband« und gewinnen Sie einen Ex-Tennis-Profi als Trainer.

Auch ein normaler Wettbewerb an einem ungewöhnlichen Ort lockt Presse an. Ob diese Verhandlungen jemals ernst gemeint waren – niemand weiß es so recht. Aber ein großartiger PR-Gag war es: Formel-1-Chef Bernie Ecclestone denkt laut über ein Formel-1-Rennen in Manhattan nach. Das berichtet der INDIANAPOLIS STAR 2004. Einige Jahre zuvor hatten Jaguar-Fahrer Eddie Irvine und Johnny Herbert mit einem Testrennen in Manhattan für Aufsehen gesorgt: Eine riesige Menschenmenge sah ein Wettrennen zwischen einem Formel-1-Testwagen und einem New Yorker Taxi über den Broadway durch die Straßenschluchten von Manhattan. Unangenehm nur: Das Taxi gewann das Rennen.

Doch Achtung! Vor Wettbewerberitis muss dringend gewarnt werden! Einen Wettbewerb zu veranstalten, ist für viele Unternehmen und Agenturen der erste nahe liegende Einfall. Als Programmdirektor beim Radio bekam ich so viele Wettbewerbsideen zu hören (siehe Abschnitt über Radiopromotions), dass sie inflationär waren. Ihr Wettbewerb muss wirklich ausgefallen sein, sonst geht er in der Masse der anderen Wettbewerbe schnell unter!

Tun Sie das, was am wenigsten zu Ihrem Produkt passt

Die tödlichste Frage, die Sie in einem Kreativmeeting stellen können, heißt: Was passt zu unserem Produkt? Mit dieser Frage ersticken Sie so ziemlich jeden kreativen Ansatz und bekommen die klassischen Durchschnittsideen, die nett sind, keinem wehtun und nicht auffallen. Tun Sie das Gegenteil! Was passt am wenigsten zu einem japanischen Autohersteller? Bayerische Blasmusik. Genau damit empfing Hyundai die Besucher des Genfer Autosalons 2007.

Ein mobiles Plakat fuhr an den wartenden Besuchern vorbei, aus den Lautsprechern drang Volksmusik und ein Mädchen im Trachtenanzug versprach: »Der Deutsche unter den Asiaten enthüllt eine Weltneuheit.« Ziel war es, möglichst großen Publikumsverkehr am Messestand in Halle 6 zu generieren.

Was passiert, wenn Sie der Versuchung nachgeben und doch etwas tun, was genau zu Ihrem Produkt passt? Dann bekommen Sie Schlagzeilen wie diese hier:

ESA schickt iPod zu ISS – Musiktipps gesucht.

Die Europäische Raumfahrtagentur ESA schickt mit der ersten Mission ihres unbemannten Weltraumtransporters ›ATV‹ einen iPod als PR-Gag zur ISS. Was die Crew für Musik zu hören bekommt, können Bürger aus Belgien, Dänemark, Deutschland, Frankreich, Italien, den Niederlanden, Norwegen, Spanien, Schweden und der Schweiz auf der Website der ESA selbst bestimmen.

KRONE, 26.4.2007

Ist das etwa cool? Überraschend? Überwältigend? Als PR-Gag für den iPod ist es zu fad. Unterhosen waren schon im All, Touristen auch, jetzt also ein iPod. Gähn! Offenbar, so ist auf der Webseite der Weltraumbehörde zu lesen, ist es ein PR-Gag der ESA. Na und? Was ist daran besonders? Haben die da oben keinen iPod? Vielleicht sollten wir einen spenden. Die Aktion zündet nicht, weil sie zu passend ist. Ihr fehlt jedes Überraschungsmoment. Ein typisches Beispiel für die Kopie einer Kopie einer Kopie.

So kommen Sie auf einzigartige Ideen, die garantiert nicht zu Ihrem Produkt oder Ihrer Dienstleistung passen: Fragen Sie sich, was das Unternehmen niemals mit dem Produkt anstellen würde, was die Marketingabteilung niemals mit dem Produkt in Verbindung bringen würde und was die Kunden niemals mit dem Produkt machen würden und so weiter. Mit dieser Methode setzen Sie Ihr konventionelles Denken außer Kraft und überschreiten bewusst Tabugrenzen. Im zweiten Schritt formulieren Sie dann die Ergebnisse leicht um, so dass Sie Tabugrenzen streifen, aber nicht verletzen.

Suchen Sie die Konfrontation!

Was war das für eine Aufregung! Auf der CeBit 2005 wagt das kleine Unternehmen Luxpro einen Generalangriff auf Apple. Ausgerechnet auf Apple. Der Stein des Anstoßes: Luxpro wagt es, ein Plagiat des iPod shuffle auf den Markt zu bringen: Unter dem Namen Super shuffle stellt das Unternehmen einen MP-3-Player in

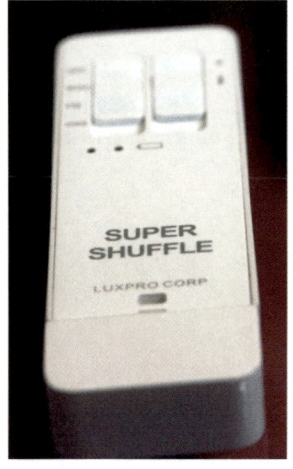

Form eines USB-Sticks vor, der »rein zufällig« wie eine Kopie des Geräts von Apple aussieht. »Er ist nicht identisch mit dem iPod shuffle, er ist besser«, sagt einer der Präsentatoren dem Magazin HEISE ONLINE. Was folgt ist ein Katz-und-Maus-Spiel: Die Anwälte von Apple drängen Luxpro am Freitag, das Gerät aus dem Sortiment zu nehmen. Am Sonnabend hat Luxpro den Super shuffle wieder in der Vitrine. Zusätzlich für Ärger sorgt die Werbekampagne von Luxpro, die sich ganz klar an Apple orientiert. Bis dahin verläuft für den Klonhersteller alles gut. Die Presse hat ihre Geschichte: David gegen Goliath, der kleine freche Taiwanese gegen den großen Multikonzern Apple. Und die Firma Luxpro – für die sich sonst niemand interessiert hätte – war plötzlich in aller Munde.

Die gezielte Provokation ist eine geschickte Taktik, um sich schnell in die Schlagzeilen zu bringen. Der Billigflieger Ryanair wählte diesen Weg. Das wohl bekannteste Beispiel ist der Preiskrieg gegen Mitbewerber Easyjet: Mit einem Panzer war CEO Michael O'Leary am Flughafen London-Luton gegen Easyjet in den »Krieg« gezogen. Seitdem ist O'Leary »der mit dem Panzer« und seine Fluggesellschaft europaweit in den Schlagzeilen. Eine Münchner Agentur hat auf ihrer Webseite www.guerilla-marketing.com ein Beispiel, wie kontrollierte Provokation im kleinen Rahmen funktioniert:

> Eine neue Friseurkette eröffnet ein Geschäft in unmittelbarer Nähe zum bisherigen Platzhirsch und bietet den Haarschnitt zum Kampfpreis von 10 Euro an. Statt daraufhin die Preise zu unterbieten und die eigene Existenz zu gefährden, rettet der Platzhirsch seine Marktanteile äußerst amüsant mit einem kreativen und wirkungsvollen Plakat vor seinem Laden: ›Wir bringen Ihren 10-Euro-Haarschnitt wieder in Ordnung.‹ Das sitzt. Kreativität spart Kosten.

Provokationen eignen sich vor allem für kleinere Firmen, die etablierte Unternehmen angreifen oder für Organisationen, die mit wenig Budget große Reaktionen hervorrufen wollen. Greenpeace ist ein Meister der kreativen Provokations-PR. Anfang 2001 hat die Umweltschutzorganisation Strafanzeige gegen die Autoindustrie und das Kraftfahrtbundesamt gestellt. Begründung: Dieselruß verursache Lungenkrebs und das Kraftfahrtbundesamt unternehme zu wenig, so die Umweltschützer. Ein knappes Jahr zuvor hatte Greenpeace Strafanzeige gegen eine holländische Saatgutfirma gestellt, die angeblich illegal genmanipulierten Raps an deutsche Bauern verkauft hat. Und 2003 hat die Umweltschutzorganisation das Bundesamt für Verbraucherschutz und Lebensmittelsicherheit (BVL) verklagt. Greenpeaceaktivisten sind Provokationsprofis. Mit Erfolg.

Kreativfragen

- Wen können wir angreifen? Und an welcher Stelle?
- Wie können wir den Angriff am wirkungsvollsten initiieren?
- Wie kommen wir aus der Sache wieder raus?

Unterschätzen Sie die letzte Frage nicht! Im Kampf gegen Apple hatte sich Luxpro verkalkuliert. Kurz nach der CeBit versuchte Luxpro die Notbremse zu ziehen und änderte den Namen des Geräts in Super Tangent. Doch die Apple-Manager reagierten wie ein gereizter Elefant: Sie verklagten Luxpro in Taiwan und gewannen. Der iPod-Klon durfte nicht mehr verkauft werden. Die Freude währte nicht lange: In zweiter und dritter Instanz siegte Luxpro. Und reichte eine Klage gegen Apple ein: 100 Millionen Dollar Schadensersatz – so ließ die Firma auf ihrer Homepage Anfang 2007 verkünden – verlangt Luxpro von Apple. Als Ersatz für entgangene Gewinne. Und jetzt hat auch das Unternehmen seine Pressestrategie gefunden: David gegen Goliath heißt es nun offiziell.

Geben Sie ein ungewöhnliches Versprechen ab!

Als der Internet-Browser Opera 8 neu auf den Markt kam, versprach der damalige CEO Jon S. von Tetzchner: »Bei Erreichen von einer Million Downloads innerhalb der ersten vier Tage will ich von Norwegen nach Amerika schwimmen – mit einem Zwischenstopp in Island für eine Tasse heiße Schokolade bei meiner Mutter.« Eine mutige Ansage! Sie werden gegen Ende dieses Buches erfahren, ob Tetzchner tatsächlich den Seeweg antreten musste.

Suchen Sie nach einem originellen Versprechen, das Ihr Unternehmen bzw. – wenn Sie eine PR-Agentur sind – Ihr Kunde abgeben kann. Wenn Ihr Kunde beispielsweise ein Dienstleistungsunternehmen ist, das Prozesse von Konzernen auswärts abwickelt, lassen Sie Ihren Kunden das »Rundum-Sorglos-Versprechen« abgeben: »Fahren Sie in den Urlaub, wir kümmern uns um den Rest. Wenn Sie im Urlaub auch nur einen Anruf bekommen, weil etwas schief läuft, ersetzen wir den Urlaubstag.« Lassen Sie das Unternehmen das Versprechen durch Taten untermauern. Stellen Sie bei Kunden oder auf Kongressen Liegestühle auf, die das Versprechen symbolisieren. Schenken Sie Cocktails aus und sagen Sie:»Trinken Sie in Ruhe einen Cocktail, wir arbeiten solange an Ihren Projekten.«

Auch bei der Eröffnung eines Geschäfts kann ein publikumswirksames Versprechen abgegeben werden. Ein Kölner Outdoor-Center hat jedem Kunden, der am Tag der Eröffnung morgens um 6 Uhr in kompletter Bergsteigerausrüstung vor dem Geschäft steht, einen Einkaufsgutschein in Höhe von 50 Euro versprochen.

Surfen auf den Wellen der Tagesaktualität – Die Trittbrettfahrer-Strategie

Was denken Sie, wenn Sie die Meldung »A.T.U. hilft am Weltkindertag und spendet 10 Prozent des Umsatzes« lesen? Wahrscheinlich, dass das eine sehr nette Sache ist und dass man so etwas häufiger machen sollte. Was auch korrekt ist. Eine solche Aktion, bei der – wie der Vorsitzende der Geschäftsführung betonte – »10 Prozent des Umsatzes … garantiert Not leidenden Kindern in der ganzen Welt zugute« kommen, hat Vorbildcharakter. Nur: Warum findet sie ausgerechnet am Weltkindertag statt? Warum nicht an einem normalen Tag? Am 2. Januar zum Beispiel. Oder am 30. Dezember. Der Grund ist offensichtlich: Weil es am 2. Januar und am 30. Dezember wesentlich schwieriger wäre, mit diesem Thema in die Presse zu kommen. Die Presse sucht nun einmal am Weltkindertag nach Geschichten von Unternehmen, die Kindern helfen. Und nicht am 1. Januar.

Geschickt surfen auf den Wellen der Tagesaktualität bedeutet, PR-Aktionen dort zu platzieren, wo sich ohnehin schon viel Presse aufhält. Eine gelungene PR-Aktion auf der CeBit oder der Frankfurter Buchmesse wird eher bemerkt, als eine PR-Aktion vor dem Obi-Baumarkt an der Ecke. Einer der Trittbrett-Klassiker ist die Gründung der BKD im Bundestagswahlkampf 1998, initiiert von der Agentur Ketchum. Burger King Deutschland trat für 14 Tage unter dem Synonym BKD an, verteilte Wahlprogramme, stand mit einem Wahlstand am Marktplatz, beschickte Parteien und Medien mit Wahlinformationen wie »Die Gürtel weiter schnallen« und »Weg mit den Diäten«. Nach 14 Tagen wurde die Kampagne aufgedeckt und der Spitzenkandidat bekannt gegeben: Der Whopper. Die Aktion sorgte nicht nur in den Parteizentralen für Aufmerksamkeit, sondern auch unter den Medien. »Whoppern statt wählen« titelte beispielsweise die ABENDZEITUNG MÜNCHEN.

Hinter dem Namen BKD steht keine neue Partei, sondern das Fast-Food Unternehmen „Burger King" in Deutschland.
Foto: Klaus Haag

„Burger King" startet Wahlkampf

Bundesweit sind die Wahlplakate einer Partei namens BKD zu sehen. „Zeit für den Wechsel" lautet ein Untertitel - „Die echte Alternative". Doch „Freiheit, Gleichheit, Mahlzeit" fordert nicht etwa eine politische Splittergruppe. Es ist vielmehr ein ausgeklügeltes Marketing-Konzept des Fastfood-Unternehmens „Burger-King". So sieht es jedenfalls die Fachzeitung für Marketing, Werbung und Medien „Horizont". André Lacroix, Burger-King-Geschäftsführer, orakelt: „Unser Ziel ist es, in Deutschland Image- und Geschmacksleader der Branche zu werden." Ob die geheimnisvolle Marketingoffensive aufgeht? Das Geheimnis wird in Zukunft gelüftet. pd

Anleitung zum Surfen

Nehmen Sie etwas, was bekannt und momentan in aller Munde ist: Eine populäre TV-Serie, einen Kinofilm, eine Show oder eine Aktion, die gerade auf einer Popularitätswelle schwimmt. Und dann adaptieren Sie das Prinzip für eine PR-Aktion. Und nehmen Sie Teile des Titels gleich mit. Aus »Deutschland sucht den Superstar« wird eine PR-Aktion für einen Zoo: »Frankfurt sucht den Superaffen.« Aus der MTV-Serie »Pimp my ride« machen Sie die Internetaktion »Pimp my Homepage«, lassen User die hässlichste Homepage wählen und schreiben als Gewinn ein komplettes Homepage-Design aus.

Achten Sie jedoch auf drei Dinge:
• Stellen Sie unbedingt sicher, dass Ihre Trittbrettfahrer-Strategie nicht nach hinten losgeht, weil Sie sich an etwas ranhängen, was den Zenit der Popularität bereits deutlich überschritten hat.
• Achten Sie darauf, dass Sie keine fremden Rechte verletzen.
• Und achten Sie – bei aller Kreativität – darauf, dass Sie nicht nur Aufmerksamkeit erzielen, sondern strategische Ziele Ihrer Kunden erreichen wollen.

Für die Trittbrettfahrer-Strategie eignen sich auch generelle Themen wie Umwelt- und Klimaschutz, Globalisierung und so weiter, außerdem regelmäßig wiederkehrende Ereignisse wie der Girl's Day oder der Anti-Spam-Day, Jubiläen und Gedenktage sowie Namenstage.

Einen etwas anderen Weg der Trittbrettfahrer-Strategie hat Ketchum beim Thema »Butter« gewählt: Sie hat kurzerhand einen eigenen Gedenktag geschaffen, den »Tag des Butterbrots« ins Leben gerufen, damit etwas halboffiziell Verrücktes geschaffen und die Medien zu Trittbrettfahrern gemacht. Gemeinsam mit der BILD-Zeitung Hannover wurde der Stullen-Check initiiert, Dutzende von Radiomoderatoren gingen auf den Tag ein. Ähnlich erfolgreich ist der Tag des Bieres. Unter anderem ging die Morningshow von RADIO PSR aus Leipzig auf den Tag ein, sendete Umfragen und initiierte ein Call-in zum Thema. Halboffizielle Gedenktage sind ein gutes Mittel, ein Thema einmal im Jahr ins Gespräch zu bringen. Wenn Sie einen kreieren wollen, beeilen Sie sich: Das Jahr hat nur 365 Tage und einige sind durch kirchliche PR-Aktionstage wie Weihnachten und Ostern bereits vergeben.

4.2 Durchknallen mit System – Strukturierte Wege zur verrückten Idee

Sie haben jetzt eine Reihe von Möglichkeiten kennengelernt, wie Sie Ihren Kunden, Ihre Organisation oder Ihr Unternehmen durch eine PR-Aktion schnell und wirksam in den Medien platzieren können. Wie kommen Sie auf solche Ideen? Durch Abstraktion. Fragen Sie sich nicht: Wie kann unser Unternehmen auffallen? Sondern: Was fällt auf? Nicht: Wie können wir provozieren? Sondern: Was ist eine Provokation? Diese klare Formulierung der Ausgangsfrage ist ein Schlüssel zum Erfolg. Ich habe Dutzende von Seminaren gehabt, in denen die Kreativblockade der Teilnehmer nur eine Ursache hatte: Sie haben die Ausgangsfrage zu eng formuliert und sich damit die Möglichkeit genommen, kreativ zu denken.

Mit der richtigen Fragestellung spielend zur PR-Aktion

Überlegen Sie genau, wo sich die Zielgruppe befindet, was sie tut und wohin sie ihre Aufmerksamkeit richtet. Ziel von kreativen PR-Aktionen ist es, das Nadelöhr der Aufmerksamkeit – Sie haben es kennengelernt – zu durchbrechen. Suchen Sie nach dem perfekten Moment, in dem Menschen bereit sind, ihre Aufmerksamkeit zu vergeben und sie wenige konkurrierende Eindrücke haben. Und dann brechen Sie Erwartungen! In Workshops arbeiten wir häufig mit einer Matrix, die oben dargestellt ist. In diesem Fall geht es darum, eine PR-Aktion zu entwickeln, mit der Marketingverantwortliche auf ein neues Tool zur Kundenakquise aufmerksam gemacht werden. Auf der linken Seite steht, wo sich die Zielgruppe aufhält und was sie tut, auf der rechten, was allgemein auffällt.

Jetzt können Sie kombinieren: Etwas Unerwartetes im Büro, etwas Bildstarkes auf einer Konferenz, umfunktionierte Gegenstände auf einer Gala, ein ungewohnter Wettbewerb auf einer Messe und so weiter. Sie erhalten konkrete Formen, die Sie anschließend mit Inhalten füllen müssen. Lassen Sie Ihrer Phantasie dabei freien Lauf!

- Unerwartetes auf einer Konferenz: Im Eingangsbereich des Gebäudes fällt Schnee im Sommer. Die Teilnehmer müssen durch, können aber einen Schirm als »Schutz gegen neue Kunden« nehmen. Botschaft: Mit unserem Tool schneit es Kunden.
- Aufmerksamkeit auf einer Gala: Der Eingangsbereich ist als Oscar-Laufsteg mit rotem Teppich, Fans und Kamerateams inszeniert, ein Redner erscheint in kurzen Hosen und über den Waschbecken hängen Zerrspiegel. Botschaft: Wir wissen, wie man Aufmerksamkeit schafft.

Ich möchte Ihnen die Entwicklung einer kreativen Vor-Ort-Aktion am Beispiel eines Weihnachtsmarkts noch einmal genau erläutern.

Die Jagd auf den Nikolaus – Ideen entwickeln mit dem Aktions-Turbo

»Wir wollen in diesem Jahr mit einer besonders spektakulären Aktion auf unseren Weihnachtsmarkt aufmerksam machen. Haben Sie da eine Idee? Möglichst gestern?«

Eine klassische Aufgabenstellung. Dem Kunden fällt am 1. Dezember um 10:25 Uhr ein, dass sein Weihnachtsmarkt ziemlich langweilig ist und er hätte gerne eine Weltmeister-Idee bis 10:27 Uhr. Dazu sind Sie auch noch alleine im Büro, weil Susanne gerade ein verlängertes Wochenende in Mailand verbringt, Torsten und Andrea krank sind und der Chef im Dauermeeting steckt. Sie grübeln und grübeln, aber es kommt Ihnen keine Idee. Der Grund ist ganz einfach: Sie denken auf dem falschen Wort herum. Ihr Auftraggeber ist der Betreiber des Weihnachtsmarkts, da liegt es nahe, beim Ideenfinden ganz nah am Weihnachtsmarkt zu sein. Sie stellen sich die verschiedenen Stände vor, Sie sehen die Augen der Kinder, Sie können fast die gebrannten Mandeln riechen. Exakt an dieser Stelle bleiben Sie gedanklich stehen.

In diesem Abschnitt möchte ich Ihnen zeigen, wie Sie mit Hilfe des Aktionsturbos schnell auf gute Einfälle kommen. Notieren Sie zunächst einmal alle Symbole, die Ihnen zum Thema Weihnachtsmarkt einfallen. Tannenbaum, Weihnachtsmann und so weiter. Und dann vergessen Sie den Weihnachtsmarkt! Denken Sie an alles, aber nicht an Tannenbäume. Nehmen Sie sich jetzt die anderen Wörter aus der Aufgabenstellung heraus und stellen Sie verallgemeinernde Fragen.

Nicht: »Wie kann eine spektakuläre Aktion auf dem Weihnachtsmarkt aussehen? »
Sondern: »Was ist spektakulär?«

Lassen Sie Ihren Gedanken freien Lauf! Schreiben Sie alles auf, was Menschen als spektakulär empfinden. Ein Rennen, eine Schießerei, einen Kampf, etwas überdimensional Großes. Kombinieren Sie jetzt die Weihnachtssymbole damit, was Menschen als spektakulär empfinden. Probieren Sie immer neue Kombinationen aus und schreiben Sie alle Ergebnisse auf. Ideen sterben immer zum Schluss. Nicht vergessen!

Symbole der Weihnachtszeit	Was ist spektakulär?
Weihnachtsmann	etwas überdimensional Großes
Nikolaus	ungewöhnlicher Wettbewerb
Schlitten	normaler Wettbewerb an einem ungewöhnlichen Ort
Tannenbaum	Superlativ
Geschenke/Pakete	Verfolgungsjagd
Schnee	Kampf

Die Ideen, die aus dieser Kombination entstehen, sind beispielsweise ein Nikolausrennen über den Weihnachtsmarkt, der schnellste oder größte Schlitten als Attraktion, ein Schlittenhunderennen in der Innenstadt, die Jagd auf den Nikolaus, der Weltrekord im Einpacken, das Christstollen-Wettessen, Tannenbaum- oder Geschenkeweitwurf, Weihnachtsmann- oder Engelboxen etc.

Der Aktionsturbo ist eine solide Methode für solide Ergebnisse. Sie werden damit keine Ideen entwickeln, die Sie auf die Titelseite von w & v bringen, aber schnell einen Kunden bzw. Ihren Chef glücklich machen. Und das ist ja viel wert …

Aktionsturbo	
Besonders geeignet für	Entwicklung kreativer Vor-Ort-Aktionen und Events
Eignung für den Einsatz im Team	☺☺☺☺
Eignung für die Arbeit alleine	☺☺☺☺☺
Anzahl der Ideen	☺☺☺☺☺
Originalität der Ideen	☺☺☺
☺ Vorteile	☹ Nachteile
Mit Hilfe dieser Technik bewegen Sie sich weg von der eigentlichen Ausgangsfrage. Sie kommen schnell auf eine Vielzahl von Ideen. Auch für Einzelkämpfer, denen der kreative Input fehlt, ist die Technik gut geeignet.	Unbewusst setzen wir diese Technik sehr oft ein. Viele der Ergebnisse – wie beispielsweise das Nikolausrennen – sind nicht wirklich neu. Achten Sie darauf, dass Sie nicht das erstbeste Symbol mit der erstbesten Antwort auf Ihre Frage kombinieren!

5 Wetten, dass … Michelle Hunziker einen PR-Vertrag hat? – Kreative PR in Radio und TV

Bei Thomas Gottschalk lächelt sie um die Wette, hinter den Kulissen handelt sie den nächsten Vertrag aus. Böse Zungen behaupten: Michelle Hunziker sei eine öffentlich-rechtliche PR-Fläche zum Anmieten. Diese bösen Zungen befinden sich beispielsweise in der Redaktion des NDR-Medienmagazins ZAPP, die im Oktober 2010 über »die verdeckte PR im Boulevard« berichten. »Auf BILD.DE enthüllt die gertenschlanke Michelle Hunziker wenig überraschend: »Ich liebe es, mich sehr gut zu ernähren, gesund.« Natürlich vor einer Werbewand von L'Oréal. Wenn Michelle einen Werbedreh für L'Oréal hat, ist ein Kamerateam zur Stelle und produziert eine Geschichte. Voller Herzschmerz und Emotion:

»Michelle Hunziker. Hinter den Kulissen ihres neuesten Werbedrehs. Sie, das schöne Model und die schöne Moderatorin. Er, Wim Wenders, der Star-Regisseur.« Michelle Hunziker: »Ich habe noch nie so viel Aufmerksamkeit in meine Haare bekommen«.

Das anspruchsvolle Fernsehen unserer Kindheit gehört der Vergangenheit an. Da kann Marcel Reich-Ranicki noch so sehr lamentieren und alle Preise dieser Welt ablehnen, am Grundprinzip des Fernsehens ändert er wenig: Wer entweder zahlt, provokativ genug für eine Talkshow ist (Thilo Sarrazin lässt grüßen) oder eine Idee für coole Bilder hat, kommt ins Fernsehen. Andere – und seien sie noch so wichtig – nicht. Sendungen wie »Germanys next Topmodel« von Heidi Klum sind faktisch bereits Dauerwerbe- oder PR-Sendungen.

Ist Fernsehen also nur etwas für große Budgets? Für Unternehmen, die sich einen Star leisten und ihn teuer in diversen Sendungen platzieren können? Nicht unbedingt. Fernseh-PR ist auch mit kleinen Budgets machbar, vorausgesetzt Sie haben Ideen. Denn mehr als alle anderen Medien unterliegt Fernsehen – vor allem das private – dem Diktat der Einschaltquote. Fernsehmacher haben Erfolgsdruck, der sich jeden Tag in Zahlen ablesen lässt. Das ist auch die Antwort auf zwei einfache Fragen: Warum verkaufen sich Stars und Sternchen, Topmanager hingegen nicht? Und warum produzieren Agenturen für viel Geld teure Hochglanzfilme fürs Internet oder Fernsehen, die dann weder angeklickt noch ausgestrahlt werden? Weil Fernsehen einige grundlegende Regeln hat, die sowohl Heidi Klum wie auch Michelle Hunziker perfekt beherrschen.

Ich habe in den vergangenen Jahren intensiv die Wirkung von Inhalten auf Konsumenten untersucht. Daraus sind unter anderem die Bücher »Radio-Strategie« und »Journalistische Kreativität« entstanden. Dem Buch »Radio-Strategie« lagen unter anderem Erkenntnisse aus repräsentativen Befragungen und mehreren Reihen von Intensivinterviews (sogenannte Focus Groups) zu Grunde, die ich als Programmdirektor von ANTENNE THÜRINGEN durchgeführt habe. Die nachfolgenden fünf Grundsätze stammen aus diesen Focus Groups und aus Auswertungen von minutengenauen Quotenverläufen, die ich gemeinsam mit der ARD.ZDF medienakademie regelmäßig bei Sendern wie dem BAYERISCHEN RUNDFUNK und dem HESSISCHEN RUNDFUNK durchführe. Bei dieser Arbeit geht es immer darum, relevante Abschalt- und Einschaltfaktoren zu identifizieren.

1. Radio und Fernsehen sind Emotionsmedien. Sie können die gesamte Klaviatur menschlicher Emotionen bedienen: Freude und Leid, Neugier und Abenteuerlust, Sympathie und Antipathie. Als Träger komplexer Botschaften sind audiovisuelle Medien nur sehr eingeschränkt geeignet. Wenn überhaupt muss die Botschaft über Emotionen transportiert werden. Michelles harter Arbeitstag – mit Klimpermusik und Geigensounds unterlegt – geht ans Herz, die Vorstandsrede zur Konsolidierung eher weniger.

2. Technokraten sind Quotenkiller! Unverständliche Experten treiben – egal ob bei einem Privatsender mit jungem Publikum oder in einem öffentlich-rechtlichen Magazinprogramm mit Zuschauern über 50 – die Quoten herunter. Der einzige Unterschied: Junge Zuschauer treffen die Entscheidung binnen weniger Sekunden, ältere Zuschauer halten ein bis zwei Minuten durch. Sie verstehen dabei aber nichts, das wissen wir aus den Focus Groups.

3. Fernsehen lebt von Bildern. Talking Heads, also ein Zusammenschnitt sprechender Menschen, funktionieren im Fernsehen nur dann, wenn der Moderator die Klaviatur menschlicher Emotionen bedient (siehe Punkt 1). Johannes B. Kerner, Günther Jauch und Stefan Raab bedienen jeweils unterschiedliche Gefühle, aber alle ihre Sendungen funktionieren nach diesem Prinzip.

4. Konsumenten sind allergisch gegen Selbstbeweihräucherung. Selbst wohlgesonnene Hörer schalten bei Prahlhänsen sofort von Sympathie auf Antipathie um. Sie müssen Ihre Erfolge nicht verheimlichen, doch Sie wandeln auf einem schmalen Grat. Konsumenten möchten, dass Sie sie ernst nehmen.

5. Schlechte Kopien setzen sich nicht durch. Wie oft wurde »Deutschland sucht den Superstar« kopiert? Wie viele dieser schlechten Kopien gibt es heute noch?

Bevor Sie den ersten Euro in Unternehmensfernsehen oder Web-TV investieren, fragen Sie sich: Wer braucht mein Angebot? Natürlich ist es für eine Bank reizvoll, eine eigene Fernsehsendung zu produzieren, in der die eigenen Produkte besprochen, eigene Experten interviewt und fein säuberlich abgestimmte Botschaften gesendet werden. Oder für einen Hersteller von Haushaltswaren, eine eigene Service-Sendung rund um die eigenen Produkte zu initiieren. Doch bedenken Sie diese Ideen aus Sicht der Konsumenten: Warum soll ich mir ein Programm anschauen, das redaktionell abhängig ist, dessen Moderatoren nicht einmal ansatzweise den Unterhaltungswert von TV-Profis besitzen und bei denen die Interviewpartner wesentlich schlechter sind als die TV-tauglichen Interviewpartner von N.TV und N24? Eine eigene Finanzsendung für eine Bank oder einen Konsumgüterhersteller ist – wenn die packende Idee fehlt – der Versuch, mit einer Ansammlung von Wettbewerbsnachteilen Zuschauer zu gewinnen.

5.1   Themenentwicklung fürs Fernsehen

»Wir wollen uns im Fernsehen als junger, moderner und trendiger Anbieter von Mode für das weibliche Zielgruppensegment zwischen 20 und 35 präsentieren.« Vergessen Sie solche Sätze. Sie bringen Sie nicht weiter, sondern im Gegenteil: Sie blockieren Ihre Kreativität! Drücken Sie den »Strategie-Delete-Knopf« und denken Sie an gute Geschichten! Ihre Ausgangsfrage für den kreativen Prozess lautet nicht: Wie können wir unser Unternehmen im Fernsehen platzieren? Sondern: Wie können wir einen nützlichen Beitrag zu einer Fernsehgeschichte leisten?

Fernsehen ist keine Fabrikware. Einen Text können Sie mit leichter Varianz problemlos in verschiedenen Printmedien platzieren, im Fernsehen funktioniert das nicht. Jedes Format ist anders, jedes Format ist einzigartig und will es auch sein: Schließlich sind Themenaufbereitung, Bildsprache, Schnitt, Protagonistenauswahl und -inszenierung ein wesentliches Differenzierungsmerkmal der verschiedenen Formate.

Natürlich liegt es nahe, dass der junge trendige Anbieter von Mode eine Typberaterin engagiert und für ein Boulevardmagazin im Fernsehen eine klassische Vorher-Nachher-Geschichte drehen lässt: Von der grauen Maus zum bewunderten Schwan – verzeihen Sie mir dieses abgedroschene sprachliche Bild, aber es passt genau zum ersten naheliegenden Einfall eines Modethemas. Seien Sie kreativ und erweitern Sie das Themenspektrum! Bringen Sie die Produkte des Modeherstellers mit Themen wie diesen in Verbindung: Der große Dienstleistungstest, Erfolg im Job, gutes Benehmen, Geld sparen im Alltag und so weiter.

Arbeiten Sie zunächst mit der Assoziationsmethode. Überlegen Sie frei heraus und ohne sich gedankliche Schranken zu setzen, was Ihnen zum Thema Mode alles einfällt. Wer trägt Mode? Wann wird Mode getragen? Wo wird sie getragen? Und wozu ist Mode nützlich?

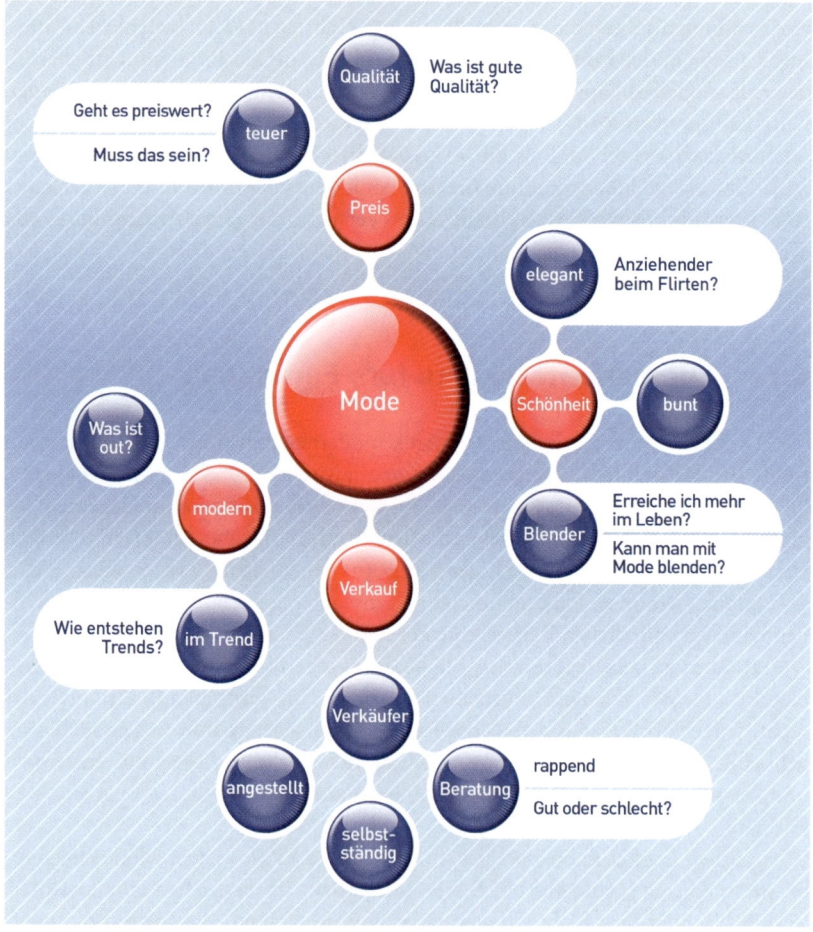

Was fällt Ihnen alles zum Thema Mode ein?

Beginnen Sie, mit den einzelnen Worten zu spielen, spinnen Sie mögliche journalistische Themen rund um diese einzelnen Themen. Und bedenken Sie dabei immer: Ihr Unternehmen muss dabei nicht im Mittelpunkt stehen! Schließlich entwickeln Sie keinen Werbespot, sondern ein TV-Thema. Themen rund um Modeprodukte könnten beispielsweise diese hier sein:

- Verkäuferinnen-Reportage: Eine Angestellte, die Ihre Produkte verkauft, ist Protagonistin einer Reportage über den Alltag von Verkäufern und Verkäuferinnen. Die anderen Protagonisten kommen aus anderen Bereichen: Automobil, Unterhaltungselektronik etc. Sie müssen die Aufmerksamkeit zwar teilen, aber Sie haben sie wenigstens.
- Wissensmagazin – Rätsel Schönheit: Ein Bericht in einem TV-Magazin wie »Galileo« oder »Welt der Wunder« zur Frage, was Menschen als schön empfinden und warum sie es als schön empfinden. Ein Teil dieses Berichts handelt von Kleidung. Ihrer Kleidung.
- Ratgeber Bewerbung: Für ein Servicemagazin lassen Sie einen Coach eine Bewerberin oder einen Bewerber mit neuer Kleidung ausstatten. Es gibt einen Vorher-Nachher-Vergleich und die Lösung der Frage: Welchen Beitrag spielt die Kleidung (in diesem Fall: Ihre Kleidung) beim Erfolg?
- Der Sprung in die Selbstständigkeit – Reportage am Beispiel eines Modegeschäfts. Welche Produkte die Betreiberin im Sortiment hat und empfiehlt, brauche ich hier nicht zu erwähnen, oder?
- Sparen im Alltag – Gut aussehen für wenig Geld. Ein Servicebeitrag, bei dem eine Modeverkäuferin sagt, wie man verschiedene Kleidungsstücke geschickt miteinander kombinieren kann: Ein Teil Markenkleidung, ein Teil No-Name-Kleidung.
- Der Beschwerdetester: Ein Reporter testet, ob man bei Beschwerden ernster genommen wird, wenn man gute Kleidung trägt.
- Der Blender-Test: Wie gut kommt man mit hochwertiger Kleidung und einer gut erzählten Phantasiegeschichte an Türstehern von Szenediskotheken vorbei? Der Protagonist erzählt dabei immer wieder, wie wichtig die Wahl des richtigen Modelabels ist.

Je offener Sie sind, je mehr Sie auf die Bedürfnisse des Senders eingehen, desto größer sind Ihre Erfolgschancen. Und Ihre Chancen auf mehr als eine einzige TV-Platzierung: Wenn Sie nur eine einzige Herangehensweise bei der Themenentwicklung haben, sinkt die Zahl der möglichen Fernsehformate drastisch!

5.2   Der ganze Platz jubelt –
Die kreative Inszenierung von TV-Bildern

Als ich Programmdirektor von ANTENNE THÜRINGEN war, hatten wir eine Medienkooperation mit Wetten dass? Das ZDF macht diese Kooperationen in allen Bundesländern, in denen die Sendung läuft, und sie ist ein recht einseitiges Geschäft: Der beteiligte Sender macht Promotion für die Außenwette, sorgt durch Promotion im Vorfeld dafür, dass der Platz bereits zu Beginn von Wetten dass? gut besucht ist, stellt eine große Bühne vor Ort auf, kümmert sich um das Vor- und Nachprogramm und stellt die Musik für die After-Show-Party. Im Gegenzug verspricht das ZDF, dass das Senderlogo im Fernsehen erscheint. Natürlich ohne jede Garantie, es gibt zudem strenge Vorschriften, wie der Sender seine Logos platzieren darf. Eine Form des Product-Placements, bei der kein Geld fließt, sondern ein Geschäft, bei dem die Partner Leistung und Gegenleistung erbringen.

Diese Form von Product-Placement hat jedoch ein großes Problem: Das Bild erzählt keine Geschichte. Das Logo im Hintergrund ist kurz zu sehen, alle Beteiligten im Sender freuen sich. Die Eitelkeiten sind gestreichelt, aber in der Öffentlichkeit hat es niemand wahrgenommen. Wie also hilft man den Bildern auf die Sprünge? Durch Kreativität, einhundert Luftballons, zwei selbst gemalte Transparente, ein halbes Dutzend Helfer und einen Überraschungsüberfall. Die Herausforderung: Dem Fernsehpublikum suggerieren, dass alle Erfurter Fans des Senders sind. Und so hat es funktioniert:

Der Erfurter Domplatz war mit mehreren hundert Besuchern schon kurz vor Beginn der Sendung gut gefüllt. Die Kameraleute probten ihre Einstellungen. Ein »Guerilla-Kommandeur« beobachtete ihre Einstellungen von einem höheren Punkt aus und verteilte die Helfer per Funk im Publikum so, dass sie genau dort standen, wo die Kamera hinzeigte. Knapp fünf Minuten bevor Thomas Gottschalk das erste Mal auf den Erfurter Domplatz schaltete, begann die Vorbereitung. Die Helfer verteilten Luftballons mit dem Senderlogo in den ersten Reihen des Publikums und instruierten die Wartenden. Anschließend brachten sie die Transparente in Stellung. Schon der erste Kameraschwenk über den Erfurter Domplatz bestand aus einer scheinbar riesigen jubelnden Menschenmenge, die begeistert ihre roten Sender-Luftballons in die Kamera hielten. Und als der Wetten-dass-Reporter auf Sendung war, tauchten genau hinter ihm zusätzlich auch noch Transparente auf: »Antenne Thüringen Fanclub grüßt Tommi! Du bist süß!«

Um solche Bilder zu inszenieren, brauchen Sie szenische Kreativität: Sie müssen die Bilder im Kopf gestalten, die Sie später im Fernsehen sehen wollen. In der Realität habe ich oft das genaue Gegenteil erlebt: Ein Fernsehteam kommt in Ihr Unternehmen, um den Geschäftsführer zu interviewen. Welche Bilder bieten

Sie ihm an? Ich habe Dutzende solcher Interviews gemacht und kann Ihnen den Ablauf ziemlich genau schildern: Ein Vertreter der Pressestelle kommt und führt das Kamerateam in einen Konferenzraum oder das Büro der Person, die interviewt werden soll. Nach einem kurzen Vorgespräch wird das Interview geführt. Die anschließende Frage »Können wir noch ein paar Schnittbilder drehen?« wird so gelöst: Person sitzt am Schreibtisch, notiert Dinge, liest in Akten oder arbeitet am Computer. Ergebnis: Eine Bildsprache, die langweilig und austauschbar ist.

Inszenieren Sie! Bitte inszenieren Sie! Was sind die stärksten Motive in Ihrem Unternehmen? Nehmen Sie eine Videokamera und schauen Sie durch den Sucher: Gibt es Einstellungen, die das, was Sie tun und wofür Sie stehen, symbolisieren? Oder die wenigstens so gut aussehen, dass sie ein positives Bild Ihres Unternehmens schaffen? Wenn man bedenkt, wie eng das Image eines Unternehmens mit dem Image des Vorstandsvorsitzenden verknüpft ist und wenn man sich überlegt, dass Meinung zu einem großen Teil über Bilder entsteht, ist es fast unverständlich, wie wenig Gedanken Unternehmen in die Entwicklung von Fernsehbildern stecken. Haben Sie in Ihrem Unternehmen oder im Unternehmen Ihrer Kunden feste Interviewpositionen? Haben Sie einen Plan für die Schnittbilder, die das Kamerateam macht? Gibt es in Ihrer Firma sogar Videomaterial von den Personen, die regelmäßig im Fernsehen interviewt werden oder interviewt werden sollen? Und wenn ja, was ist auf diesem Videomaterial zu sehen? Ich rate mal:

- Bilder von der letzten Aktionärsversammlung. Der Vorstandsvorsitzende sitzt an einem langen Rednertisch auf der Bühne und spricht zu Aktionären. Was wollen Sie damit zeigen? Das Zentralkomitee der KPdSU tagt? Zeigen Sie andere Bilder: Der strahlende Sieger betritt unter dem Applaus der Aktionäre den Saal. Oder: Der verständnisvolle Unternehmenschef nimmt sich Zeit zum Zuhören. Und wie sieht der Raum aus, den Sie zeigen? Der klassische langweilige große Konferenzraum? Oder ist es ein Ort mit Symbolkraft? Wie ist der Ort arrangiert? So, dass später ein Fernsehbild entsteht, das zum Unternehmen passt und die Botschaft transportiert: Hier ist ein modernes Unternehmen? Oder erinnert das Bild an die Delegiertenversammlung des SPD-Ortsvereins Kleinbrügge-Moltensen?
- Wahllose Bilder vom Unternehmen. Ich kenne Ihr Videomaterial nicht, aber ich bin an Dutzenden solcher Videos verzweifelt. Wahrscheinlich wurden folgende Motive gefilmt: Unternehmen von außen, Bilder aus der Konzernzentrale, Menschen in Büros, Angestellte in Labors oder Menschen in der Produktion. Bilder, die keine Geschichte erzählen und keine Emotionen wecken. Nur eines ist noch schlimmer: Hochglanzbilder, von einem Werbefilmer gedreht, die kein TV-Redakteur jemals in einen Beitrag schneiden würde.

179

Ist der Vorstandsvorsitzende auf diesen Bildern irgendwann einmal zu sehen? Wenn ja: Was tut er? Spricht er mit Mitarbeitern an ihrem Arbeitsplatz? Wie sieht der Arbeitsplatz aus? Wie sieht der Mitarbeiter aus? Und welche Körpersprache hat Ihr Vorstandsvorsitzender dabei? Bilder sind der stärkste Träger von Botschaften! Der Chef und seine Mitarbeiter, das kann symbolisieren: Hier kommt ein Schnösel, der keine Ahnung von dem hat, was seine Mitarbeiter da eigentlich tun. Oder aber: Hier ist eine charismatische Führungskraft, die auf die Qualität vor Ort achtet.

Die kreativste und überzeugendste Inszenierung, die ich je gesehen habe, war die von Bill Clinton. Sein Beraterteam hat es meisterhaft verstanden, seine Geschichte in Bildern zu erzählen. Für Clinton waren die Fernsehbilder so wichtig, dass sich im Wahlkampf ein eigenes Team aus TV-Experten und Hollywood-Produzenten um das Arrangement und die Gestaltung der Szenen kümmerte. Auch als er die Präsidentschaftswahl gewonnen hatte, steuerte Clinton sein Image über TV-Bilder. TV-Experte Steve Rabinovich hatte sein Büro direkt neben dem Weißen Haus und entwickelte eine kreative Bildsprache für den Präsidenten. Für ein halbstündiges Feature der VOICE OF AMERICA habe ich Rabinovich 1992 interviewt:

Meyer: »Wie setzen Sie Präsident Clinton in Szene?«

Rabinovich: »Wir wissen, worüber der Präsident sprechen will … und dann versuchen wir, ein Bild dafür zu finden, dass diese Botschaft verstärkt. Um ein Image für den Präsidenten zu kreieren, stelle ich mich an die Stelle, an der ich später die Fotografen und Kameraleute positioniere, um zu sehen, was sie später sehen werden. Dann sehe ich, was im Rahmen ist, entferne Dinge, die nicht in diesen Rahmen gehören oder stelle Dinge dorthin, die hineingehören. Wenn der Fotograf oder Kameramann seine Bilder macht, bekommt er das Bild, dass ich für ihn vorgesehen habe.«

Meyer: »Wie haben Sie im Wahlkampf das Image des Siegers aufgebaut?«

Rabinovich: »Die Platzierung von Flaggen, Ballons und Konfetti war immer dafür gedacht, den Eindruck des Sieges zu verstärken und den Erfolg des Wahlkampfes klarzumachen. Selbst wenn wir einen Staat nur ganz knapp gewonnen hatten, gaben wir eine riesige Feier, denn das machte auf den Zuschauer oder Leser den Eindruck, dass der Gewinn größer ausfiel, als er in Wirklichkeit war.«

Meyer: »Clinton sollte im Wahlkampf wie ein Staatsmann aussehen. Wie haben Sie das arrangiert?«

Rabinovich: »Ohne dass wir das Weiße Haus zu sehr kopieren wollten, haben wir den Gouverneurssitz in Little Rock sehr viel benutzt. In dem Haus haben wir Arrangements gefunden, die sehr staatstragend wirkten. Dort gab es Ecken, die dem Weißen Haus ziemlich ähnlich sahen. Zum Beispiel der Kamin oder draußen vor dem Eingang. Diese

Bilder haben regelmäßig den Eindruck verstärkt, dass Clinton wie ein Präsident aussah.«

Die perfekte Inszenierung – Wahlkämpfer Clinton packt an

Clintons Berater haben nichts dem Zufall überlassen: Eine Wahlkampfreise durch die USA wurde als Bustour arrangiert. Jeder Ort, an dem der Kandidat ausstieg, jeder Mensch mit dem er sprach, jede Kulisse, die ihm für seine Rede diente, wurde zuvor sorgfältig arrangiert. Das Clinton-Team entwickelte Szenen, die seine Politik und seine Haltung verdeutlichten: Wie zeigt man, dass ein Kandidat eine junge Alternative ist? Indem man ihn saxofonspielend im Fernsehen auftreten lässt. Und wie gewinnt man die Sympathie schwarzer Wähler? Indem man ihn in einem Armenviertel auftreten lässt. Bill Clinton in einem schwarzen Stadtteil von Washington, D.C. Ein drahtloses Mikrofon übertrug alles, was Clinton sagte. In seinem Treffen mit einem schwarzen Ladenbesitzer steckte die Kreativität eines Hollywood-Films. Diese perfekte Inszenierung war einer der Hauptgründe für seinen Wahlsieg.

In der deutschen Politik wirken die Versuche mitunter stümperhaft im Vergleich zu den USA. Während seines Wahlkampfes war Edmund Stoiber in einem Berliner Internetcafe, wo er online Fragen beantwortete. Um ihn herum eine Meute von

Fotografen und Kameraleuten. Und ein junger Mensch, der sich über Edmund beugte und ihm die Einstellung des Chat-Rooms zeigte. Was war die Botschaft? Opa lässt sich einen Computer erklären. Gut angedacht, schlecht in Szene gesetzt, am Ende peinlich.

Suchen Sie nach der Kernbotschaft

Identifizieren Sie, welche Botschaft die Bilder Ihres Unternehmens und die Bilder der Person, die Sie inszenieren wollen, verbreiten sollen. Legen Sie sich dabei auf ein bis zwei Kernbotschaften fest. Und achten Sie darauf, dass diese Kernbotschaft Assoziationen zulässt. Aus der Kernbotschaft »ein seriöser und kompetenter Mensch« ist wenig herauszuholen. Vorsicht auch vor allgemeinen Kernbotschaften wie: »Wir wollen zeigen, dass wir ein modernes Unternehmen sind.« Jeder ist modern. Alles ist modern. Modernität ist keine Eigenschaft, mit der Sie punkten können und zudem eine Botschaft, die bei der Umsetzung immer wieder in Plattitüden endet: Der Mensch, der durch einen großen modernen Glaspalast läuft. Gähn!

Machen Sie die Kernbotschaft konkret! Sie wollen einen Menschen als kompetent darstellen? Was heißt das genau? Versteht er etwas vom Kerngeschäft? Hat er eine besondere Nähe zu den Kunden? Liebt er es, als normaler Kunde aufzutreten und die Qualität seiner eigenen Produkte und Dienstleistungen zu testen? Oder kann er gut mit Zahlen jonglieren? Die Definition des Wortes »Kompetenz« ist so vielfältig, dass Sie gut daran tun, sie genau zu definieren.

Finden Sie Bilder für die Kernbotschaft

Schreiben Sie wahllos alle Bilder und Szenen auf, die Ihnen zur Kernbotschaft einfallen. Alle! Arbeiten Sie mit Assoziationen, so wie Sie es gerade bei der Modefirma getan haben. Lassen Sie alle Gedanken zu! Gehen Sie Ihr Leben und das Leben der Person, die Sie in Szene setzen wollen, Punkt für Punkt durch. Sie wollen den Vorstand eines Einzelhandelskonzerns in Szene setzen. Welche Bilder und Szenen passen zu den Kernbotschaften?

Kernbotschaft	Umsetzung
Kundennähe ist unser oberstes Ziel	Bilder und Szenen in einem Geschäft: An der Kasse, führt fragenden Kunden zur Ware, erklärt Vorzüge von Produkt A zu Produkt B, beantwortet Fragen von Kunden, kontrolliert die Lager etc. Spontane Dialoge sind ausgesprochen fernsehtauglich! Im Fernsehen sind das klassische Reportageelemente.
Chef verlässt sich nicht nur auf Zahlen, sondern auf seinen gesunden Menschenverstand.	Spontane Zufallsgespräche mit Konsumenten: Schicken Sie den Chef auf die Straße und lassen sie ihn dort im spontanen Einzelgespräch Marktforschung betreiben.
Qualität ist das oberste Ziel unseres Unternehmens.	Der Qualitätstest: Besuch auf einem Bauernhof, Kontrolle der angelieferten Materialien etc.
Service	Bilder und Szenen mit Käufern: Trägt Kunden die Waren ans Auto, ist zu Gast zu Hause bei Stammkunden, erkundigt sich nach den Erfahrungen mit dem Produkt. (Diese Bildsprache können Sie beispielsweise auch anwenden, wenn Sie für ein bildarmes Unternehmen – zum Beispiel IT – arbeiten. Überlegen Sie, ob es Kunden gibt, die bildstarke Motive haben und drehen Sie dort.)

Wenn Sie das Bild eines jungen, dynamischen Vorstandsvorsitzenden erzeugen wollen, was können Sie zeigen, um genau das auszudrücken? Steigt er auf Berge, macht er Sport? Ist vor dem Unternehmen eine Kletterwand aufgebaut, die symbolisiert, dass das Unternehmen nach oben will? Und kann Ihr dynamischer Vorstandsvorsitzender da auch wirklich raufklettern? Lassen sich außerhalb des Unternehmens Szenen finden, die das verdeutlichen, wofür der Mensch steht? Wo holt sich die Person ihre Inspirationen? Wo gibt es einen Bezug zum alltäglichen Leben von Menschen?

Wenn Sie in Ihrem Unternehmen einen Experten für ein Fachgebiet aufbauen wollen, wie zeigen Sie seine Expertise? Wenn er Fachmann für internationale Wirtschaftsbeziehungen ist, brauchen Sie Bilder von ihm auf einer Auslandsreise mit der Bundeskanzlerin, einem Treffen mit Bill Gates, einen gut arrangierten Auftritt auf einer Fachkonferenz etc. Oder Sie entwickeln eine ausgefallene Strategie.

Der Schwan vom Aasee – Erzählen Sie moderne Märchen!

Nehmen wir an, Sie machen PR für bestimmte Reiseziele, beispielsweise das Urlaubsparadies Niemandsland. Dann ist die große Frage für Sie: Wie bekommen wir das Niemandsland ins Fernsehen? Wie zeigen wir die romantischen Strandpromenaden, die schicken Hotels und die Gastfreundlichkeit von Niemandsland? Immerhin bietet das Land die perfekte Mischung aus einem Bade- und Aktivurlaub und ist zudem voller Kulturdenkmäler, die man besichtigen kann. Auf diese Frage haben Sie zwei Antwortmöglichkeiten: Sie filmen das alles ab und setzen auf das Prinzip Hoffnung – irgendein Sender wird das schon ausstrahlen. Oder Sie tun das, was Unterhaltungssendungen wie das Traumschiff so erfolgreich macht. Sie füllen die schicke Kulisse mit Handlung. Suchen Sie nach außergewöhnlichen Geschichten und bildstarken Ritualen in Niemandsland. Oder kreieren Sie eigene Handlungen: Moderne Märchen. Fragen Sie sich:

- Wenn es eine Daily Soap an dem Ort oder rund um Ihr Produkt geben würde, wovon würde sie handeln? Schreiben Sie so viele Soap-Ideen wie möglich auf!
- Wenn es eine Show rund um den Ort oder das Produkt geben würde, wie würde sie aussehen? Nehmen Sie sich für diese Frage Zeit und notieren Sie alle Show-Ideen, die Ihnen kommen.
- Wenn es im Fernsehen eine Reportage geben würde und Sie wären ein Teil davon, was wäre das Thema? (Diese Methode haben Sie bereits kennengelernt, hier wenden Sie sie noch einmal an.)

Betrachten Sie Ihr Produkt, Ihr Unternehmen, Ihre Organisation oder das, worüber es zu berichten gilt, als Kulisse, die mit Leben gefüllt werden muss. Was bringt es, wenn ein Theater die beste Kulisse der Stadt hat, aber die Dialoge Sie einschläfern? Was hilft die beste Ausstattung in einem Film, der langweilig ist? Nichts. Die Handlung ist das Wichtigste, alles andere unterstützt die Handlung nur.

Der Aasee in der westfälischen Stadt Münster ist schön und zugleich nützlich. Der künstlich angelegte See hat eine bedeutende ökologische Funktion für die Stadt. Außerdem reduziert er die Hochwassergefahr für die Stadt erheblich. Der See ist das Kernstück eines Naherholungsgebietes mit vielen Attraktionen: Am Aasee liegen unter anderem der Allwetterzoo der Stadt, das Westfälische Museum für Naturkunde mit dem Planetarium und das Mühlenhof-Freilichtmuseum. Nur: All das interessiert das Fernsehen nicht. Erinnern Sie sich noch, womit der Aasee im Herbst 2006 bundesweit Schlagzeilen gemacht hat? Mit dieser Geschichte:

Platonische Liebe am Aasee

Trauerschwan liebt Tretboot

Wo die Liebe hinfällt: Am münsterschen Aasee hat sich ein schwarzer Trauerschwan unsterblich verliebt – in ein schwanenförmiges Tretboot. Rührend
umwirbt der Junggeselle seine Angebetete, doch die bleibt kühl.

Majestätisch streckt der kohlschwarze Vogel seinen langen Hals in die
Höhe und gibt einen herzzerreißenden Schrei von sich. Sein Ruf bleibt jedoch
ungehört, die angebetete Schwanendame schweigt. Sie kann ihn nicht hören,
sie kann ihm nicht antworten: Die weiße Schwanenfrau ist aus Plastik. Als
Tretboot versüßt sie bei schönem Wetter Besuchern den Aufenthalt am münsterschen Aasee. Die Annäherungsversuche des schwarzen Schwanenmännchens
sind somit von vornherein zum Scheitern verurteilt – seiner Bezeichnung
Trauerschwan macht der unglücklich Werbende unfreiwillig alle Ehre. Eine
tragische Liebesgeschichte.

WDR

Die Schwanenliebe vom Aasee hatte alles, was das Zuschauerherz im Fernsehen begehrt: Schöne Bilder, Tiere und viel Emotion. Herzschmerz. Kitsch. Geschichten wie diese sind es, die Sie ins Fernsehen bringen. Vergessen Sie die ökologische Funktion des Sees. Sie ist allenfalls eine Erwähnung in einem Touristenführer wert. Für das Fernsehen ist sie unbrauchbar. Suchen Sie nach außergewöhnlichen bildstarken Handlungen in Ihrer Kulisse!

5.3 Dudel-PR im Dudelfunk – Die unterschätzten Möglichkeiten der Radio-PR

SAT1 startete die Serie »Verliebt in Berlin« mit einer ungewöhnlichen Radiokooperation: Die beteiligten Sender sollten rund um das Thema »Liebe am Arbeitsplatz« redaktionelle Themen und Moderationen entwickeln und diese mit dem Start der neuen Serie in Verbindung bringen. Was konventionell klingt, ist ein kluger kreativer Schachzug. SAT1 nutzte damit das Medium Radio optimal – die meisten Aktionen und Ideen hingegen, die von Unternehmen und Agenturen kommen, sind von vornherein zum Scheitern verurteilt. Weil die Urheber der Idee das Medium nicht verstehen.

Radio ist ein klassisches Nebenbeimedium. Es steht in der Ecke herum und dudelt vor sich hin. Hörer schenken dem Radio mal mehr, mal weniger Aufmerksamkeit, Sie hören kurz hin, ob sie das, was dort läuft, interessiert, und dann machen Sie wieder irgendetwas anderes. Radio ist nicht mit der Zeitung vergleichbar: Fürs Zeitungslesen entscheidet sich der Leser aktiv, er nimmt sich Zeit dafür, er lässt sich auf das Medium ein. Auch Fernsehen ist – mit Ausnahme vieler Nachmittagsprogramme, die die Aufgabe bewusster Nebenbeirieselung erfüllen – aktiv: Ich lasse mich bewusst auf ein Programm ein und schaue es auch. (Mit Ausnahme natürlich der Werbung, da geht die Familie kollektiv auf die Toilette.) Und Angebote im Internet kann man – außer Internetradio – nur aktiv konsumieren.

Entsprechend funktionieren Konzepte, die für die Zeitung, für das Internet oder das Fernsehen entwickelt wurden, im Radio nur sehr eingeschränkt bis gar nicht. Den klassischen PR-Beitrag können Sie im Prinzip vergessen. Mit Ausnahme weniger Fälle verschwindet das Hochglanzprospekt mit beigelegter CD gleich im Papierkorb. Einzige Ausnahme: Es ist irgendetwas Begehrenswertes auf der CD drauf. Film-O-Töne, ein Interview mit einem Star oder ähnliches. Ansonsten werden journalistisch angehauchte PR-Beiträge nur zu einem Zweck gesendet: Um den gesetzlich geforderten Mindestwortanteil zu erreichen. Dann aber werden die Beiträge in den Stunden gesendet, in denen garantiert niemand zuhört:

Beispielsweise am Sonntag morgen zwischen fünf und sechs Uhr. Bei einem Sender, den ich kenne, hat die Agentur mit Geld nachgeholfen. Und schwupp – waren die Beiträge im Programm. Allerdings auf die minimal vertretbare Länge gekürzt, zum schlechtesten aushandelbaren Zeitpunkt und mit Musik unterlegt, so dass sie möglichst wenig stören.

Das alles macht Radio – so sollte man denken – für PR nur sehr eingeschränkt interessant. Das Gegenteil – siehe SAT1 – ist der Fall. Radio ist ein sehr persönliches Medium: Moderatoren reden direkt mit ihren Hörern, wenn Sie gut positioniert sind, sind es nicht nur Bekannte, sondern Vertraute und Freunde. Wenn ein Moderator einem Hörer etwas erzählt, ist das wie der gute Tipp eines guten Bekannten: Man schenkt ihm eher Glauben. Wenn ein Moderator eine Fernsehserie empfiehlt, wirkt es mehr, als wenn ein Werbespot läuft: Es ist glaubwürdiger. Radio schafft Tagesgespräch: Ein Thema, das beispielsweise in einer Frühsendung immer wieder auftaucht, ist – vorausgesetzt es erfüllt die Kriterien für Gesprächswert – anschließend auch Thema am Arbeitsplatz. Und: Radio kennt praktisch keine kreativen Grenzen. Liebe am Arbeitsplatz, das Thema von SAT1, kann in vielfältigster Art und Weise in das Programm eingebunden werden:

• das klassische Experteninterview als Servicethema
• ein Hörergespräch wird entsprechend gedreht (»Gibt es bei Ihnen verliebte Kollegen?«)
• Moderationen gehen auf das Thema ein (»Dieser Titel hier ist für die heimliche Liebe am Arbeitsplatz«)
• Comedy-Rubriken gehen spielerisch mit dem Thema um (»Die Top-Five-Ausreden, warum es im Büro heute wieder etwas länger dauert«)
• in einer Sendung wird daraus eine Höreraktion gemacht (»Verliebt in einen Kollegen? Senden Sie anonyme Liebeserklärungen.«)

und so weiter. Selbst die engen Grenzen des Formatradios lassen viel mehr kreativen Spielraum zu als beispielsweise das eng geschnürte Korsett eines TV-Formats oder einer Zeitung. Die Muster, die im Radio funktionieren, sind im Prinzip ganz einfach: Klare plakative Ideen kreativ umgesetzt und rund um die Uhr penetriert. Geräusch erraten und gewinnen. Fertig. Den richtigen Geldschein dabei haben, wenn die Nummer durchgesagt wird. Mehr nicht. Die Grundidee muss so einfach sein, wie Sie es sich nur vorstellen können. Für Ikea haben wir ein Ratespiel entwickelt: Ist es ein Ikea-Produkt oder Phantasie? Ist Poppen ein Ikea-Produkt oder das, wovon die Moderatoren gerade träumen? Die Chance bei diesem Spiel lag bei 50 zu 50. Die Auswahl origineller Phantasienamen ist extrem wichtig. Dazu wurde die schwedische Woche initiiert, einen Abend lang schwedische Musik gespielt, die Senderverpackung wurde geändert, Außenreportagen ins Programm genommen, die Nachricht von der Ikea-Eröffnung im Sendegebiet war in den Nachrichten, im

187

Verkehrsfunk und im Wetterbericht. Diese Form der kreativen Penetration sorgte für ein Verkehrschaos am Eröffnungstag und eine komplett blockierte A 4.

Der Goldrausch, eine Konzeption für die Sparkasse, beruhte auf einer ähnlichen Mechanik. Rund um die einfache Mechanik des Geräuscheratens herum haben wir zwei Cowboy-Charaktere und auffällige Sendeelemente entwickelt, die das Programm vier Wochen lang beherrschten. Darunter waren viele Comedy-Elemente, ein eigens eingesungener Goldrausch-Song und eine durchdachte Story. Diese Produktion war nicht nur für den Kunden die anschließende Benchmark, sie erhielt auch den Preis des Fachmagazins RADIOJOURNAL für die beste Radiokampagne des Jahres.

Was im Radio nicht funktioniert, ist leider genau das, was viele Unternehmen und Agenturen anbieten:

Unattraktives: Eine Brauerei kam mit der Idee, jeden Nachmittag zwischen 17 und 18 Uhr einen Kasten Bier zu verlosen. Eine andere mit der Aktion, dass jeder Hörer, der zu einem bestimmten Stichtag zehn Kronkorken zu einem Wagen der Brauerei bringt, zehn Euro bekommt. Wozu? Die Preise haben die Attraktivität einer Beutelratte. Aktionen dieser Art sind der typische Werbe-Spam, der von Konsumenten einfach überhört wird.

Kompliziertes: Dreimal täglich werden im Programm Hinweise gegeben, die der Hörer kombinieren muss und die der Schlüssel zu einem Rätsel auf der Internetseite sind. Viel zu kompliziert! Die einzigen, die diesen Weg noch mitmachen, sind Langzeitarbeitslose, deren Hauptbeschäftigung die Teilnahme an Gewinnspielen ist.

In meinem Buch »Radio-Strategie« finden Sie neben vielen Fakten, die Ihnen das Verständnis für das Medium erleichtern werden, auch einen Abschnitt, der sich ausschließlich mit der Entwicklung und Konzeption von Radiopromotions beschäftigt. Sie werden dort erfahren, wie Sie das, was ich das »Cockpit des Programmdirektors« nenne, nutzen können, um Promotions mit einer Vielzahl von Stilmitteln zum Erfolg zu führen.

6 Um Himmels willen! Oma ist bei Facebook! – Die kreativen Spielregeln des Web 2.0

Ja, da ist sie endlich! Die neue Welt, auf mindestens 350 Fachkongressen durchdiskutiert. Die Welt ohne Journalisten, die bisher wie Türsteher vor einer Diskothek standen und ein PR-Thema einfach nicht zum Empfänger durchlassen wollten! Eine Welt ohne Schranken, mit direktem Kontakt zum Konsumenten. Juchhu! Von so einer Welt haben Pressesprecher und PR-Agenturen immer geträumt!

Mit den Journalisten sind diejenigen aus der Kommunikation verschwunden, die das Erscheinen einer Meldung verhindert haben. Soweit so gut. Inzwischen erscheinen die Meldungen. Nur heißt das noch lange nicht, dass sie jemand liest. Viel schneller als früher drücken User Texten jeder Art den Stempel »Gähn!« auf. Sie haben einen Corporate Blog? Prima. Wie viele lesen ihn? Sie twittern regelmäßig und haben schon 2.246 Follower? Prima. Wer sagt, dass Ihre Meldung im Gezwitscher nicht komplett untergeht? Hand aufs Herz: Hat es jemals ein Newsletter Ihrer Xing-Gruppe geschafft, dass Sie ihn lesen? Ist es Ihnen schon passiert, dass Sie es während eines Meetings kaum auf Ihrem Konferenzstuhl ausgehalten haben, weil Sie unbedingt wissen wollten, welchen Kommentar ein Facebook-»Freund« abgegeben hat?

Wie oft schauen Sie Unternehmensfernsehen im Internet? Wie viele Podcasts haben Sie abonniert? Wie oft nehmen Sie an Diskussionen in Chatrooms und in Community-Foren teil? Und wie viele Unternehmensvertretungen in Second Life (ja, das war dieser Dienst, in dem 2007 alle Firmen virtuelle Niederlassungen gründeten) haben Sie besucht? Ohne Sie näher zu kennen stelle ich einmal eine These auf: Ja, Sie gucken sich ab und zu schon einmal den einen oder anderen Internet-Blog an. Und vielleicht öffnen Sie, wenn Sie auf Gleis 17 gerade auf den verspäteten ICE warten, auch einmal schnell die Twitter-App auf Ihrem iPhone, Android-Handy oder Blackberry. Aber so richtig von den Socken gehauen hat es Sie nicht. Und Sie haben sich vorgenommen, da mal wieder vorbeizuschauen. Aber die Zeit. Ja, wenn man denn nur Zeit hätte …

Sie müssen sich nicht rechtfertigen. Und zur Beruhigung: Sie verpassen auch nicht viel. Eine Meditationssitzung ist spannender als der Blog von Frosta und das Web-TV-Angebot von Karlsberg zusammen. Bevor Sie sich in Ihrem Unternehmen oder Ihrer Agentur fragen, ob Sie jetzt auch eine Facebook-Fanseite ins Leben rufen müssen, stellen Sie sich folgende Frage: Was wollen wir da? Wie fallen wir dort auf? Wie kommunizieren wir unsere Inhalte kreativ? Genau das aber sind die wichtigsten Fragen. Ein TWITTER-Kanal mit Standardmeldungen ist so spannend wie ein Supermarktregal voller Erbsen.

Kennen Sie die Werbespots der deutschen Gebühreneinzugszentrale? Schon GEZahlt? »Wenn ich morgens Brötchen hole, dann bezahle ich die auch. Ich kann ja nicht erwarten, dass die anderen für mich mitzahlen«, sagt beispielsweise ein junges Mädchen, das gerade vom Bäcker kommt. Ja klar, das ist das, was allen jungen Mädchen durch den Kopf geht, wenn sie morgens vom Bäcker kommen. »Ich fühle mich so richtig schlecht, weil ich heute Morgen schon wieder SWR3, EINS LIVE oder JUMP gehört habe ohne mich bei der GEZ anzumelden.« Fragen Sie Ihre Tochter. Ohne GEZ-Gebühren zu zahlen fühlt sie sich so richtig schlecht …

Einen sehr viel authentischeren und eleganteren Weg ist im Jahr 2009 die schwedische Rundfunkgesellschaft Radiotjänst gegangen, um die Einwohner Schwedens auf die fälligen Rundfunkgebühren hinzuweisen. Sie lanciertes ein virales Video mit einer besonderen Pointe.

Stellen Sie sich vor, sie bekommen per Mail oder im Chat einen Link zugeschickt. Sie klicken darauf und es beginnt ein Kurzfilm mit dem Titel: »The Hero – A movie about you or someone you know« Sie sehen Arbeiter in der Fabrik, einen Autofahrer, einen leeren Spielplatz. Zugleich sind die Vorbereitungen für eine Pressekonferenz in vollem Gang. Die Reporter drängen sich bereits erwartungsvoll mit ihren Kameras, während eine ältere Dame das Podium betritt und zu sprechen beginnt. Es gebe wichtige Fragen in diesen Zeiten, eröffnet sie. »Wie können wir alle darauf vertrauen, dass wirklich wahr ist, was wir im Fernsehen sehen? Dass unsere Meinungen auch wirklich unsere eigenen Meinungen sind? Und dass schwachen Stimmen Gehör geschenkt wird, dass schwache Stimmen nicht verstummen?« Während sie spricht, lauschen Menschen in ganz unterschiedlichen Lebensumgebungen ihren Worten. Einige starke Männer in der Wäscherei, andere in einer Werkstatt, ein junges Mädchen auf einer Couch, eine Immigranten-Großfamilie. Die Frau verkündet zu offenbaren, wie wir auf all diese Sicherheiten vertrauen könnten. Sorgsam öffnet ihr Assistent einen Aktenkoffer und entnimmt diesem einen Umschlag. »Eine Person gibt es«, enthüllt die Frau, während sie den Umschlag entgegennimmt, »der wir all dies zu verdanken haben.« Und zieht einen Bilderrahmen aus dem Umschlag. Ein Raunen geht durch die Menge der Anwesenden auf der Pressekonferenz. Voller Aufmerksamkeit wenden sich die Menschen im ganzen Land den Radios und Fernsehapparaten zu. »Wir können diesem Menschen dafür danken, dass er uns eine neue Perspektive gibt«, erklärt die Frau und es folgt der Schnitt, sodass Sie die Frau mitsamt des emporgehobenen Bildes sehen können. Darauf abgebildet – Sie selber! Während die Frau weiterspricht, dass dieser Mensch uns eine Wahl ermögliche zu eintönigem und kurzfristigem Denken, bricht im gesamten Land Jubel aus. Bilder aus ganz Schweden sind zu sehen. Überlebensgroß ist Ihr Bild nun auf einer Häuserfassade positioniert. Ein Kunstprofessor erklärt im Museum Interessierten ein Bild im Andy Warhol Stil mit Ihrem Profil. Mit dem rechten Arm wischt eine Oma rüde alle Familienfotos von ihrer Anrichte und platziert stattdessen liebevoll und stolz das Ihre darauf. »Wir verdanken es diesem Menschen,« spricht die Frau auf der Pressekonferenz, »dass er aus einem gewöhnlichen Tag einen besonderen macht. An dem wir vom Fernsehsessel aufstehen und sagen können: »Danke! Wir haben unsere Meinung geändert! Nur ein Wort wird diesem Menschen wirklich gerecht: Ein Held!« Und während die Anwesenden in Jubel ausbrechen ertönt triumphale Musik. Sie sehen eine Fußballmannschaft, Fabrikarbeiter und Massenkundgebungen. Alle halten Sie Ihr Bild in Händen und jubeln Ihnen ausgelassen zu. Sogar schwerelos schwebt das Porträt auf einer Raumstation! Ein ganzes Land dankt Ihnen und feiert Sie als Helden!

Besucher der Internetseite konnten ein beliebiges Foto hochladen, welches dann in den Kurzfilm implementiert wurde. Der technische Aufwand hat sich mehr als gelohnt. 45 Millionen Menschen haben den Film der schwedischen Rundfunkgebührenkampagne gesehen. Ein Musterbeispiel gelungener PR. Das Video stellt eine direkte emotionale Beziehung zwischen den angesprochenen Themen und dem Betrachter her. Gebühren zu bezahlen bedeutet nicht länger, lästige Pflichten erfüllen zu müssen. Sondern zum Helden zu werden!

Ebenfalls in Schweden nutzte Ikea im Herbst 2009 zur Eröffnung eines neuen Einrichtungshauses in Malmö das Tagging-Feature von FACEBOOK für eine wahnwitzige PR-Kampagne. Für den Store-Manager Gordon Gustavsson wurde ein Profil eingerichtet, unter welchem über einen Zeitraum von zwei Wochen insgesamt zwölf Bilder von klassischen Ikea-Wohnwelten hochgeladen wurden. Die einfache Regel: Wer sich zuerst auf einem der Möbelstücke selbst taggte, gewann dieses und konnte es bei der Eröffnung des Einrichtungshauses mit nach Hause nehmen. Die Nachricht verbreitete sich verständlicherweise wie ein Lauffeuer. Eine rasant anwachsende Fangemeinde verfolgte rund um die Uhr, ob neue Fotos hochgeladen würden und verbreitete die Nachricht über ihre Profilseiten, Newsfeeds und Links.

Wie also können Unternehmen das Web 2.0 nutzen? Wie lassen sich Kampagnen außerhalb der klassischen Medien initiieren? Wie können PR-Abteilungen und -Agenturen Ideen für das neue Medium entwickeln? Es gibt praktisch keine PR-Aktivität mehr, die am Internet vorbei kommt. Schon längst gelten auch die Altersbeschränkungen – die Jungen sind im Internet, die Alten nicht – nicht mehr. Sie möchten Kontakt zu Senioren haben? Sie finden sie im Internet. In Communitys wie »feierabend.de« sind sie aktiv. Und manch ein Jugendlicher stellt erschreckt fest: Um Himmels Willen, Oma ist bei FACEBOOK!

In diesem Kapitel werden Sie eine Reihe von Möglichkeiten kennenlernen, die Ihnen das Internet eröffnet (Stand: 2011). Die Aufzählung ist sicherlich nicht vollständig und dies ist auch kein Buch, das sich explizit mit den Möglichkeiten des Internets auseinandersetzt. Aber – und hier ist es wichtig, sich mit dem Internet auseinanderzusetzen – Ideen sind so wichtig wie niemals zuvor! Denn mit der Logik des Internets und der vielen neuen Medien hat eine neue Realität in die PR-Arbeit Einzug gehalten: Die Messbarkeit. Wenn es früher vielleicht genügt hat, Abdrucke in Zeitschriften und Zeitungen zu erzielen, entscheiden heute Klickraten und Nutzerzahlen. Ein Abdruck im Feuilleton der SÜDDEUTSCHEN ZEITUNG oder in einem Wirtschafts- bzw. Fachmagazin hat nach wie vor ein hohes Image. Allerdings können Sie über eine gut durchdachte und ideenreiche Online-PR inzwischen deutlich mehr Menschen erreichen.

6.1 Kreative PR in sozialen Netzwerken

Der Siegeszug der sozialen Netzwerke ist eine der großen Überraschungen der letzten Jahre. Zwar war er zumindest teilweise vorausgesehen worden, zwar gab es mit OPEN BC einen Vorläufer, der später zu XING wurde, doch dass Sie im Jahr 2011 beinahe jeden Menschen in Ihrem Bekanntenkreis über ein soziales Netzwerk erreichen können, diese explosionsartige Entwicklung wurde nicht vorhergesehen. Nach einer Prognose des Informationsanbieters Datamonitor werden bis zum Jahr 2012 etwa 21,7 Millionen Menschen in Deutschland in sozialen Netzwerken aktiv sein. Mit wachsender Bedeutung für Unternehmen. Starbucks hatte auf FACEBOOK Anfang 2011 weltweit mehr als 16 Millionen Fans, das heißt Menschen, die sich aktiv zur Marke bekennen und von den PR-Strategen des Unternehmens jederzeit erreicht werden können. Red Bull: Knapp 11 Millionen Fans, Nutella: 5,5 Millionen Fans, McDonald's: Mehr als 4 Millionen …

Nicht nur für Großunternehmen, sondern auch gerade für kleinere spezialisierte Anbieter sind Gruppen- und Unternehmensseiten bei FACEBOOK ein guter Kanal, um Zielgruppen zu erreichen. Doch es genügt nicht, einfach nur eine Seite einzurichten. Web 2.0 bedeutet Interaktion! Tun Sie etwas mit Ihren Fans! Veranstalten Sie Wettbewerbe, geben Sie exklusive Inhalte jenseits der offiziellen Pressemitteilungen heraus, sorgen Sie für eine Interaktion zwischen Ihren verschiedenen Fans, programmieren Sie Videospiele oder produzieren Sie lustige Videos für ihre Fans.

Im Januar 2009 etwa startete Burger King unter dem Motto: »Du magst Deine Freunde. Aber Du liebst den Whopper!« eine besonders freche Aktion bei FACEBOOK: Wer sich auf der Seite www.whoppersacrifice.com eine spezielle

FACEBOOK-App herunterlud, konnte mittels dieser Anwendung zehn Freunde aus seiner Freundesliste löschen – und erhielt im Gegenzug einen Whopper-Gutschein! Den aufgekündigten Freunden wurde mitgeteilt, dass die Beziehung für einen Gratisburger beendet wurde. Und auf der Website gab ein Counter Auskunft darüber, wie viele Freundschaften bereits für das leibliche Wohl aufgekündigt wurden. Innerhalb kürzester Zeit lösten sich knapp 234.000 Freundschaften über die App auf, bevor FACEBOOK die Kampagne aus Unmut über die fortschreitende Selbstauflösung stoppte.

Verlockendes Angebot

Wenn Sie Fan von MANAGEMENTBUCH.DE sind, einem spezialisierten Buchhandel für Wirtschaftsbücher, bekommen Sie regelmäßig Rezensionen über neu erscheinende Fachliteratur. Sie können diese Bücher auf FACEBOOK kommentieren und der Redaktion Ihre Meinung sagen.

Checkliste: Macht eine FACEBOOK-Fanpage für uns Sinn?		
	Ja	Nein
Meine Zielgruppe hält sich bereits in sozialen Netzwerken auf, durchaus auch aus einer anderen Motivation als zur Kontaktaufnahme mit mir bzw. dem Unternehmen, das ich vertrete.		
Ich bin in der Lage, der Zielgruppe im sozialen Netzwerk regelmäßig relevante Informationen zukommen zu lassen.		
Ich kann meiner Zielgruppe über die Informationen hinaus regelmäßig Mehrwert (Spiele, Umfragen, nützliche Hinweise jeder Art) geben.		
Für mich, unser Unternehmen bzw. das Unternehmen, das ich vertrete, macht es Sinn, mit einer ausgewählten Gruppe von Kunden / Interessenten intensiveren Kontakt zu pflegen.		
Ich kann genügend Ideen entwickeln, um auf der Fanseite immer wieder mit neuen überraschenden Aktionen für Gesprächsstoff zu sorgen.		

Auswertung

0- bis 1-mal Ja:
Sie sollten sich ernsthaft überlegen, ob soziale Medien zum jetzigen Zeitpunkt für Sie wirklich ein sinnvolles Mittel sind. Nur weil alle davon reden, muss es nicht automatisch für jeden Sinn machen.

2- bis 3-mal Ja:
Starten Sie, aber erwarten Sie am Anfang nicht zu viel. Wenn Sie eine PR-Agentur oder Pressestelle sind, müssen Sie sich darüber im Klaren sein, dass Sie die Erwartungen keinesfalls zu hoch setzen dürfen. In drei bis fünf Jahren kann das dann schon anders aussehen.

4- bis 5-mal Ja:
Starten Sie! Sie haben alle Voraussetzungen, um soziale Medien erfolgreich zu nutzen und von den Chancen, die sich daraus ergeben, zu profitieren. Doch Achtung: Auch wenn alle Voraussetzungen gut sind, ohne überzeugende Ideen werden Ihre Aktivitäten nicht erfolgreich.

Ob XING oder Ning – Die unerschöpfliche Welt der sozialen Netzwerke

Auch wenn das Beispiel Facebook dieses Kapitel einleitete, es gibt viel mehr! Nehmen Sie das Business-Netzwerk Xing: Dort finden Sie heute bereits mehr als 32.000 Diskussionsforen, die sich mit Themen auseinandersetzen, die von »Wie finde ich einen Job?« über Fachthemen wie Human Resources, Buchhaltung bis hin zu Fragen wie »Welcher Wein passt zu mir?« reichen. Die Gruppen haben zwischen 30 bis 100.000 Mitglieder, je nachdem, wie groß das generelle Interesse am Thema, die Anzahl und die Qualität der Beiträge innerhalb der Gruppe und die Aktivität der Moderatoren ist. Eine Veranstaltungsagentur hat binnen weniger Monate eine Gruppe mit mehr als 80.000 Mitgliedern aufgebaut. Das ist möglich, erfordert jedoch immense Anstrengungen. Wenn Sie das erste Mal eine Gruppe bei Xing anmelden, Ihre 20 besten Freunde anschreiben und drei Beiträge platzieren, ist die Chance relativ groß, dass die Gruppe nach drei Monaten Sie und Ihre besten Freunde als Mitglieder hat, ergänzt um einige wenige Menschen, die sich versehentlich verlaufen haben.

Wenn Sie aber systematisch Mitglieder dieser sozialen Netzwerke identifizieren, für die die Inhalte spannend sein können, wenn Sie mehr als nur plumpe Werbung anbieten und wenn Sie fünf studentische Aushilfen über Monate damit beschäftigen, Mitglieder einzuladen, werden Sie nach einem Jahr eine äußerst erfolgreiche Gruppe bei Xing haben. Doch Vorsicht: Beachten Sie unbedingt die Richtlinien der sozialen Netzwerke zur Ansprache von Mitgliedern! Damit Mitglieder sozialer Netzwerke nicht im Spam ersticken, gibt es sehr genaue Regeln, wer wie angesprochen werden darf. Hier gilt der Grundsatz: Regeln dehnen ist in Ordnung, sie zu überschreiten niemals. Sie laufen damit Gefahr, dass Ihre Gruppe vom sozialen Netzwerk ausgeschlossen wird und Ihre Arbeit von mehreren Monaten plötzlich wertlos ist. Ähnliche Gruppen finden Sie auch in sozialen Netzwerken wie Schülervz oder Studivz, LinkedIn oder wer-kennt-wen.

Die eiserne Grundregel – Kreativität gewinnt!

In sozialen Netzwerken müssen Sie viel häufiger nach kreativen Themen, kreativen Weiterdrehs und kreativen Themenzugängen suchen, als sie es von der klassischen PR-Arbeit gewohnt sind! Eine Gruppe in einem sozialen Netzwerk, in dem drei bis vier Tage lang nichts passiert, ist eine tote Gruppe. Die meisten Mitglieder treten zwar nicht wieder aus – dazu sind sie meistens zu faul – doch sie mutieren binnen kürzester Zeit zu Karteileichen. Zwar können Sie Ihren Gruppenmitgliedern regelmäßig Newsletter schicken, doch wenn schon die Betreffzeile so spannend ist wie die Titelseite eines Telefonbuchs, erreichen Sie nur eines: Von 20.000 Mitgliedern Ihrer Gruppe drücken 19.999 binnen weniger Minuten die »Delete«-Taste.

Sie können natürlich auch eine eigene Community gründen. Es gibt im Internet mittlerweile mehrere Anbieter, die vorkonfigurierte Netzwerke anbieten. Egal, ob Sie PR für einen Hersteller von Dosensuppen, den Verband zur Pflege von Hundefell oder einen mittelständischen Maschinenbauer machen, für jeden dieser Fälle können Sie beispielsweise bei NING eine Community anlegen. Sie können die Community individuell designen, es gibt Funktionen wie Profilverwaltung, News, Marktplätze oder Gruppen. Und mit ein bisschen gestalterischem Geschick können Sie sehr geschickt eine Community aufbauen, von der niemand mehr merkt, dass sie »von der Stange« ist. Bevor Sie sich jedoch die Arbeit machen, eine solche Community aufzubauen, sollten Sie sich eines ganz genau überlegen: Was sollen die Nutzer aus Ihrer Community mitnehmen? Hier ist Ihre Kreativität gefragt. Es geht darum, ein Informations- und Interaktionsangebot zu schaffen, das einmalig und nicht austauschbar ist.

Den APFEL einsetzen

In diesem Buch haben Sie den APFEL als Kreativitätstechnik kennengelernt. Hier können Sie beispielsweise mit der Technik der Unbekannt!-Fragen arbeiten. Überlegen Sie: Welche noch nicht gelösten Fragen haben die Mitglieder Ihrer Zielgruppe regelmäßig zum Thema? Wo können Sie einen zusätzlichen Service bieten? Wo können Sie Mitgliedern der Community durch einen Austausch einen zusätzlichen Service bieten?

Negativliste: Welche Fragen sind für Ihre Zielgruppe ungelöst

Community vom Verband der Hundehaarpfleger:
- Welches Shampoo ist für bestimmte Haarsorten am besten?
- Welches Shampoo brennt Dackeln nicht in den Augen?
- Was kann ich tun, wenn bei langem Haar das Fell verfilzt ist?
- Und wie bekomme ich meinen Hund dazu, sich regelmäßig von mir das Fell waschen zu lassen?

Maschinenbauer:
- Tipps und Tricks zur Ersten Hilfe bei kleinen technischen Defekten.
- Problembörse rund um Inbetriebnahme und Betrieb der Maschine.
- Fragen an das Designer-Team.
- Vorschläge zur Verbesserung der Technik.
- etc.

Garten-Community:
- Wann pflanze ich was?
- Wie bereite ich meine Pflanzen auf den Frost vor?
- Welche Peperonisorte gedeiht in meinem Garten am besten?
- Wie schneidet man Rosenstöcke am besten an?

Lebensmittelhersteller:
- Welche Rezepte gibt es rund um die Lebensmittel?
- Wo kommen die Lebensmittel genau her?
- Wie werden sie hergestellt?
- Wie lässt sich das spezielle Lebensmittel mit einem Diätplan verbinden?

Machen Sie sich – wie in der Apfel-Methode beschrieben – eine lange Liste von Fragen mit Hilfe der Negativliste. Nehmen Sie sich dazu Zeit. Veranstalten Sie einen Workshop gemeinsam mit Mitarbeitern des Verbandes bzw. des Unternehmens, für den bzw. das die Community entstehen soll, veranstalten Sie Kundenworkshops mit dem Ziel, alltägliche Probleme und Fragen zu identifizieren. Der Schlüssel zu einer erfolgreichen Community sind ungelöste Fragen der Zielgruppe!

Perspektivenwechsel

Kombinieren Sie die Negativliste mit dem P aus der APFEL-Methode, dem Perspektivenwechsel. Notieren Sie alle möglichen Teilzielgruppen, die Ihre Community später bedienen soll bzw. mit denen Sie momentan zu tun haben. Als Maschinenbauer könnten dies beispielsweise sein: Zulieferer, Kunden, freie Vertriebsteams, Vertriebspartner, aber auch Studenten, die Sie morgen möglicherweise als Mitarbeiter gewinnen möchten. Notieren Sie sich alle Fragen, die sich aus dieser Perspektive ergeben. Veranstalten Sie zur Vorbereitung einen Community Workshop mit den verschiedenen Teilzielgruppen, um ungelöste Probleme aufzuspüren.

Ebenenwechsel

Überlegen Sie, was das übergeordnete Thema Ihrer Community sein könnte. Kombinieren Sie es mit dem Perspektivenwechsel und überlegen Sie, was das übergeordnete Thema aus Sicht von einer Teilzielgruppe sein kann. Als Beispiel noch einmal der Maschinenbauer:

Teilzielgruppe	Übergeordnete Themen
Lieferanten	Qualitätsanforderungen der Zukunft, innovative Lösungen im Bereich XY, Prozessoptimierung
Kunden	Prozessqualität im Maschinenbau, Kostenoptimierung in der Produktion, Erhöhung der Produktionsflexibilität
Studenten des Maschinenbaus	Berufswahl: Der richtige Arbeitgeber, Fragen rund um die Diplomarbeit, Zukunftsqualifikationen für die Technik von morgen
Alle	Trends von morgen, Qualitätsnormen

Sie können den Suchbereich durch Assoziationen erweitern oder durch die Lotterie-Methode auf ganz verrückte neue Gedanken kommen.

Tipp!

Auch wenn die technische Umsetzung einer eigenen Community denkbar einfach erscheint, starten Sie keine Schnellschüsse! Investieren Sie mindestens eine kreative Arbeitswoche in die Konzeption der Community und hinterfragen Sie kritisch: »Gibt es dieses Bedürfnis wirklich, oder nicht?«

Ob Sie eine Fan-Seite bei FACEBOOK gründen, PR in Gruppen bei XING, STUDIVZ oder LINKEDIN betreiben, oder ob Sie eine eigene Community aufbauen: In sozialen Netzwerken stecken große Chancen. Trotz des explosionsartigen Wachstums der letzten Jahre befindet sich die Entwicklung nach wie vor noch am Anfang. Doch bedenken Sie in jedem Fall: Sie müssen Ihrer Zielgruppe Mehrwert bieten! Manchmal sogar einen Mehrwert, bei dem Sie nicht sofort auf den ersten Blick einen selbigen für Ihre eigene Marke erkennen. So wie beispielsweise bei Stabilo. Der Stiftehersteller hat eine eigene Community von Kindern, die mit dem Comic-Creator lernen, Comics zu zeichnen.

Die Pandas sind los!

Kritische Geister fragen immer wieder nach: »Wie viele Stifte verkauft das mehr?« Eine Frage, die heute genauso schwer zu beantworten ist wie früher bei der Nutzung der »alten« Medien. Wie viele Dosen Erbsen hat es mehr verkauft, wenn die Zeitschrift MEINE FAMILIE UND ICH ein Kochrezept veröffentlich hat, bei dem Erbsen mit dabei waren? Ist der Umsatz von Coca Cola jemals sprunghaft gestiegen, nur weil ein bestimmter Star auf seiner Tournee dieses Getränk zu sich nahm? Und hat ein Beitrag bei Galileo (PRO SIEBEN), bei dem die Haltbarkeit eines Sekundenklebers getestet wurde, jemals dazu geführt, dass die Verkaufszahlen von heute auf morgen sprunghaft anstiegen? Der Wert sozialer Netzwerke lässt sich momentan schwer beziffern. Er liegt momentan (noch) eher im Aufbau qualitativer Beziehungen zu Lieferanten, Kunden, Partnern und potentiellen Mitarbeitern. Wenn das für Sie von Bedeutung ist (siehe Checkliste), sollten Sie eine Investition in soziale Netzwerke, die eine erhebliche kreative Anstrengung mit sich bringen, in Erwägung ziehen.

6.2 Twitter & Co –
Wie Sie kreativer als andere zwitschern

Bis heute steht ein Großteil von Managern in Unternehmen, Presse- und Marketingverantwortlichen sowie PR-Fachleuten dem Phänomen TWITTER beinahe ratlos gegenüber. »Das ist doch alles belanglos.« »Das interessiert doch niemanden!« »Wieso soll ich da jetzt schreiben, dass ich mir gerade ein Marmeladenbrot schmiere?«

Die Kritik ist berechtigt. Wie bei vielen anderen Angeboten im Internet gilt hier die Grundregel: Erst Gehirn einschalten, dann twittern, nicht umgekehrt. Im Kern ist TWITTER nichts weiter als ein Nachrichtenkanal, beschränkt auf wenige Zeichen. Und in der Tat können Sie hier jeden nur erdenklichen Blödsinn schreiben, sofern es nicht gegen Gesetze und gute Sitten verstößt. Trotzdem spielt TWITTER in der Unternehmenskommunikation bis heute keine wirklich bedeutende Rolle. Schade, denn das Gezwitscher bietet ungeahnte Möglichkeiten, wenn man es als ein normales Medium betrachtet, mit dem man kreativ umgehen muss.

Macht es Sinn, einen eigenen TWITTER-Kanal zu betreiben? Diese Frage ist genau die gleiche wie: »Macht es Sinn, meinen Mund aufzumachen?« Wenn Sie etwas Originelles zu erzählen haben: … ja. Wenn nicht: nein. Bei einem TWITTER-Kanal müssen Sie sich zunächst einmal die grundlegende Frage stellen: »Welchen Zweck soll dieser Kanal haben?« Sie können TWITTER als einen verkürzten Verteiler für Pressemitteilungen genauso nutzen wie als Unterhaltungskanal, Servicekanal oder Themenkanal. Sie können belanglose Neuigkeiten über ein Unternehmen genauso verbreiten wie innovative Trends im Bereich einer Branche. Wenn Sie ein Zulieferer in der Ölindustrie sind und das Ziel haben, als Innovationsführer in Ihrem Segment wahrgenommen zu werden, können Sie einen TWITTER-Kanal zum Thema »Techniktrends in der Ölindustrie« starten. Wenn Sie PR für ein aufstrebendes Pop-Sternchen betreiben, können Sie TWITTER als persönliches »Tagebuch« nutzen. Sind Sie Lebensmittelhersteller, können Sie entweder einen persönlichen TWITTER-Account ihres Vorstandsvorsitzenden ins Netz heben oder aber ein Rezepte-TWITTER mit täglichen Fitness-Rezepten rund um Ihr Produkt. Als Softwarehersteller können Sie verschiedene TWITTER-Kanäle anlegen: Einen für die Endkunden mit täglichen Tipps und Tricks rund um das Thema »Was Sie noch nicht über Ihre Software wussten«, für Entwickler mit Best-Practice-Beispielen zum Thema Programmierung, für Händler und Vertriebspartner mit News über Produktupdates und Verkaufsaktionen oder für Systemadministratoren mit regelmäßigen Updates zu den verschiedenen Softwarekomponenten.

Im August 2010 wurde der »Blumenkübel durchs Twitterdorf« gejagt, wie Blogger Daniel Große es formulierte. Die MÜNSTERSCHE ZEITUNG hatte in einer Kurzmitteilung über den Blumenkübel eines Altenheims berichtet, der zerstört worden war. Der Redakteur Ralf Heimann verbreitete diese Meldung via TWITTER: »In Neuenkirchen ist ein Blumenkübel umgekippt« – und löste damit einen viralen Hype aus. Im Sekundentakt hagelte es Tweets, die mit dem Schlagwort #blumenkuebel versehen waren, etwa:

Wideawake01: Unsichere Quellen berichten: BP schließt das Ölleck mit einem #Blumenkübel

mitglied92: Eilmeldung: Merkel bricht ihren Urlaub wegen dem #Blumenkübel ab und befindet sich auf dem Weg zur Unglücksstelle

Martin Kleiner kleinergag: Apple hat bereits eine Schutzhülle für #Blumenkübel angeboten: Der iMer ist für 4,99 Euro im Blumenhandel erhältlich.

Der Begriff #blumenkuebel schaffte es somit kurzfristig weltweit auf Platz vier der TWITTER Trending-Topics. Blitzschnell reagierte daraufhin der Autovermieter SIXT; und die Jobbörse StepStone griff postwendend wiederum SIXTs Anzeige auf.

SIXT reagiert sofort auf getwitterte Blumenkübel …

SIXT reagiert sofort auf getwitterte Blumenkübel …

... und Stepstone wiederum auf SIXT

Die PR-Arbeit im Web 2.0 gleicht hier schon beinahe meteorologischen Beobachtungen von Klimaveränderungen. Wenn sich die Entstehung eines viralen Wirbelsturms abzeichnet, so gilt es möglichst schnell und originell zu handeln, um sich so vom Hype tragen zu lassen.

Unterschätzen Sie TWITTER nicht! Goethe schrieb einmal den Satz: »Da ich keine Zeit habe, Dir einen kurzen Brief zu schreiben, schreibe ich Dir einen langen…« Gerade die Kürze von TWITTER-Mitteilungen erfordert eine unglaubliche Prägnanz und damit ein hohes Maß an Kreativität.

Checkliste Twitter

Wir bereits im vorigen Abschnitt zu FACEBOOK, finden Sie auch hier fünf Fragen, mit deren Hilfe Sie entscheiden können, ob ein TWITTER-Account für Sie, Ihr Unternehmen oder Ihren Kunden Sinn macht.

Checkliste: Macht TWITTER für uns Sinn?	Ja	Nein
Gibt es Zielgruppen oder Teilzielgruppen, die sich momentan mit TWITTER erreichen lassen?		
Gibt es genügend Geschichten aus dem Unternehmen oder aus Teilen des Unternehmens, um einen TWITTER-Kanal regelmäßig zu füllen?		
Macht es aus Imagegründen Sinn, einen eigenen TWITTER-Kanal einzurichten? Werden wir dadurch möglicherweise als innovativer wahrgenommen?		
Gibt es zusätzliche Mehrwerte, beispielsweise Unterhaltung, Service oder bestimmte Themen, die wir über die reinen Nachrichten hinaus anbieten können?		
Können wir genügend Ideen für kreative kurze Meldungen entwickeln, mit denen wir wirklich begeistern?		

Auswertung

0- bis 1-mal Ja:
Wozu twittern? Vielleicht macht die ganze TWITTER-Manie für Sie überhaupt keinen Sinn. Bevor Sie etwas Halbherziges starten, das nach zwei Monaten wegen Erfolglosigkeit ohnehin wieder eingestellt wird, lassen Sie es ganz bleiben. Legen Sie das Thema TWITTER auf Wiedervorlage. Vielleicht gibt es in ein bis zwei Jahren auch schon ganz andere Dienste, die TWITTER ergänzen und/oder ersetzen.

2- bis 3-mal Ja:
Legen Sie einfach los. TWITTER hat zumindest einen Vorteil: Es schadet nichts. Achten Sie aber darauf, welche Informationen Sie veröffentlichen. Schlechtes macht schneller Schlagzeilen als Gutes.

4- bis 5-mal Ja:
Wahrscheinlich haben Sie schon lange einen TWITTER-Kanal. Überlegen Sie doch einmal, ob Sie vielleicht zusätzliche Kanäle anlegen, so dass Sie ein ganzes Sammelsurium an unterschiedlichen Themen für unterschiedliche Zielgruppen aufbereiten können.

Auch beim Füllen eines TWITTER-Accounts können Sie – wie bei den sozialen Medien – mit Methoden aus dem APFEL arbeiten. Beginnen Sie wieder mit den Unbekannt!-Fragen. Stellen Sie sich eine konkrete Person Ihrer Zielgruppe vor und fragen Sie sich: »Welche Fragen hat diese Person im Zusammenhang mit einem bestimmten Produkt oder einer bestimmten Dienstleistung oder einem bestimmten Unternehmen bzw. einer bestimmten Organisation?«

Beispiel

Sie wollen einen TWITTER-Kanal für eine Molkerei anlegen. Da Sie bislang noch wenige Erfahrungen gemacht haben, wollen Sie einfach loslegen. Ihr Ziel ist es, mit einem Service-Kanal zunächst einmal regelmäßige Gesundheitstipps rund um das Thema Milch anzubieten.

Zunächst arbeiten Sie mit dem Ebenenwechsel: Sie überlegen, für welche übergeordneten Themen das Thema »Milch« steht. Milch steht für: gesunde Ernährung, Ernährung von Kindern, Knochenaufbau, Konzentrationsleistung stärken, fleischlos leben, gesunde Ernährung im Alter etc. Nicht verwechseln: Beim Ebenenwechsel überlegen Sie sich alle Themen, in denen das Thema »Milch« eine Rolle spielen könnte. Bei einem Thema wie »Steigerung der Konzentrationsfähigkeit« spielen natürlich noch ganz andere Faktoren als nur das Trinken von Milch eine Rolle. Aber Milch kann hier bedeutungsvoll sein.

Legen Sie nun Ihr Thema fest, beispielsweise »Gesunde Ernährung im Alter«. Mit Hilfe von Assoziationen entwickeln Sie nun ganz viele Begriffe rund um das Thema. Zeichnen Sie eine Mind-Map, in der Sie das Thema »Gesunde Ernährung im Alter« in die Mitte stellen. Welche Begriffe fallen Ihnen spontan dazu ein? Kampf gegen Falten, mobil bleiben, Herzgesundheit, Gicht, Gelenkschmerzen, Kreislauferkrankungen usw. Nun gehen Sie diese Assoziationen nacheinander durch und arbeiten mit den Unbekannt!-Fragen. Bilden Sie eine Frage zu einer Assoziation und versuchen Sie, das Wort »Milch« mit einzubinden:

- Wie kann Milch gegen Herzkrankheiten schützen?
- Welche Inhaltsstoffe von Milch sind gut für das Herz?
- Welche Rezepte mit Milch sind gut für das Herz?
- usw.

Erarbeiten Sie nun ganz viele Service-Themen, die Sie ab sofort täglich bei TWITTER posten können. Es empfiehlt sich sehr, TWITTER nicht isoliert zu nutzen, sondern im Hintergrund einen Blog (siehe nächster Abschnitt) oder einen speziellen Bereich auf der eigenen Homepage einzurichten.

TWITTER ist beinahe immer ein ergänzendes Medium. Es ist ein typisches Medium einer schnelllebigen Zeit: Kurz, oberflächlich und ohne große Bindung. Sie können einen TWITTER-Account jederzeit einrichten und gleich wieder löschen. Sie können in kürzester Zeit viele sogenannte »Followers« haben, diese möglicherweise aber auch genauso schnell wieder los sein. Den besten Rat, den ich Ihnen bezüglich TWITTER geben kann: Nutzen Sie es einfach als kreative Spielwiese, vermeiden Sie es, allzu viel Unsinn zu schreiben und schauen Sie, was passiert.

6.3   Der Blogger – die unbekannte Spezies

Eigentlich eine schöne Idee. Statt mit den üblichen prominenten Verdächtigen aus Funk und Fernsehen zu werben, hat Vodafone 2009 eine neue Spezies entdeckt: Virtuelle Prominente. Starblogger. Und warb mit Sascha Lobo und Robert Basic, den zweinulligen Stars der Blogosphäre. »Denjenigen Internetcommunitybenutzern, die in den letzten Tagen im Koma lagen, möchte ich mitteilen, dass ich Teil einer Werbekampagne für Vodafone bin«, teilte Sascha Lobo auf seiner Homepage saschalobo.com mit. »Sie heißt ›Es ist Deine Zeit‹ und richtet sich besonders an die Generation Upload«.

Im selbstironischen Stil interviewt Sascha Lobo anschließend Sascha Lobo: »Glauben Sie, dass diese Kampagne funktioniert?« »Ziemlich sicher.« Aua. Da lag er daneben. Genau wie die Marketingstrategen von Vodafone, die als Pioniere des Mainstreams das unbekannte Territorium Web 2.0 mitsamt seiner zum Teil merkwürdigen Bewohner für sich erobern wollten. Die Kampagne löste heftige Kritik aus. Ein User schrieb auf Sascha Logos Homepage: »Für mich behält die Aktion ein Gschmäckle, Blogger, Twitterer und Würfelstapler zu kaufen und damit den

Versuch zu starten, T-Mobile und iPhone vom Social-Media-Thrönchen zu schubsen, ist doch ziemlich durchsichtig.«

Vielleicht ging die Kampagne aber auch nicht daneben, das hängt vom Standpunkt ab. Wer es gewohnt ist, in Hochglanz auf der Einbahnstraße zu kommunizieren, für den ist die Reaktion der Blog-Gemeinde natürlich ein Skandal. Vom Aufmerksamkeitsfaktor her gesehen war die Kampagne natürlich ein Erfolg. In Communitys wurde rauf und runter über die Vodafone-Kampagne berichtet, Pro und Kontra wurden heftig diskutiert. Da mag man sich fragen: Was ist eigentlich schlimmer? Wenn die eigene PR-Aktion im Internet heftige Diskussionen auslöst oder wenn sie unbemerkt bleibt? Stell Dir vor, Du machst PR im Web und keiner reagiert.

PR in der Blogosphäre – ob kreativ oder nicht – ist ein zweischneidiges Schwert. Wer danebentritt, bekommt den Zorn der 2.0-Gemeinde zu spüren. Ein Großteil der User hat mittlerweile das erkannt, was Sprachpapst Wolf Schneider so formulierte: »Drei Viertel dessen, was dort produziert wird, ist trauriges Geschwätz.« Natürlich wurde Schneider von der Blogosphäre dafür heftig kritisiert. Trotzdem stellt sich die Frage: Was bringt ein Blog? Als dieses Buch 2007 in erster Auflag erschien, drängten Deutschlands Unternehmen mit Blogs ins Internet. Von Frosta bis zum Bauunternehmen Eek-Bau waren viele dabei, manchmal – so schien es – aus Angst etwas zu verpassen. Was genau will ich hier eigentlich? Ach ja, im Netz sein. Doch will die Welt eigentlich wissen, was ich ihr mitzuteilen habe? Und was genau habe ich ihr mitzuteilen? Mein aufregendes Erlebnis gestern, als der Euro im Cola-Automaten am Bahnhof stecken blieb? Will die Welt das wissen? Meine spektakuläre Entdeckung, dass Margarine im Supermarkt seit letzter Woche zehn Cent teurer ist? Ist das für die Welt interessant? Mein Abflussrohr war verstopft und ich habe es mit einem Stück Draht aus dem Baumarkt repariert. Ich bin ein Wunderknabe! Ob die Welt das auch so sieht?

Der hoffnungsvoll gestartete Blog vom Billigapotheker DocMorris hielt mehr oder weniger lustlos bis 2009 durch. Am 31.7. verabschiedete sich Blogger Ralf Däinghaus mit den Worten: »Ich bin dann mal weg.«

Ich bin dann mal weg … Ende eines Business Blogs

Kein Einzelfall. In der Studie »Online-Marketing-Trends 2009« hieß es: »Außer Frosta, Walther und dem Shopblogger gibt es nur wenige Beispiele guter Unternehmensblogs.« Die meisten seien doch wohl eher Plattformen, auf denen man versucht, glattgebügeltes PR-lisch ans Volk zu bringen, lästert das Internetportal marketing-blog.biz. Zugleich aber stellen die Marketing-Blogger fest: »Die Chancen derer, die gute Blogs machen, dürften aber nach wie vor ganz gut stehen.«

Fotoshooting für Gemüse und andere packende Geschichten

In den Anfangstagen der Blogzeit wurde Frosta dafür gelobt, dass das Unternehmen den Mut hatte, sich in Form eines Blogs zu öffnen. »Wir möchten auf diese Weise offen, ehrlich und aus erster Hand über aktuelle Themen aus dem Bereich Ernährung diskutieren«, verspricht die Blog-Beschreibung. Und dann erfuhr der Leser im Jahr 2007, dass wahrscheinlich ein Windstoß die Ursache dafür war, dass die Jalousie auf der Frontseite schief hängt. Kein Scherz. Auf der Titelseite war das Foto einer Jalousie zu sehen, die aus den Führungsschienen gerissen wurde. Vier Jahre später ist die Qualität der Geschichten immer noch ähnlich: Falls Sie sich für einen packenden Thriller mit einem unbarmherzigen Fotografen interessieren, der seine Kamera immer wieder auf junges Gemüse richtet, sind Sie hier genau richtig.

Was Sie schon immer über FRoSTA wissen wollten …

Wow! Das ist packend! Mindestens so packend wie die Geschichte, dass bei Toyota in Japan gerade ein Lehrling eine Schraube abgebrochen hat. Und dass ein Nokia-Manager in seinem Handy tatsächlich einen leeren Akku hatte. Und dass der Chef der Deutschen Bank heute Morgen einen Schluck Kaffee mehr als sonst getrunken hat.

Dabei können Blogs durchaus virale Wirbelstürme in Gang setzen: So geschehen beim Film »Snakes on a plane«. Im August 2005 berichtete der Drehbuchautor Josh Friedmann von dem Projekt: »Holy shit, I'm thinking. It's a title. It's a concept. It's a poster and a logline and whatever else you need it to be. It's perfect. Perfect. It's the Everlasting Gobstopper of movie titles.« Kurz darauf erstellte der Student Brian Finkelstein eine Website mit dem Titel snakesonablog.com. Nach einem Jahr hatte diese Seite 50.000 Besucher – wöchentlich! Der Verleiher New Line Cinema nahm die enorme Resonanz dankbar entgegen. In verschiedenen Wettbewerben wurde die Onlinecommunity dazu animiert, Songs für den Film zu komponieren, Poster zu erstellen und eigene Clips zu drehen. Sogar das Drehbuch konnte schließlich interaktiv mitgestaltet werden. Einzelne Szenen wurden vom Studio nachgedreht und nachträglich in den Film eingefügt, um dem Willen der Fans zu entsprechen.

Mit kreativen und wirklich interessanten Inhalten lassen sich nach wie vor gute Blogs initiieren. Jedoch – das haben die letzten Jahre gezeigt – für Blogs gelten die gleichen Gesetze wie für jede andere Form der Kommunikation: Langeweile wird abgestraft.

Checkliste: Macht ein Blog für uns Sinn?		
	Ja	Nein
Lässt sich ein einzigartiges Blog-Thema identifizieren, das originell und relevant ist?		
Bin ich in der Lage, nach einem Tag kreativer Themenentwicklung dreißig bis vierzig Geschichten zu entwickeln, die über das Niveau von Pressemitteilungen hinausgehen?		
Kann ich das Medium durch Einbindung von Videos und anderen Online-Angeboten optimal nutzen?		
Finde ich zu aktuellen Themen kreative Weiterdrehs für mein Blog?		
Halte ich es aus, wenn nicht alle Internet-User unsere Informationen begeistert aufnehmen?		

Auswertung

0- bis 1-mal Ja:
Bleiben lassen. Einfach bleiben lassen. Wozu ein Blog? Schauen Sie sich auf dem Friedhof der Internetblogs um, Sie finden tausend Gründe, es nicht zu tun.

2- bis 3-mal Ja:
In diesem Fall ist 2- bis 3-mal Ja noch zu wenig. Überlegen Sie, wie Sie mindestens 4 bis 5 Fragen mit Ja beantworten können. Ansonsten der gleiche Rat: Bleiben lassen.

4- bis 5-mal Ja:
Sie gehören zu denen, die eine Chance haben. Wenn Sie den Elan durchhalten und Ihren Usern wirklich Nutzwert bieten, könnte ein Blog für Sie und Ihr Unternehmen ein prima Medium sein.

Die Angelina-Frage – wie das Web 2.0 funktioniert

Das, was als Web 2.0 immer wieder durch die Medien geistert, funktioniert nach dem Prinzip der Empfehlung. User A entdeckt etwas Tolles und sagt User B: »Ey, das musst Du unbedingt mal sehen!!!« Nennen Sie mir einen Grund, warum ein Web 2.0-Nutzer Ihr Produkt empfehlen sollte. Der erste naheliegende Gedanke ist: Geld. Einfach ein paar Schecks ausschreiben und rüberreichen, fertig. So wurden Probleme nicht nur in der deutschen Außenpolitik jahrelang gelöst. Und da niemand einem Scheck gegenüber prinzipiell abgeneigt ist, werden Sie als professioneller Kommunikator sicherlich schnell jemanden finden, der Sie für Bares weiterempfiehlt. Mein Tipp: Finger weg! Wenn Menschen Sie nur für Geld empfehlen, ist entweder das Produkt schlecht oder die Kampagne. Oder auch beides. Und der Tipp wird beim Erstbesten stecken bleiben, der kein Geld mehr bekommt. Und genau das wollen Sie nicht.

Überlegen Sie vielmehr: Welche Formate sind aus sich heraus humorvoll und transportieren zugleich Ihre Botschaft? Yello Strom etwa lancierte einen ebenso einfachen wie genialen Werbespot mit klarer Botschaft: Eine ältere Frau nähert sich auf dem Marktplatz einem Gemüsestand. Kerzengrade steht dort der Verkäufer mit einem sonnig-kühlen Lächeln und spricht mit mechanischer Automatenstimme: »Hallo. Und willkommen! Interessieren Sie sich für unsere Bananen? Sagen Sie ›Bananen‹! Interessieren Sie sich für unsere Äpfel? Sagen Sie ›Äpfel‹!« Die Frau guckt kritisch und probiert es: »Äpfel, drei«, sagt sie. Doch die Erwiderung kommt prompt: »Ich habe sie nicht verstanden«, verkündet der Bauer mit strahlendem Gesicht. Nochmals wiederholt die Frau ihren Wunsch »Äpfel, drei«. Mit konzentriertem Blick wiederholt der Bauer: »Sie haben drei gelbe Bananen gewählt«. Die Frau ist erschüttert: »Äpfel?«, versucht sie es noch einmal. Doch der Verkäufer kehrt schnell zur Routine zurück: »Hallo!« Die darauffolgende Einblendung ist selbstredend: »Guter Service geht anders. Wechseln Sie jetzt zu Yello Strom.«

Gute Web-2.0-Kampagnen breiten sich aus wie ein Lauffeuer. Sie werden empfohlen. Georg hat von Frank einen Link geschickt bekommen, darauf geklickt, ein Video öffnete sich und er hat sich köstlich amüsiert. Was tut Georg? Er schickt den Link weiter an Angelina, seinen Schwarm aus der Buchhaltung. Angelina öffnet den Link ebenfalls, lacht, überlegt sich, wem Sie den Link schicken könnte und vertieft sich wieder in die Gewinn- und Verlustrechnung.

Noch einmal: Nennen Sie mir einen Grund, warum ein Web-2.0-Nutzer Ihr Produkt empfehlen sollte. Die Antwort: Profilierung. In dem Moment, in dem ich einen guten Tipp abgebe, werde ich für meine Umwelt (real und virtuell) wertvoller. Wer ist für Sie wertvoller? Jemand, der Sie im Gespräch gut unterhält und mit Gags zum Lachen bringt? Oder eine Schlaftablette, bei der Sie mit dem Gähnreiz kämpfen müssen? Bevorzugen Sie einen Gesprächspartner, der Ihnen gute Tipps über Restaurants, Reiseziele, Kinofilme und so weiter geben kann? Oder reden Sie lieber mit jemandem, der auf jede Ihrer Fragen antwortet: »Keine Ahnung ...«?

Das Angebot, das ein User empfiehlt, ist ein Spiegelbild seines Selbst bzw. dessen, wie er sich gerne sehen möchte. Ich empfehle lustige Videos, weil ich selbst als lustig wahrgenommen werden möchte. Ich führe Freunde und Bekannte auf eine Serviceseite, weil ich als guter und kompetenter Ratgeber wahrgenommen werden möchte. Aber ich empfehle niemals Dinge, die mich selbst ins Abseits bringen. Würden Sie einer Freundin ein schlechtes Restaurant empfehlen? Oder ein langweiliges Theaterstück? Oder eine Fernsehsendung, die Sie so gelangweilt hat, dass Sie eingeschlafen sind?

Sie werden auf den nächsten Seiten eine ganze Reihe von Beispielen über PR-Aktivitäten und Kampagnen im Internet lesen. Stellen Sie sich bei jedem Beispiel die Angelina-Frage: Würde Georg den Link an seinen Schwarm Angelina aus der Buchhaltung schicken? Denken Sie dabei nicht nur daran, dass Georg Angelina unterhalten will. Georg möchte sich auch als guter Ratgeber profilieren, als Zuhörer, als Verständnisvoller. Angelina macht sich vielleicht gerade Gedanken über die Zukunft ihrer kleinen Schwester, die gerade das Abitur gemacht hat und auf der Suche nach einem Job ist. Würde Georg ihr den Podcast von Siemens empfehlen? Oder den Blog von Frosta? Es gibt drei Antwortmöglichkeiten:

- Nummer eins: Ja. Georg würde es empfehlen, weil er sich damit profilieren kann und weil die Empfehlung dieses Angebots ihn interessant macht.
- Nummer zwei: Nein. Georg würde es nicht empfehlen. Angelina würde es nicht honorieren, Georg wäre der Verlierer.
- Nummer drei: Ja. Georg würde es empfehlen. Allerdings nicht so, wie vom Urheber gedacht. Sondern weil es so schlecht ist, dass er es Angelina unbedingt vorführen muss. Der Pleiten, Pech und Pannen-Effekt.

Wenn Sie Antwort Nummer eins geben, hat das Angebot eine Chance. Antwort Nummer zwei bedeutet: Das Angebot wird zwar nicht wahrgenommen, aber es schadet auch nicht. Antwort Nummer drei ist das Todesurteil für Content im Web 2.0. Die Urheber haben es vielleicht gut gemeint, aber das, was dort zu sehen oder zu hören ist, ist Realsatire. Besser als Stefan Raab. Empfehlung: Sofort aus dem Netz nehmen!

6.4 Corporate Amateurradio – Die Welt der Podcasts

Juhu!!! Juhu!!! Endlich können wir das senden, was beim Radio niemals on air kommt! Der Weltkonzern Siemens hat seit 2007 einen Podcast auf seiner Homepage. Dort verspricht der Konzern: »In regelmäßigen Abständen informieren wir Sie mit Audiobeiträgen über die faszinierende Welt von Siemens.« Eines der Ziele: Junge Menschen für eine Ausbildung im Konzern begeistern.

Und so klingt sie dann, die faszinierende Welt: Der Beitrag beginnt mit mystischen Klängen und elektrischem Zirpen. Eine metallene Stimme sagt: »Siemens – Global Network of Innovation«. Was dann folgt, ist eine Mischung aus Strickpullover-Realschullehrer-Vortrag und 70er-Jahre-Sprachkurs, wie er heute auf BR Alpha, dem Bildungsfernsehen des Bayerischen Rundfunks, gesendet wird. Monoton und hörbar abgelesen trägt eine weibliche Stimme folgenden Text vor:

»In unserem heutigen Podcast möchten wir Sie über das Thema Praxisphasen während der Ausbildung und während des Studiums informieren. Sie erfahren dabei, was genau Praxisphasen sind, wo und wie sie erlebt werden und welche Vorteile sie haben. Vorteile für die Nachwuchskräfte und für das Unternehmen. Dazu unterhalten sich Elena Müller und Alexander Bauer. Frau Müller macht bei Siemens die sogenannte Stammhauslehre. Also die Ausbildung zur Industriekauffrau, ausschließlich für Abiturienten. Herr Bauer ist angehender Bachelor of Engineering in Informationstechnik. Aber keine lange Vorrede mehr. Fangen wir an.«

Es folgt ein abgelesener Dialog. Der Beitrag klingt wie seine eigene Satire:

»Hallo Elena, na, wie geht es Dir denn so? Lange nicht mehr gesehen. Was machst Du denn gerade Schönes?«

»Hi Alex. Letzte Woche hatte ich noch Theoriephase in der kaufmännischen Schule. Und jetzt bin ich in der Praxisphase im Einkauf.«

»Ah, ist ja nett. Ich bin gerade auch wieder in der Firma. Ich war gerade drei Monate an der Berufsakademie in Mannheim. Ich sag es Dir, das war echt ein ganz schönes Stück Arbeit. Aber das ist ja das Schöne. Drei Monate Theorie, dann drei Monate Praxisphase.«

Was ist die Hauptbotschaft, die hinter diesem Podcast steckt? Bei Siemens arbeiten genau die Menschen, denen ich nach der Schule niemals wieder begegnen möchte. Das Buch Radiostrategie, das ich im Zusammenhang mit Radio-PR erwähnt habe, befasst sich auch mit Erfolgsfaktoren von Podcasts.

- Onlinezielgruppe. Gibt es für das, was ich verbreiten bzw. senden möchte, überhaupt eine Zielgruppe, die online nach dem Thema sucht? Dies ist ein elementarer Unterschied zum normalen Radio: Ich kann ein Trucker-Radio produzieren, das sich LKW-Fahrer über UKW anhören können. Doch suchen LKW-Fahrer im Internet gezielt nach dem Trucker-Radio?
- Die Headline. Im Internet wartet niemand sehnsüchtig auf neue Podcasts. Im Gegenteil: Wer bei podcast.de oder einschlägigen Blog-Verzeichnissen nachsieht, wird schnell merken, dass die Entscheidung darüber, ob ich als User dem Angebot eine Chance gebe, in Bruchteilen einer Sekunde fällt. Das oberste Prinzip lautet deshalb: So wie eine Zeitung Leser mit packenden Überschriften und faszinierenden Themen neugierig auf ein Blatt macht und so wie ein TV-Magazin Themen durch Trailer und Teaser verkaufen muss, müssen Podcasts potentielle Hörer neugierig machen. Es kann die Wahl des Titels (z. B. BILDBLOG) sein, es können die Auswahl von Themen oder gut formulierte Schlagzeilen sein, die Leser und Hörer anziehen. »Hier ist der Podcast von Unternehmen XY« lockt niemanden an!
- Das Produkt muss das Versprechen halten. »You never get a second chance to make a first impression.« Dieser Satz gilt gerade für Podcasts! Der Anbieter hat es geschafft, einen potentiellen Hörer zu erreichen, nun entscheidet der erste Kontakt darüber, ob der User gleich wieder weg ist. Gerade Internetuser sind schnell im Urteil: Einmal schlechter Podcast = immer schlechter Podcast.
- Relevanz für die Zielgruppe. Ein Beitrag zur Hauptversammlung des Unternehmens in Bremerhaven und einer zur Meinung des Vorstandsvorsitzenden zur allgemeinen Situation in der Holzbranche interessiert wirklich niemanden! Das wichtige Kriterium hier heißt: Relevanz! Erst wenn das, was im Podcast gesendet wird, für Hörer relevant und einzigartig ist, wird es erfolgreich sein. Sonst werden es Gammel-Podcasts, der Sondermüll des Internets.

Und natürlich nicht zu vergessen: Umsetzung, Umsetzung, Umsetzung! Kreativ, überraschend und vor allem: genau auf die Zielgruppe zugeschnitten. Das genaue Gegenteil von dem, was Siemens im Netz hat. (Oder hoffentlich bald hatte …) Kreieren Sie etwas Ungewöhnliches! Etwas Phantasievolles!

6.5 Internet-Videos – Keine Chance für Langweiler

Anfang 2007 kündigte der Chef des Bierkonzerns Karlsberg im HANDELSBLATT an, dass er seine Kunden über Podcasts »in die Markenwelt eintauchen lassen« möchte. Für zunächst 12 bis 16 Monate wolle der Konzern zum Webcaster werden. Die Webseite verspricht »Menschen, Marken, Emotionen«. Und vor allem: Begeisterung.

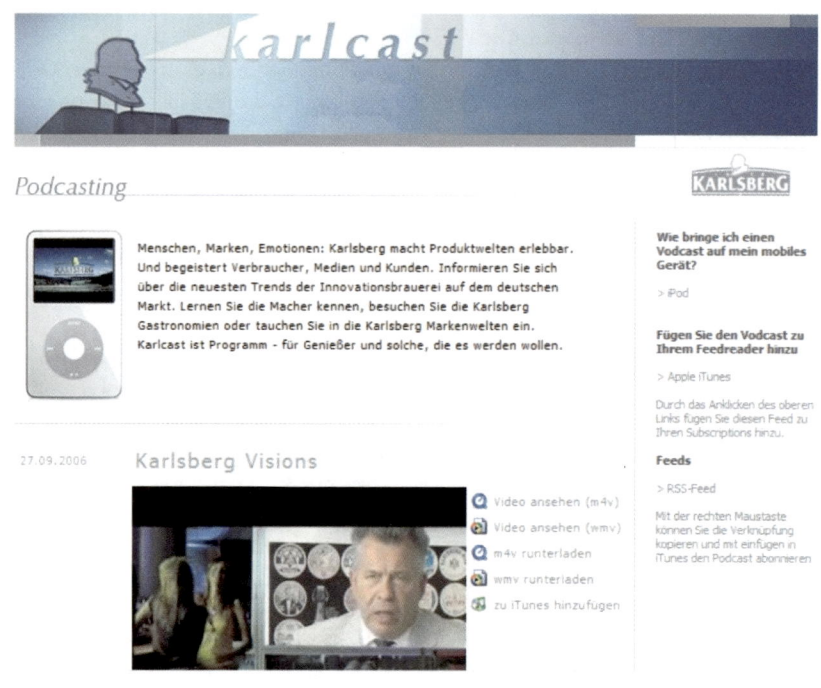

»Karlscast ist Programm« – beziehungsweise will es sein

Was erwarten Sie jetzt als Verbraucher, der ja – das haben Sie soeben gelesen – »begeistert« ist? Sie erwarten einen absoluten Knaller. Etwas Einzigartiges, etwas Überraschendes, etwas noch nie da Gewesenes. Natürlich ahnen Sie instinktiv, dass die Brauerei diesen Erwartungen vielleicht nicht ganz gerecht werden kann. Doch zumindest erwarten Sie etwas Gutes. Weit gefehlt: Vier Jahre nach der großmundigen Ankündigung finden sich bei Karlcast genau fünf Beiträge, darunter drei Dauerbrenner, mittlerweile über drei Jahre alt.

»Dr. Richard Weber spricht über die Lage der Getränkeindustrie, Tendenzen im aktuellen Markt und seine Visionen für die Zukunft. Eingebettet in die bewegenden Karlsberg-Erlebniswelten ist Karlsberg Visions ein innovatives Zeitdokument, das gleichzeitig bewegt und informiert.«

»BILD SAARLAND feiert ihren ersten Geburtstag. 23 Fässer Karlsberg UrPils, tausende Würstchen vom Rost und ein gut gelauntes Publikum machen den St. Johanner Markt in Saarbrücken zum heißen Pflaster.«

»Ausgezeichnet! Karlsberg gewinnt erneut die wichtigsten Getränke-Awards: MiXery und Desperados sind in der Szenegastronomie und im Handel wieder die unangefochtenen Spitzenreiter. Die innovativen Erlebniswelten faszinieren den Verbraucher und machen Lust auf mehr.«

Wer jetzt noch Lust auf mehr hat, klickt den Beitrag »Karlsberg Visions« an: Dr. Richard Weber spricht über die Lage der Getränkeindustrie. Der Player öffnet sich. Unterlegt mit Musik wirft ein Mann im roten T-Shirt einen Bumerang aufs offene Meer. »Menschen« ist jetzt zu lesen, Sie sehen glückliche Biertrinker, die anstoßen, Männer, die ein Fass öffnen, einen LKW der Brauerei. Dann lesen Sie »Marken« und wieder sehen Sie Menschen, diesmal halten sie Flaschen mit Mixgetränken in der Hand. Dann Fotos, die im Jahr 2011 wie ein Ehemaligentreffen wirken: Eines

mit Richard Weber und dem ehemaligen SPD-Chef Kurt Beck, ein anderes mit Weber und dem ehemaligen Bundespräsidenten Horst Köhler. Dann der dritte Schriftzug: »Emotionen«. In Zeitlupe reißt ein lachender Richard Weber den rechten Arm nach oben und grüßt. Und dann begeistert er Verbraucher, Medien und Kunden mit Sätzen wie diesem:

»Ich engagiere mich fürs Saarland. Saarland ist meine Heimat, Deutschland ist mein Vaterland und Europa ist unser aller Zukunft.«

»Bier ist ein Volksgetränk mit hoher Innovationskraft. Bier ist eines der gesündesten Lebensmittel – so wie es auch schon Plato festgestellt hat. Wir wissen das, wir müssen es nur besser herausstellen.«

»Unterschiedliche Marktstrukturen, nämlich unterschiedliche Menschen, in der Demographie wandelt sich einiges, brauchen auch unterschiedliche Menschen in der Betreuung. Also ein Gastronomievertreter des alten Schlages, der noch im feinen Anzug in die Gastronomie gegangen ist, den brauchen wir in der Disco nicht.«

Der Film ist voller technischer Effekte: Mal spricht Dr. Richard Weber von einem Bildschirm in einer Gaststätte aus, mal von einem übergroßen Monitor im Terminal des Frankfurter Flughafens. Eine Wette schließe ich ab: Der Film war teuer. Aber er ist so weit weg vom Empfänger wie das Ende unserer Milchstraße.

Was bleibt bei Ihnen hängen, wenn Dr. Richard Weber sagt »Einen Gastronomievertreter des alten Schlages, der noch im feinen Anzug in die Gastronomie gegangen ist, den brauchen wir in der Disco nicht«? Eine visionäre Erkenntnis der »Innovationsbrauerei auf dem deutschen Markt«? Meine Discozeit war Anfang der 80er Jahre. Ich kann mich nicht erinnern, dort jemals einen Gastronomievertreter im feinen Anzug gesehen zu haben. Statt »Visionen für die Zukunft« sieht der Zuschauer hier einen Herrn, der offenbar mit dem jüngeren Teil seiner Zielgruppe seit mindestens einem Vierteljahrhundert nicht mehr in Kontakt gekommen ist.

Das Potenzial, das das klassische Fernsehen – und jetzt Internet-TV und Podcasting – haben, ist faszinierend. Doch was ist das Erfolgsrezept von YouTube? Kurz auf den Punkt gebracht: Spaß. Filme, in denen es Unternehmen schaffen, ihrer Zielgruppe Spaß zu vermitteln, sind die Gewinner, Verlierer sind die Langweiler.

Kennen Sie den Antihelden Wario aus dem Nintendo-Universum? Eingeführt wurde er 1992 als übergewichtiger, rüpelhafter und geldgieriger Oberschurke, über den es auf dem Gameboy zu triumphieren galt. Schon zwei Jahre später konnte man ihn selber durch sein erstes Abenteuer steuern. Besondere Erkennungszeichen sind sein gemeiner Blick, sein zackiger Schnurrbart und sein hämisches Lachen. Seine Gegner schleudert er durch einen ordentlichen Rempler hinfort oder zerquetscht sie mit einem Stampfsprung. Als im Jahr 2008 sein jüngstes Spiel »Wario Land: Shake it« für die Wii erschien, hat sich Nintendo etwas Besonderes ausgedacht: Klickt man auf das Video »Wario Land: Shake It – Amazing footage!«, so glaubt man zunächst einen normalen Spieltrailer auf YOUTUBE zu sehen

Wario springt mit der Eleganz eines Nilpferdes umher, er grinst frech und breit, immer wieder erklingt sein fürchterliches Schurkenlachen! Doch als er wild einen Geldsack schüttelt, passiert etwas Merkwürdiges: Die Geldmünzen prasseln aus dem Videofenster heraus! Und als er kurz darauf mit einigem Getöse einer fleischfressenden Pflanze den Garaus machen will, brechen plötzlich einige Elemente der YouTube-Seite in sich zusammen. Wario rollt als Fels und als Schneekugel durch die Spielwelten, er schießt Torpedos mit seinem U-Boot, rast in seinem Raketenauto und lässt sich von einer Kanone durchs Level schießen. Und inmitten all dieser Detonationen entwickelt sich die gesamte YouTube-Seite nach und nach zu einem wahren Trümmerhaufen!. Die Botschaft ist klar: Hier wird nicht nur gespielt, hier wird mächtig gedonnert und alles zum Einsturz gebracht.

Erfolgreiche Fernsehprogramme und erfolgreiche Radiosender stellen den Nutzen des Konsumenten in den Mittelpunkt. Dieser Nutzen kann in der thematischen Auswahl liegen oder in einer besonderen Art der Präsentation. Auf jeden Fall muss das Produkt einzigartig sein.

Sie müssen eine zündende, gute, neue Idee entwickeln. Hausgemacht.tv, ein Video-Ratgeber im Internet, stellt den Nutzen des Konsumenten konsequent in den Vordergrund. Typische Themen: Wie mache ich Bruschetta? Wie erkenne ich frischen Fisch? Wie stelle ich einen originellen Heiratsantrag? Das Portal hat gegenüber klassischen Ratgebersendungen im Internet sogar einen großen Vorteil: Musste sich der Zuschauer früher eine ganze Sendung ansehen, bevor er endlich den Beitrag sehen konnte, der ihn interessiert, kann er sich jetzt auf www.hausgemacht.tv interaktiv auf die Suche nach relevanten Informationen begeben. Die Sendung bekam für das Konzept den Publikumspreis 2007 des Grimme Online Awards.

Schauen Sie sich CENTER.TV an, das Heimatfernsehen für Köln, Düsseldorf, Bremen, das Ruhrgebiet und Aachen. CENTER.TV ist der erste Regionalsender in Deutschland gewesen, der komplett auf regionale Nachrichten verzichtet hat, und stattdessen auf pure Emotionen setzt. Ziel: Jeder Kölner ist zwei Mal im Jahr im Fernsehen. Die Themen: Der Sportverein um die Ecke, der Hobbyfilmer, der bei heimatfilm.tv seine Videos vorstellt, und der Zauberkünstler, der live am Nachmittag seine Kunststücke demonstriert. Letzteres geht manchmal schief: Ein Zauberer stellte drei weiße Plastikbecher auf den Kopf. Unter einem steckte ein spitzer Nagel, der nach oben zeigte. Der Zauberer wettete, dass er durch das weiße Plastik hindurch erkennen kann, unter welchem Plastikbecher der Nagel steckt

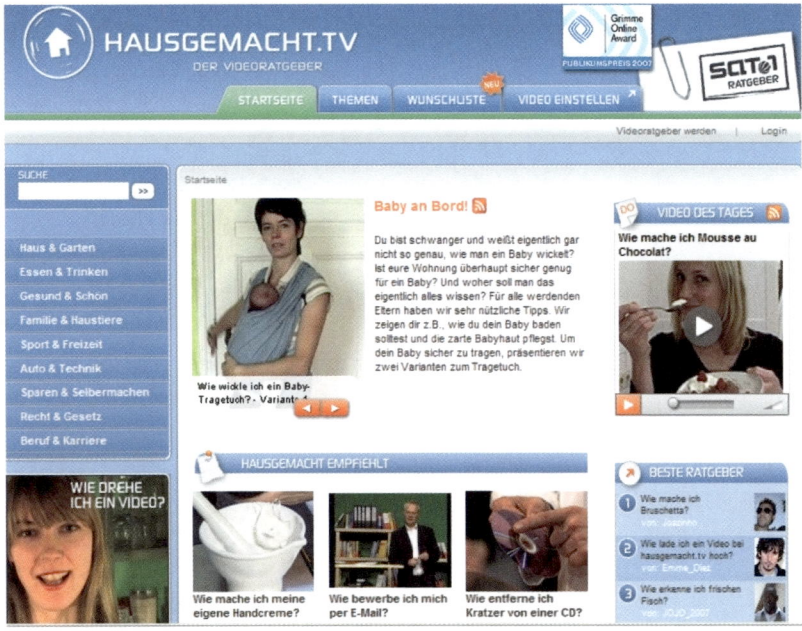

hausgemacht.tv – konsequent relevante Informationen

und schlug zu. Vor laufender Kamera schlug er sich den Nagel in die Hand. Stefan Raab lud ihn anschließend als Trottel des Tages ein. Eine gute – wenn auch unfreiwillige – PR.

Power-Warten im Waschsalon und andere kuriose Dienstleistungen

Sie wollen kommunizieren, dass Ihr Unternehmen über sagenhafte Dienstleistungen verfügt und dem Kunden jeden Wunsch von den Lippen abliest? Und das in einem Video-Podcast mitteilen? Dann können Sie natürlich Ihren Vorstandsvorsitzenden die üblichen Worte aus dem Kundenzufriedenheits-Blablator sprechen lassen.

Phrase 1	Für wen gilt sie?	Phrase 2
Kundenzufriedenheit	... ist in unserer Firma	... mehr als selbstverständlich.
Ausgezeichneter Service	... ist für jeden von uns	... gelebte Unternehmensphilosphie.
Perfekte Dienstleistung	... ist für unser Team	... das Ziel allen Handelns.
Ständige Qualitätssicherung	... ist unsere größte Motivation und	... eine tägliche Herausforderung.
Ein offenes Ohr für den Verbraucher	... steht bei uns an erster Stelle und ist	... das oberste Gebot.
Kompetente Beratung	... liegt uns besonders am Herzen und ist	... eine zentrale Aufgabe.
Schnelle effiziente Auftragsabwicklung	... ist uns ein besonderes Anliegen und	... die wichtigste Maxime.
Schnelle Problemlösung	... zeichnet uns aus und ist	... der entscheidende Faktor unternehmerischen Handelns.

Oder Sie machen es wie Armin Nagel bzw. sein Internet-Pseudonym Waldemar Müller, der seit Oktober 2006 einsam und allein im Internet gegen die Servicewüste Deutschland ankämpft. Seine Plattform servicepionier.de versteht er als »eine Plattform für die ServiceAvantgarde und mehr ServiceKultur«. In Müllers »Online-Biografie« steht, er sei Dipl.-Servicewirt, der unter anderem eine Diplomarbeit über den »morphologischen Zustand des Kunden bei schlechten Beratungsgesprächen« geschrieben hat. Den Dienstag hat Müller zum Tag der Dienstleistung erkoren und zum DienstTag gemacht. An seinen DienstTagen hilft Müller beispielsweise einer jungen Verkäuferin beim Stressabbau: Sie darf ihn zehn Sekunden lang anschreien. Er unterhält Autofahrer mit PowerAmpeltainment: In bester Cheerleader-Manier tanzt er vor ihnen an einer roten Ampel. Und er spricht eine junge Frau im Waschsalon an und wartet für sie: Power-Warten im Waschsalon. Verrückt? Ja. Verrückt! Das sind sie: Die kreativen Spielregeln des Web 2.0.

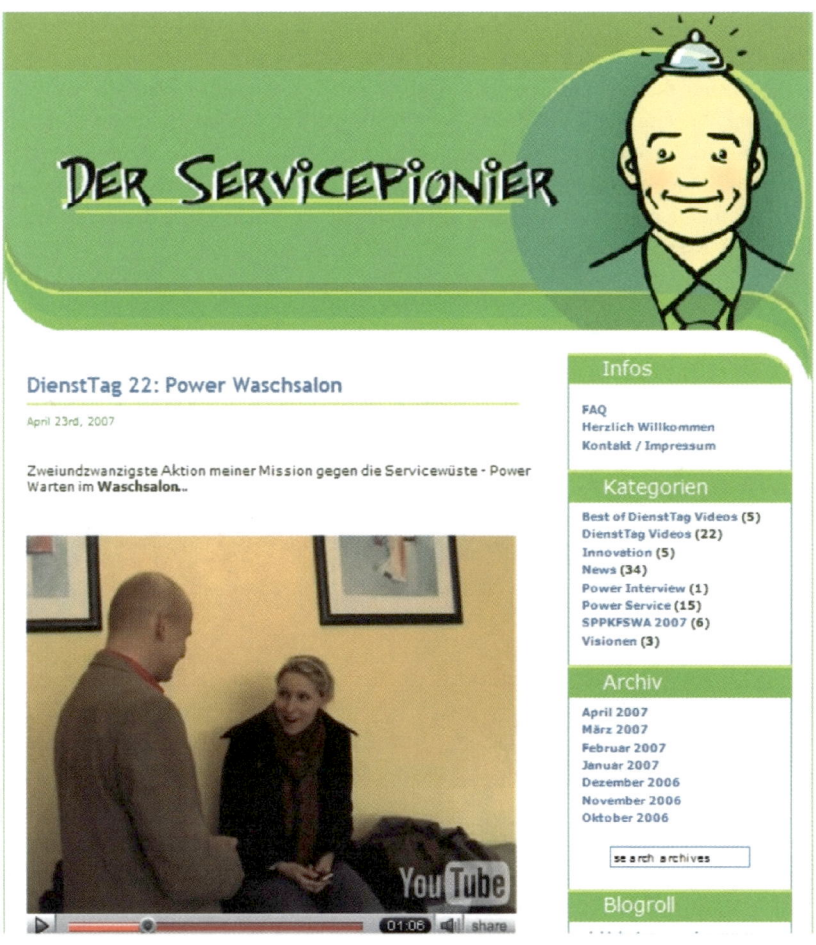

Plattform für mehr Servicekultur

Liquid Mountaineering

Kennen Sie schon den neuen Trendsport Liquid Mountaineering? Ein paar Jungs machen es vor – in einem YouTube-Video: Sie versuchen mittels einer speziellen Technik über die Wasseroberfläche eines Sees zu rennen! Anlaufen müsse man in einer leichten Kurve und dabei eine möglichst hohe Geschwindigkeit erreichen, wird dem ungläubigen Betrachter erklärt. Sobald das Wasser erreicht sei, müssten

221

die Beine sich fast wie die Nadeln einer Nähmaschine rasant auf- und abbewegen. Essentiell: Die feste Überzeugung, es schaffen zu können!

Die ersten Versuche enden eher kläglich, mit einem großen Platscher versinkt der erste Wagemutige im Wasser. Doch dann das Unglaubliche: Einem blonden Surfertyp im Neoprenanzug gelingen tatsächlich zehn Schritte, bevor er in den See einbricht. Später versuchen die Jungs sich von einem Jet Ski ins Wasser ziehen zu lassen um eine höhere Anlaufgeschwindigkeit zu erreichen. In Zeitlupe präsentieren die Wasserläufer immer wieder stolz ihre Erfolge.

Der neue Trendsport – Liquid Mountaineering

Klingt unglaublich? Das kann doch nicht wahr sein! Oder etwa doch? Was halten meine Freunde davon? Und schon verbreitete sich das Video wie ein Lauffeuer in sozialen Netzwerken, per Chat und Mail, via Mundpropaganda. Sieben Millionen Mal wurde es bereits angeklickt – innerhalb eines halben Jahres!

Ein genialer Erfolg für die Marketingabteilung von HI-TEC, einer Firma, die wasserabweisende Schuhe verkauft … Inspiriert von Extremsportfilmen bauten sie eine bewegliche hölzerne Rampe knapp unter der Wasseroberfläche des Sees und produzierten das eindrucksvolle Video – mit einem durchschlagenden viralen Erfolg!

Von Anfang an klar, dass das nicht echt sein konnte! Ganz sicher? Kampagnen dieses Formats spielen mit der Unsicherheit des Betrachters, ob er dem Dargestellten Glauben schenken soll. Im Zweifelsfall wenden wir uns lieber an unseren Bekanntenkreis und finden heraus, wie das Gesehene dort eingeschätzt wird.

A Hunter Shoots A Bear

Eine etwas verspieltere Kampagne hat Tipp-Ex auf YouTube initiiert. Die Hinführung ist schnell erläutert: Zwei Freunde campen im Wald. Während sich der eine die Zähne putzt, entdeckt der andere plötzlich einen Bären. Die beiden geraten in Panik, einer greift zum Gewehr. »Erschieß ihn!«, brüllt der Freund, »erschieß ihn!«. Doch der Mann mit dem Gewehr bringt es nicht übers Herz. Plötzlich soll der Betrachter mit einem Klick entscheiden, ob der arme Braunbär eine Kugel in den Leib gejagt bekommen soll.

Doch auch diese Entscheidung kann den verunsicherten Mützenträger nicht überzeugen. Unwillig, eine solch gravierende Entscheidung über Leben und Tod zu fällen, greift er kurzerhand aus dem Videofenster heraus, nimmt den Tipp-Ex-Roller zur Hand, löscht das Wort »shoot« kurzerhand aus dem Videotitel – und bittet den Betrachter um Hilfestellung bei der Weiterentwicklung der Geschichte.

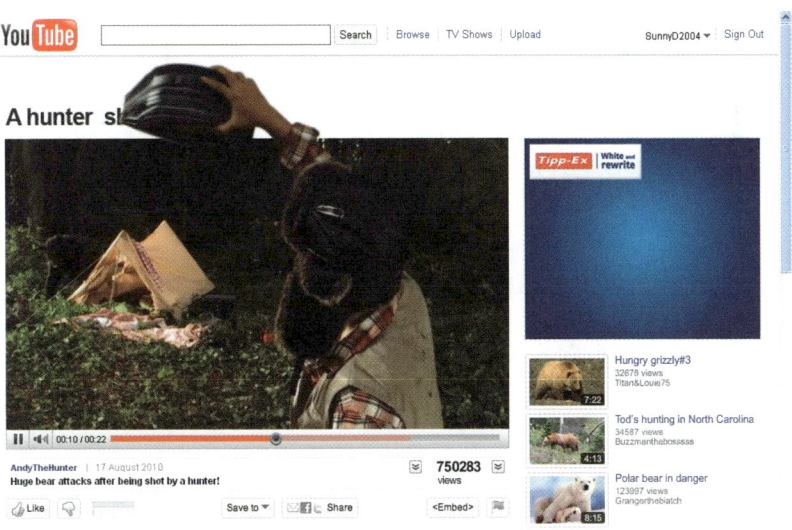

Das Tipp-Ex-Video – originelle Interaktion mit dem Betrachter …

Der Clou: Wer nun beliebige Wörter in das freigewordene Feld eintippt, wird zu einer Vielzahl humorvoller Minivideos weitergeleitet. An die 40 möglichen Fortsetzungen gibt es. Die beiden tanzen engumschlungen, spielen sich gegenseitig Streiche, rauchen einen Joint, streiken oder spielen Schere Stein Papier. Der Betrachter kann seiner Phantasie freien Lauf lassen.

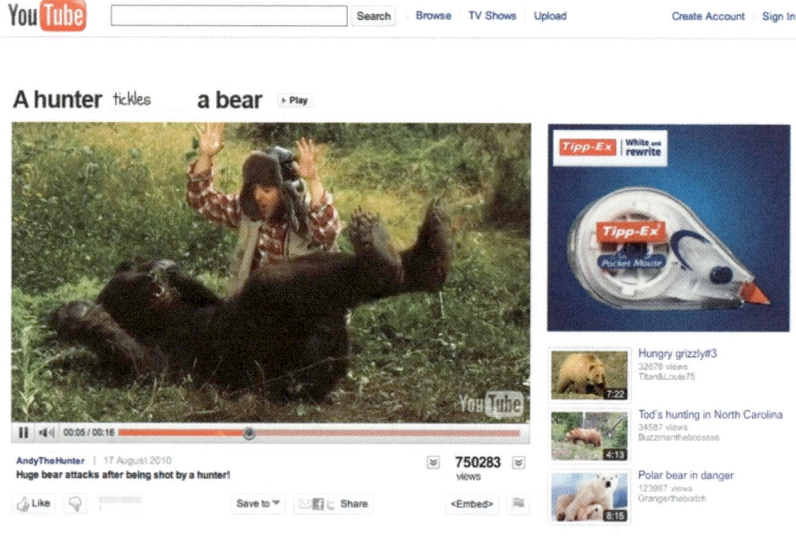

… und überraschende Fortsetzungen

The Man Your Man Could Smell Like

Die erfolgreichste virale Kampagne zu Beginn des Jahres 2010 wurde von Procter & Gamble in Auftrag gegeben und von der Agentur Wieden+Kennedy umgesetzt. Diese engagierte den schwarzen und sehr durchtrainierten ehemaligen Football-Profi Isaiah Mustafa, um das Parfum »Old Spice« zu bewerben.

Isaiah Mustafa steht in einem seiner TV-Werbespots lediglich mit einem Handtuch bekleidet am Strand und stellt offensiv seinen prachtvollen Oberkörper zur Schau. Er wendet sich jedoch nicht etwa an die Männer als Zielgruppe seiner Botschaft – sondern – mit unverkennbarem Talent zur Selbstironie – vielmehr an deren Frauen:

»Hello ladies, how are you? Fantastic! Does your man look like me? No! Can he smell like me? Yes! Should he use Old Spice Body Wash? I don't know! Do you like the smell of adventure?«

Hello Ladies …

Neben dem subtilen Humor ist die visuelle Machart des Clips beeindruckend. Sämtliche Übergänge sind in einer Kamerafahrt gänzlich ohne Schnitte gefilmt worden. Warum das bemerkenswert ist? Weil innerhalb der Clips die verrücktesten Dinge passieren. Nachdem Mustafa die genannten Worte ausgesprochen hat bricht der Strand wie eine Kulisse auseinander und verschwindet über die Seitenränder aus dem Bild. Stattdessen balanciert er nun auf einem Baumstamm in einem Gebirgssee. Nun wird es rasant, der Versuch einer Beschreibung:

Do you want a man who can smell like he can bake you a gourmet cake	Elegant fängt er eine vom Himmel fallende Torte mit der Aufschrift ›You are beautiful!‹,
in the dream kitchen he built for you with his own hands?	betritt eine in der Gebirgswelt auf-gebaute Traumküche und fährt mit einer Handkreissäge über die Arbeitsfläche,
Of course you do! Swan Dive – into the best night of your life.	verlässt die Küche wieder und springt einen Wasserfall herab,
So ladies should your man smell like an Old Spice Man?	und landet in einem Whirlpool, welcher auseinanderbricht,
You tell me!	woraufhin nach dem Hinwegfluten des Wassers offenbar wird: Er sitzt auf einem Motorrad!

Doch die Werbespots waren erst der Anfang. Die Macher der Kampagne speziali-sierten sich darauf, innerhalb kürzester Zeit Minivideos zu produzieren, welche direkte Reaktionen auf Mitteilungen aus sozialen Netzwerken darstellten. So klagte etwa DIGG.COM-Gründer Kevin Rose via TWITTER, dass er wegen Fiebers bettlä-gerig sei. Umgehend wurde ein Video als Antwort geposted, in welchem Mustafa erklärte, dass er noch nie Fieber gehabt habe, weil sein Körper zu 98 Prozent aus Muskeln bestehe. Kevin Rose war von dem Video so angetan, dass er enthusias-tisch darauf antwortete. Kurze Zeit später setzte Ashton Kutcher ebenfalls einen entsprechenden Tweet ab, welcher mehr als 5 Millionen Follower erreichte …

Ein Kamerateam, erweitert um Social-Media-Spezialisten, Texter und andere Kreative durchforstete systematisch FACEBOOK, TWITTER, Reddit und Blogs nach Themen, ersann originelle Antworten, produzierte sie und lud sie im eigenen YOUTUBE-Channel hoch. Bereits am ersten Tag entstanden auf diese Weise inner-halb von elf Stunden 87 Videos – eine bemerkenswerte Leistung. Und der Aufwand hat sich gerechnet. Der vorgestellte Werbeclip bringt es auf 16 Millionen Hits, ein weiterer auf 22 Millionen.

Mittlerweile sind über 200 Videos produziert worden, der Channel hat ins-gesamt über 160 Millionen Upload-Videoabrufe. Und die ehemals angestaubte Duschgelmarke Old Spice ist so modern und innovativ wie nie zuvor.

Ich habe etwas länger ausgeholt, um Ihnen eines im Umgang mit dem Medium Internet-Video zu demonstrieren: Seien Sie speziell! Seien Sie einzigartig! Seien Sie unverkennbar! Und seien Sie verrückt! Überlegen Sie, wie Sie Ihre Unternehmensvideos personalisieren können: Charakter statt Hochglanz, Unterhaltung statt austauschbare Konturenlosigkeit. Sie machen Reise-PR? Initiieren Sie einen unterhaltsamen Reisetester, der verschiedene Clubs unter die Lupe nimmt und dort beispielsweise die Kinderfreundlichkeit der Angebote testet. Geben Sie ihm einen plakativen Namen und lassen Sie ihm kreativen Spielraum. Überzeugen Sie den Vorstandsvorsitzenden bitte davon, dass er die Manuskripte nicht persönlich abnimmt. Und wenn die Botschaft nicht im gewünschten Wortlaut, sondern nur gefühlt ankommt: Dann ist es in Ordnung.

6.6 Games und PR – Passt das zusammen?

Sind Spiele etwas für Insider? Oder lassen sich echte Botschaften über Games transportieren? Können Sie sich vorstellen, für Ihr Unternehmen ein Online-Trainingscamp für die Nachwuchswerbung zu kreieren? Oder ernsthafte Themen wie Finanzplanung als Videospiel herauszugeben? Die Welthungerhilfe der Vereinten Nationen hat diese Frage für sich bereits 2005 geklärt und das Videospiel Food Force zum Download zur Verfügung gestellt. Ein Spiel, bei dem User hungrige Menschen per Videospiel mit Nahrungsmitteln versorgen müssen. Mit Erfolg: Das Spiel wurde bis Anfang 2011 mehr als 6 Millionen Mal heruntergeladen, das Spielernetzwerk umfasst weltweit rund 10 Millionen Spieler.

Games sind – nicht zuletzt durch innovative Konsolen wie die Wii von Nintendo oder die Kinect-Kamera für die Xbox 360 von Microsoft, die im November 2010 auf den Markt kam – schon längst aus der Nische herausgekommen. Sie sind ein perfektes Mittel, um sich Zielgruppen zu erschließen, die mit herkömmlichen Texten nur schwer zu erreichen sind, oder um komplexe Themen spielerisch und interaktiv zu vermitteln.

Sie können jedoch auch einen gänzlich anderen Weg zur Bewerbung Ihres Produktes gehen – indem Sie ein Alternate Reality Game initiieren. Es handelt sich hierbei um ein auf verschiedene Medien zurückgreifendes Spiel, in dessen Verlauf die Grenzen zwischen fiktionaler und realer Welt zunehmend verwischt werden. Michael Douglas bekommt das Konzept in David Finchers Film »The Game« folgendermaßen erklärt: »Discovering the object of the game is the object of the game.« Ein Beispiel?

Im Februar 2008 erhielt ein bunt gemischter Empfängerkreis, darunter auch Blogbetreiber und anderweitig publizierende Personen, ein mysteriöses Päckchen.

227

Foodforce: Spielerisch das Thema Hungersnot vermitteln

Darin fanden Sie ein Holzkästchen vor, in dem sich eine Lochkarte mit der Aufschrift »The Final Mill Inc.« sowie folgende, auf Schreibmaschine abgefasste Nachricht befand: »To execute these commandments you'll have to find the properly gifted follows.« Keine weiteren Hinweise.

Der Ehrgeiz vieler Empfänger war geweckt. Sie begannen über das Internet zu recherchieren und stießen bald auf weitere Personen, die ebenfalls eine Sendung erhalten hatten. Unter diesen befand sich auch eine junge Frau namens Vivien Pastiof, die sogar fünf Lochkarten erhalten hatte. Sie berichtete in einem Blog und in ihrem FACEBOOK-Profil von den seltsamen Vorgängen. Plötzlich die Schreckensmeldung: Viviens Freund, der für die Van Velsenmeer Foundation arbeitete, wurde entführt. Schnell fand sich eine Internetpräsenz des Unternehmens. Die Spieler riefen bei der Stiftung an und sandten Mails, wurden jedoch abgeblockt. Niemand sei entführt worden.

Andere Spieler erhielten bald darauf kleine Sanduhren mit URLs, die zu einer Power-Point ähnlichen Präsentation mit verzwickten Rätseln führten. Diese führten zu einer Website der Sandmen Inc. Wer sich dort für einen Newsletter anmeldete, konnte in diesem versteckte Geokoordinaten ausfindig machen, welche zu einer Brücke im englischen Garten führte …

Ihnen ist jetzt schon schwindelig? Genau dies macht den besonderen Reiz eines ARG aus! Kürzen wir etwas ab: Zum Schluss mussten die Spieler verhindern, dass die Van Velsenmeer Foundation einen Supervirus entwickelte – es kam bereits zu einigen Ausfällen amerikanischer Atomkraftwerke. Und immer wieder mussten sie hierbei auf eine spezielle Software zurückgreifen: Microsoft Visual Basic ...

Handelt es sich bei ARGs um revolutionäre PR-Instrumente? Boris Lakowski wird im Magazin iBUSINESS mit den Worten zitiert: »Die Intention ist gut, aber Awareness und Reichweite sind die größten Probleme bei den hohen Kosten«. Sein Fazit: »ARGs sind vor allem ein selbstverliebtes Spielverhalten von Agenturen, das von Kunden belächelt wird.« Stimmt das? Tatsächlich besteht der Kreis der aktiven Spieler aus meist nur einigen hundert Menschen. Über die Mundpropaganda und Medienberichterstattung jedoch multipliziert sich diese Reichweite enorm. Und im besten Fall gewinnen Sie eine wahre Fangemeinde, die auf gemeinsame Erfahrungen zurückblickt und mit Begeisterung immer wieder von dem Abenteuer berichten wird!

7 It's Showtime! – Wie Sie Ihre Ideen verkaufen

Jeder, der im PR-Markt tätig ist, ist vergleichbar mit einem Unternehmer, der Produkte herstellt, die es zu verkaufen gilt. Und wie bei jedem Verkäufer gilt es, den Kunden zunächst neugierig zu machen, ihm das Produkt und den potentiellen Nutzen in kurzen prägnanten Sätzen näher zu bringen und ihn zum Kauf anzuregen. Bei der Kontaktaufnahme mit einem potentiellen Abnehmer (in der Regel dem Chef vom Dienst einer Redaktion) gilt es zunächst einmal, binnen kürzester Zeit eine gemeinsame Gesprächsbasis herzustellen, auf der das weitere Gespräch aufbauen kann.

Die wenigsten CvDs warten auf den Anruf einer PR-Agentur oder einer PR-Fachkraft. Wenn sich plötzlich am Telefon ein unbekannter Anrufer mit einer Idee meldet, ist die natürliche Reaktion: Verhaltene Skepsis. Das hat mehrere Ursachen:

*   Die Situation des CvD: Der CvD ist fast immer im Stress, tut zwei bis drei Dinge gleichzeitig und ist gedanklich garantiert gerade ganz woanders. Mitten rein platzt Ihr Anruf, er muss sich umstellen.
*   Die Rahmenbedingungen: Der CvD hat häufig bestimmte Vorgaben, wie er mit Angeboten von PR-Agenturen und Pressestellen umzugehen hat.
*   Das Risiko: Der CvD steht unter Erfolgsdruck. Er ist am Ende dafür verantwortlich, dass die von ihm eingekauften Themen spannend sind und die Umsetzung gelingt.

Stellen Sie sich auf die Situation Ihres potenziellen Abnehmers ein! Es wird Ihnen den Zugang erleichtern. Und gewöhnen Sie sich als Anrufer ein dickes Fell an: Nicht alles gelingt beim ersten Mal. Und wenn ein CvD kurz angebunden reagiert, nehmen Sie es bitte nicht persönlich!

7.1 Die zehn Todsünden – Wie Sie niemals eine Idee verkaufen

Bitte so nicht! Die nachfolgenden zehn Todsünden garantieren dafür, dass der CvD oder wer immer in der Redaktion abnimmt, entnervt den Telefonhörer auflegt, noch bevor Sie ausgesprochen haben, Ihnen nur noch aus lauter Höflichkeit zuhört oder Sie um eine Konzeption bzw. Pressemitteilung bittet, deren Weg in den Papierkorb vorbestimmt ist.

Todsünde 1: »Ich möchte bei Ihnen ein Thema platzieren.«

Dieses Vokabular ist der Tod eines jeden Vorschlags. Redakteure reagieren extrem gereizt auf jeden Versuch, bei ihnen etwas zu platzieren! Das klingt wie »Ich würde sie gerne mal kurz missbrauchen«. Bei allem was Sie sagen darf Ihr Motiv, ein Thema oder einen Kunden in die Medien zu bringen, auf keinen Fall am Anfang stehen. Es sei denn, Sie haben etwas Handfestes zu bieten. Einen Prominenten, den das Medium exklusiv bekommt. Eine interessante Reise oder eine hochexklusive Geschichte, nach der sich alle Medien die Finger lecken. Oder Bargeld. Einen Produktionskostenzuschuss. Das macht dieses Vokabular verzeihlicher. Trotzdem kann ich Ihnen nur empfehlen: Argumentieren Sie stets, dass das Thema dem Unternehmen am Herzen liegt, nicht die Platzierung der Produkte.

Todsünde 2: »Nein, ich hatte noch keine Gelegenheit, Ihre Zeitung zu lesen/Sendung zu sehen oder zu hören.«

Redakteure sind Überzeugungstäter. (Bei der Bezahlung in vielen Medien bleibt ihnen auch kaum etwas anderes übrig ...) Sie lieben das Blatt, für das sie schreiben oder die Sendung, für die sie produzieren. Und jetzt kommt ein Agenturschnösel daher und wagt es, dieses einzigartige mediale Produkt nicht zu kennen. Das ist Beleidigung. Schlimmer: Blasphemie! Setzen Sie auf Klasse statt Masse! Bereiten Sie sich gründlich auf das Anbahnungsgespräch mit den jeweiligen Redaktionen vor. Auf folgende Fragen sollten Sie eine Antwort wissen:

- Nach welchen Kriterien sucht die Redaktion Themen aus? Idealerweise haben Sie die letzten vier Ausgaben gelesen und die letzten vier Sendungen vor Ihrem Anruf gesehen.
- In welche Rubrik oder in welches von der Redaktion definierte Themenumfeld könnte Ihr Angebot passen?
- Wie sind die Konzepte der Texte und Beiträge aufgebaut? Gibt es eine bestimmte Machart, die die Beiträge auszeichnet? Gibt es einen bestimmten Aufbau?
- Wie ist der Stil? Unterhaltsam oder seriös? Wenn es Fernsehen ist: Wie ist die Bildsprache? Wie wird geschnitten? Wie steht es mit dem Einsatz von Musik und Effekten?

Todsünde 3: »Ach, das hatten Sie gerade ...«

Natürlich können Sie nicht wissen, dass das Thema, das Sie gerade anbieten, vor sechs Wochen der Aufmacher des Blatts war. Und natürlich kann Ihnen das eigentlich niemand übel nehmen. Eigentlich. Dummerweise haben Sie gerade beim Erstkontakt mit einem CvD oder Redaktionsleiter damit den Stempel des »Wiederkäuers« auf der Stirn. Fragen Sie sich vor Ihrem Angebot deshalb:

- Ist das Thema wirklich so exklusiv wie ich denke? (Noch peinlicher wird es, wenn Sie etwas »exklusiv« anbieten, was zuvor bereits gelaufen ist.)
- Kenne ich jemanden außerhalb der Entscheiderebene, den ich zuvor fragen kann? (Es ist immer besser, Sie haben zuvor – beispielsweise über einen Bekannten eines Bekannten – sichergestellt, dass Ihr Thema wirklich exklusiv ist.)

Falls es trotzdem daneben geht: Sie finden in diesem Kapitel noch einige Tipps, wie Sie aus dem Schlamassel wieder herauskommen.

Todsünde 4: »Was meinen Sie mit ›Wo ist das Thema?‹?«

»Also, es gibt viele Menschen, die etwas Schlimmes in ihrem Leben erlebt haben und dann mühsam den Weg zurück in den Alltag wiederfinden. Für die Betroffenen ist das nicht einfach und sie wissen oft nicht wohin. Für diese Menschen haben wir eine Beratungshotline eingerichtet, wo sich inzwischen auch viele melden. Dazu würden wir Ihnen gerne etwas anbieten.« Wenn Sie so formulieren, werfen Sie dem Redakteur einen großen Haufen Gesammeltes hin und sagen sinngemäß: Mach was draus. Wahrscheinlich wollten Sie gerade etwas über die Frau erzählen, die ihren Sohn verloren hat und jetzt in bewegenden Szenen ihren Weg zurück ins Leben findet. Eine Human-Touch-Story wie aus dem Lehrbuch. (Natürlich finanziert von einer Reha-Klinik.) Nur: Ihre Formulierung der Idee ist schlichtweg nicht nahvollziehbar. Wie genau lautet das Thema? Wie kann ich das Besondere an dem Thema mit einem Satz erklären? Diese Fragen müssen Sie beantworten können, bevor Sie zum Telefonhörer greifen. Ansonsten müssen Sie mit dieser Antwort rechnen: »Und wo ist das Thema?«

Todsünde 5: Inhalte und Umsetzung sind nicht durchdacht

Sie haben ein gutes Thema, jedoch keine überzeugende Umsetzung. Bedenken Sie: Ein gewöhnliches – aber gut umgesetztes – Thema schlägt immer ein gutes – aber schlecht umgesetztes – Thema. Die Ideen zur Umsetzung des Themas müssen genauso originell sein wie das Thema selbst.

Bereiten Sie sich auf Nachfragen vor. Sonst kann es unangenehm werden: Sie sind gerade dabei, einem Kunden ein Thema schmackhaft zu machen, als der CvD sagt: »Den Interviewpartner habe ich gerade im Radio gehört. Hat der nicht einen Sprachfehler?« Und Sie wissen keine Antwort. Denn Sie haben mit ihm noch nicht geredet. Peinlich, wenn Sie Ihre Idee gerade leidenschaftlich und überzeugend verkauft haben und Ihr Gesprächspartner Sie dabei ertappt, dass Sie mit den angeblich fest vereinbarten Interviewpartnern noch nicht einmal gesprochen haben.

Todsünde 6: Sie sind ein Zeitdieb!

Aus Sicht eines CvD oder entscheidenden Redakteurs sind die Anrufer am schlimmsten, die einem die Zeit rauben. Kommen Sie unbedingt zum Punkt und geben Sie Ihrem Gesprächspartner die Möglichkeit, schnell zu entscheiden. Wenn die Entscheidung negativ ist: Rechtfertigen Sie sich nicht! Wenn Ihr Gesprächspartner bei seiner Entscheidung einen wichtigen Fakt übersehen hat, können Sie ihn natürlich darauf aufmerksam machen, aber fangen Sie keine Diskussion an!

Todsünde 7: Viele Fakten, wenig Emotionen

Sie haben einen Fernseh-CvD am Telefon und erklären Ihrem Gesprächspartner gleich zu Beginn viele technische Details: Wie Sie den Protagonisten in Szene setzen, an welchen Orten Sie drehen, welche Experten Sie interviewen und so weiter. Was Sie vergessen: Emotionen. Fernsehen ist ein Emotionsmedium und Sie sind Emotionsproduzent. In einem Gespräch gibt es stets zwei Ebenen: Die Sachebene und die Beziehungsebene. Die Beziehungsebene schwingt stets mit: Sind Sie am Telefon offen, emotional und freundlich, geht Ihr Gesprächspartner fast automatisch davon aus, dass der Beitrag ähnlich ist. Lösen Sie bei Ihrem Gesprächspartner Begeisterung aus! Erzählen Sie ihm eine Geschichte, die ihn fängt. Sie wollen einen bunten Beitrag anbieten? Bringen Sie ihn zum Schmunzeln. Oder ein soziales Rührstück? Sorgen Sie dafür, dass ihr Gesprächspartner betroffen ist.

Todsünde 8: Bilder? Wieso Bilder?

Fernsehen lebt wovon? Richtig. Von Bildern. Originell, abwechslungsreich, einzigartig und packend. Und Magazine? Und Zeitungen? Auch sie brauchen Bilder, um die Bleiwüste für den Leser erträglich zu machen. Gerade bei Themen, die sich auf den ersten Blick nicht erschließen, ist es umso wichtiger, dass Sie sich vorher Gedanken über die Umsetzung des Themas im Bild machen. Das Schlimmste, was Ihnen passieren kann, ist, dass Sie auf folgende Frage keine Antwort haben: »Das Thema klingt interessant, aber wie lässt sich das im Bild umsetzen?«

Denken Sie daran, dass Sie beim Themenpitching überzeugen müssen! Gerade wenn Sie es mit dem Fernsehen zu tun haben: Machen Sie Ihrem Gesprächspartner klar, dass Ihnen das Thema Bilder sehr wichtig ist und werben Sie für die Szenen, die Sie planen. Überlegen Sie von vornherein, an welchen bildstarken Orten Sie mit dem Protagonisten drehen wollen, wie Sie Experten ins Bild setzen und mit welchen Bildern Sie die Geschichte aufbauen wollen!

Todsünde 9: Persönliche Kontakte? Wozu? Es gibt das Internet

Nehmen wir an, Sie wohnen in München. Und die Redaktion, der Sie etwas anbieten möchten, sitzt in Hamburg. Da liegt es nahe, vornehmlich per Internet und Telefon zu kommunizieren. Ein schwerer Fehler! Der persönliche Kontakt ist durch nichts zu ersetzen. Egal wie weit Sie von den Medien, denen Sie etwas anbieten wollen, weg wohnen: Besuchen Sie sie mindestens zwei Mal im Jahr. Je enger die persönliche Beziehung zu den Entscheidern einer Redaktion ist, desto eher werden Ihnen Fehler in der Ideenpräsentation verziehen.

Todsünde 10: Lügen, labern, Luftnummern

Als Pressereferent, Pressesprecher oder Mitarbeiter einer PR-Agentur ist Ihr Ruf das wichtigste. Wenn in Redaktionen über Sie Sätze wie »Bei dem musst Du vorsichtig sein, der verdreht gerne mal etwas« oder »Die hat versucht uns was zu verkaufen, das war eine totale Luftnummer« kreisen, sind Sie in dieser Redaktion tot. Journalisten sind extrem allergisch gegen Lügner, Laberer und Luftnummern. Achten Sie auf Ihren Ruf!

7.2 Fünf gewinnt! – Die fünf Elemente der erfolgreichen Ideenpräsentation

Ihre Ideen müssen überzeugen! Und zwar schnell! Das heißt für Sie: Sie müssen sofort auf den Punkt kommen und in der Lage sein, ein Thema in 15 bis 20 Sekunden zu präsentieren. Länger – und das möchte ich Ihnen aus meiner langjährigen Erfahrung als CvD wirklich ans Herz legen – reicht die Aufmerksamkeitsspanne nicht! Die fünf Elemente der Ideenpräsentation helfen Ihnen dabei, Ihr Gegenüber neugierig zu machen. Und es bewahrt Sie davor, so lange zu reden, bis das Gegenüber vor Müdigkeit mit dem Kopf auf die Tischkante knallt. Bedenken Sie eine Grundregel der Ideenpräsentation: Jede Idee, die Sie nicht in zwei Sätzen formulieren können, ist schlecht! Wenn Sie es nicht schaffen, ein Thema in zwei Sätzen und die Umsetzung in weiteren 10 bis 15 Sekunden zu erklären, ist es ein schlechtes Thema.

Nummer eins: Der Türöffner

Wenn Sie noch niemals Kontakt mit einer Redaktion hatten, stellen Sie zunächst *kurz* eine Verbindung zu dem Angerufenen her:

*   »Mein Name ist XY, ich habe Ihre Telefonnummer von YZ.«
*   »Ich habe bereits mit Zeitung A und Sender B zusammengearbeitet.«

Sie vermitteln dem Angerufenen ganz kurz, dass er es mit jemandem zu tun hat, dem es sich lohnt zuzuhören. Sie schaffen damit eine Basis der Seriosität. Warum ist das so wichtig? Wenn Sie das erste Mal mit einem Menschen Kontakt haben, versuchen Sie, binnen weniger Sekunden einzuschätzen, ob sie ihn ernst nehmen sollen oder nicht. Dieses Verhalten ist vollkommen normal. Denken Sie daran, wie Sie selbst reagieren, wenn Sie den Anruf von jemandem erhalten, der Ihnen etwas verkaufen möchte. Sofort überlegen Sie, ob der Anrufer »seriös« ist oder nicht. Stellt sich jemand als »Müller vom Elektrovertrieb Hansemann« vor, reagieren Sie anders, als wenn sich jemand mit »Müller, Firma Siemens« vorstellt. Mit hoher Wahrscheinlichkeit haben Sie beim Firmennamen Siemens automatisch ein größeres Vertrauen. Falls Sie den Angerufenen bereits kennen, brauchen Sie diese Einführung nicht.

Nummer zwei: Headline und Details

Wenn Sie ein Thema vorschlagen, geben Sie ihm eine Headline, die kurz und prägnant umschreibt, worum es geht und die den Angerufenen neugierig macht. Erinnern Sie sich an den Vergleich mit der BILD-Zeitung: Stellen Sie sich bei der Suche nach einer Headline eine BILD-Überschrift vor. Wie würde die BILD-Zeitung das Thema mit einem Satz betiteln? Dann beschreiben Sie Ihre Idee in ein bis zwei Sätzen. Aus diesen Sätzen muss der originale Ansatz, also der »Themendreh« hervorgehen. Diese Sätze müssen die Headline glaubhaft unterlegen. Beschränken Sie sich auf die wichtigsten Fakten, mit denen der Angerufene das Thema erfassen kann! Widerstehen Sie der Versuchung, in einen langen Redeschwall auszubrechen!

Nummer drei: Das Konzept

Beschreiben Sie in zwei bis maximal drei weiteren Sätzen, welche konzeptionellen Gedanken Sie sich gemacht haben. Sagen Sie nicht: »Wir haben einen Wissenschaftler und wollen ihn fragen, was er zu Frauen am Steuer sagt.« Sondern:

237

»Wir haben den Wissenschaftler XY. Der sagt: Frauen sind bessere Autofahrer.«
Ihr Gesprächpartner muss aus diesen zwei bis drei Sätzen erkennen, dass Sie sich
Gedanken über eine originelle Umsetzung gemacht haben. Er muss ein Bild von
Ihrer Umsetzungsidee bekommen!

Nummer vier: Der Nutzen

Warum passt das Thema in das Konzept der Redaktion? Warum passt das Thema
zur Zielgruppe? Häufig sind Sie an dieser Stelle bereits am Ziel. Halten Sie aber für
die Frage nach der Einzigkeit, die mit fast hundertprozentiger Sicherheit kommt,
eine Antwort bereit!

Nummer fünf: Die Einzigartigkeit

Mit großer Wahrscheinlichkeit wird der CvD sagen: »Das Thema hatten wir
bereits schon mal so ähnlich.« Überzeugen Sie den CvD, dass das Thema bzw. die
Herangehensweise an das Thema neu ist.

7.3   »Ja, aber …« – Der Umgang mit Einwänden

Sie können sich alles perfekt zurechtlegen, das perfekte Überzeugungsvokabular
anwenden, freundlich und sympathisch sein, vielleicht sogar ein bisschen mit dem
Redakteur oder der Redakteurin flirten und dann kommt er: Der Einwand, mit
dem Sie nicht gerechnet haben. Weil Sie nicht auf ihn vorbereitet waren. Machen
Sie es sich zur Angewohnheit, auf die folgenden Einwände immer eine Antwort
parat zu haben. Trainieren Sie Ihre Antworten, bevor sie zum Hörer greifen.
Notieren Sie alle überraschenden Einwände, die kommen und auf die Sie keine
Antwort wissen und nutzen Sie diese zum Lernen. Trainieren Sie den Umgang mit
Einwänden regelmäßig!

Einwand: »Ich bin nicht sicher, ob das bei uns passt.«

Ihre Reaktion: Erkunden Sie das Motiv des Redakteurs. Versucht er Sie abzuwim-
meln? Ist er unsicher? Oder einfach nur ein Skeptiker? Geben Sie an dieser Stelle
nicht auf! Sie haben folgende Möglichkeiten:

- Nennen Sie Querreferenzen mit Erfolgsfaktoren: »Wir hatten gerade eine Kooperation mit dem Medium X, die sehr erfolgreich war. Es gab viele Zuschriften.«
- Nach einer konstruktiven Lösung suchen: »Was können wir tun, um Ihre Bedenken aus dem Weg zu räumen?« »Was ist es konkret, wovor Sie Bedenken haben?«
- Mögliche Lösung erarbeiten: Den Vorschlag überarbeiten und noch einen zweiten Gesprächstermin vereinbaren.

Wichtig! Vermeiden Sie unbedingt, mit Argument und Gegenargument Pingpong zu spielen! Das führt zu nichts!

»Ich finde das langweilig.«

Die Tatsache, dass jemand ein Thema langweilig findet, besagt zunächst einmal gar nichts. Wieder gilt es, das Motiv herauszubekommen: Findet der Gesprächspartner das Thema generell langweilig oder nur Teile des Themas oder der Umsetzung? Oder hat er den Kern des Themas nicht verstanden?
Ihre Reaktionsmöglichkeiten:
- Erklären Sie, warum das Thema einzigartig und relevant ist (falls nicht schon geschehen),
- antworten Sie mit einer Gegenfrage (»Wann wäre es für Sie spannend?«) oder
- loten Sie die Möglichkeiten einer Modifikation aus (»Wir könnten den Protagonisten des TV-Beitrags auch anders in Szene setzen«).

Wichtig: Werden Sie dabei nicht zum Bettler, der ein abgelehntes Thema immer und wieder anbietet. Gelangen Sie auf keinen Fall in eine Rechtfertigungsposition, sondern erklären Sie das Thema selbstbewusst. Findige Themenverkäufer rechnen mit der Ablehnung und haben einen Trumpf im Ärmel, beispielsweise einen Prominenten, eine noch spannendere Form der Umsetzung oder die Möglichkeit einer Win-win-Situation.

»Das Thema gab es schon.«

Rechtfertigen Sie sich nicht, entschuldigen Sie sich nicht, sondern versuchen Sie genau das als Vorteil herauszustellen. Hier bietet sich der »Genau-deshalb«-Ansatz an: »Genau deshalb wollen wir das Thema aufgreifen. Weil es ein wichtiges ist. Unsere Herangehensweise ist aber anders und neu.« Vergessen Sie auf keinen Fall diesen letzten Teil! Haben Sie gute Argumente in der Hinterhand, warum Ihre Umsetzung und Herangehensweise einzigartig sind!

»Ich sehe das Thema nicht.«

Sie haben verloren. Na und? Legen Sie nicht beleidigt wieder auf, sondern machen Sie aus dem Gespräch eine Marktforschung. Erkunden Sie die Entscheidungsmotive Ihres Gesprächspartners: Was steckt hinter der Ablehnung? Auf Grundlage dieses Wissens ändern Sie das Thema oder bieten ein komplett neues Thema an. Folgende Fragen können Sie dazu stellen:

- Warum sehen Sie das Thema nicht?
- Was ist es genau?
- Wie müsste es sein, damit es passt?
- Haben Sie schon einmal mit PR-Agenturen zusammengearbeitet?
- An welcher Form der Zusammenarbeit haben Sie prinzipiell Interesse?
- Selbst bei einem Nein ist Ihr Gespräch noch nicht zu Ende: Welche Redaktion in Ihrem Haus könnte Interesse haben? Können Sie mir Ansprechpartner nennen?

Freuen Sie sich darüber, dass sie gescheitert sind! Ich meine das wirklich ernst. Ich habe aus abgelehnten Beiträgen und Themenvorschlägen mehr gelernt als aus Lob. Ablehnung ist eine Gelegenheit zum Lernen, ein Ansporn für Ihre Kreativität! Und vielleicht hilft Ihnen Ihre Mini-Marktforschung schon beim nächsten Anruf weiter!

»Wir arbeiten prinzipiell nicht mit PR-Agenturen zusammen.«

Im Prinzip ist dieser Einwand vollkommen unsinnig. Es gibt kein Medium, das keine Inhalte kommuniziert, die von PR-Agenturen oder Pressestellen gestaltet wurden. Sie brauchen aber gar nicht erst versuchen, den Journalisten am Telefon davon zu überzeugen. Nutzen Sie die Situation lieber für eine Nachhilfestunde in journalistischer Recherche und fragen Sie höflich nach, welche Themenquellen das Medium nutzt. Wahrscheinlich werden Sie die Antworten wie »dpa, Branchenpressedienste, unsere ›Kontakte‹ und Termine« bekommen. Anschließend untersuchen Sie das Medium noch einmal genau nach solchen Themenquellen. Und dann gehen Sie das Medium eben auf Umwegen an, so wie Sie es im Kapitel »Nadelöhr der Aufmerksamkeit« bereits kennengelernt haben. In jedes Medium führt ein Weg. Er muss nur kreativ gestaltet werden.

7.4 Der Kampf mit den Bedenkenträgern – Ideen intern verkaufen

Sie haben Themen und PR-Aktionen entwickelt, die neugierig machen. Die aus dem Rahmen fallen. Die vielleicht sogar ein bisschen verrückt sind … Solange Sie einen Geschäftsführer oder Vorstand haben, der auch ein bisschen verrückt ist: Klasse! Doch meistens passiert folgendes: Kreativität trifft Entscheider. Im schlimmsten Fall physisch oder psychisch ältere Herren, die der Meinung sind, das Bewährte sei besser als das Neue. Deren innovativste Leistung des vergangenen Jahrzehnts darin bestand, ihre Garderobe von dunkelgrau auf hellgrau aufzufrischen. Deren Leben Zahlen, Fakten und Powerpoint-Charts sind. Und die jede verrückte Idee sofort ablehnen. Aus Prinzip. Wenn Sie solch konservativen Menschen Ideen verkaufen wollen, argumentieren Sie bitte niemals mit der verrückten Geschichte oder spektakulären PR-Aktion. Sondern gehen Sie genau umgekehrt vor.

Erklären Sie die strategischen Ziele!

Zwar kennt die Ziele schon jeder, aber dieser Einstieg zeigt, dass Sie nicht verrückt sind und schon gar nicht kreativ. (Das ist kein Witz: Ich habe Vorstände kennengelernt, bei denen ich die Worte Ideen, Kreativität und Innovation nicht verwenden durfte.) Es ist ein Paradox des geschäftlichen Miteinanders, dass sich Manager von Unternehmen frischen Wind wünschen, aber neue Ideen ablehnen. Ihr Lebensprinzip lautet: Ich mag alles Neue, solange es genauso ist wie das Alte.

Stellen Sie Ihre Idee als eine von mehreren Optionen vor!

Kennen Sie Sollbruchstellen? Die Achse Ihres Autolenkrads beispielsweise enthält welche. Sie sorgen dafür, dass sich die Lenkachse bei einem Aufprall nicht quer durch Ihren Brustkorb schiebt, sondern vorher bricht. So wie sie soll. Deshalb heißt sie Sollbruchstelle. Bauen Sie solche Sollbruchstellen unbedingt in die Präsentation mit ein: Ein bis zwei konventionelle Ideen. Damit demonstrieren Sie: Sie können auch konventionell denken. Das ist gut. Und Sie haben die Möglichkeit, Diskussionen über Ideen jederzeit auf die Sollbruchstellen zu lenken. Damit am Ende die Ideen sterben, die Sie sowieso niemals durchbringen wollten.

Wägen Sie ab!

Sprechen Sie sich nicht klar für eine Idee aus, sondern vollziehen Sie eine sachgerechte Abwägung. Dafür können Sie Kriterien wie beispielsweise Wirkungsprognose und Erfolgsprognose, aber auch Originalität und Erwartbarkeit aufstellen. Die Einwände der Skeptiker, beispielsweise »zu verrückt« oder »zu ausgefallen«, werden ebenfalls in die Abwägung mit aufgenommen. So besteht am Ende die Auswahl zwischen konventionellen Ideen, die passen, aber unter Umständen wenig Potenzial zur Generierung von Aufmerksamkeit haben, und ausgefallenen Ideen mit viel Potenzial für die Generierung von Aufmerksamkeit, aber unkonventionelleren Herangehensweisen.

Geben Sie eine Empfehlung ab!

Sprechen Sie sich jetzt für die Idee aus, die Sie eigentlich durchbringen wollen. Reden Sie aber auch hier managementdeutsch. Sagen Sie nicht: »Das hier ist die beste Idee.« Sondern: »Wenn wir das Ziel einer maximalen Wirkung verfolgen wollen, verspricht diese Idee das größte Potenzial.« Argumentieren Sie noch einmal den Nutzen der Idee.

Vermitteln Sie Sicherheit!

Manager setzen gerne auf sichere Lösungen. Damit können sie nichts verkehrt machen, damit sind sie auf der sicheren Seite. Gerade wenn Sie es mit einem Sicherheitsdenker in der Führungsetage zu tun haben, ist es wichtig, dass Sie ihm diese Sicherheit vermitteln. Sagen Sie, dass ähnliche außergewöhnliche Ideen in anderen Branchen inzwischen Standard sind, dass sie gut funktionieren, dass die Gefahrlosigkeit der Idee wissenschaftlich belegt ist etc.

8 Kreative PR als Innovationsstrategie – Wie Sie Ihr Image aufpolieren

Machen Sie den Test: Wer ist cooler? Apple oder Microsoft? Google oder Nokia? Intel oder Infineon? Jede Wette, dass Sie antworten: »Apple ist natürlich viel innovativer als Microsoft, das Handy-Betriebssystem von Google ist viel besser als das von Nokia und Intel hat im Chip-Markt die Nase vorn.« Unternehmen, denen der Ruf des Innovationsführers anhaftet, kann scheinbar nichts etwas anhaben. Kurz nach der Einführung des iPhone 4 musste Apple-Chef Steve Jobs zähneknirschend eingestehen: Mit dem Smartphone kann man praktisch alles – außer telefonieren. Das neue Wundergerät von Apple hatte mit Empfangsschwierigkeiten zu kämpfen. Ein Skandal? Mitnichten. Apple verkündete, dass alle Kunden kostenlos eine Schutzhülle bekommen und die Wogen glätteten sich sofort.

Das Image des ewigen Innovationsgewinners Apple, des unkonventionellen Chip-Herstellers Intel und der coolen Google-Programme sind nicht nur ein Erfolg der Innovationsabteilungen, sondern auch das Ergebnis geschickter kreativer Kommunikationsstrategien. Wie teilen Sie Ihren Kunden mit, dass Sie eine technische Innovation auf den Markt bringen? Das klassische Denken besagt: Sie berufen eine Pressekonferenz ein und teilen Fachjournalisten die technischen Details mit. Gähn! Für Google & Co. wäre das der Supergau: »Stell Dir vor, Du bringst eine Innovation auf den Markt und alle finden sie langweilig …« Diese Unternehmen sind in ihrer Kommunikation deshalb genauso kreativ wie in ihrer Produktentwicklung. Sie verstehen es, ihre Innovationen zu emotionalisieren, zu inszenieren und mit Leidenschaft und Spaß in die Öffentlichkeit zu bringen.

Spiel mit der Wahrnehmung

So wie die Macher von Google Chrome, die ihren neuen Internetbrowser in kurzen Videos mit einem beeindruckenden Ideenreichtum bewarben. Schon das Eröffnungsbild stellte eine bewusste Irreführung dar. Der Betrachter glaubt einen Laptop zu sehen, auf dessen Display das Google Chrome Logo prangt. Doch dann kreist die Kamera um den Laptop herum und es wird ersichtlich: Es gibt gar kein Display! Vielmehr sind die vermeintlichen Elemente des Displays räumliche Objekte, welche hinter einem leeren Rahmen aufgebaut sind. »A new way to see the internet.« kündigt eine Pappkarte im Hintergrund an, welche durch den Kameraschwenk elegant in den Fokus rückt.

Und nun folgt ein wahres Panoptikum an visuellen Eindrücken: Ein Pappmauszeiger an einem Stäbchen wird beispielsweise gegen Pappkarten gehalten, auf denen Tabs abgebildet sind. Diese verschwinden bei Berührung mit einem Zischen und geben neue Tabs preis. Die nächste Einstellung zeigt die verrückte Apparatur, welche dies bewerkstelligt: Wie von einer Pistolenkugel werden die einzelnen Tabs hinfort geschossen, um sofort den Blick auf neuen Content freizugeben. Die Botschaft ist klar: Google Chrome ist unglaublich schnell. Wie eine Pistolenkugel eben!

Auch Intel setzt sich mit Humor in Szene: Das Unternehmen nutzte geschickt das Videoportal YouTube, um sein Innovationsimage zu festigen. Für einen Zulieferer von Computerhardware äußerst ungewöhnlich. So sieht man in einem Spot einen Intel-Entwickler, der einem anderen in einer meterlangen mathematischen Formel ein Pluszeichen verändert. Dahinter die Bemerkung: »Unsere Witze sind nicht die gleichen wie die von anderen. Wir sind Intel.« Und Apple inszenierte den Verkaufsstart des iPad 2010, als hätte der neue Guru Steve Jobs soeben die Welt vom PC erlöst.

Das Image des Innovationsführers

Zu welchem Stand gehen Sie auf einer Messe zuerst? Zu dem, dessen Firma für neue innovative Lösungen bekannt ist. Von welchem Unternehmen erwarten Sie die modernsten Produkte? Von dem Unternehmen, das das Image eines innovativen Unternehmens hat. Und wem trauen Sie die größte technische Kompetenz zu? Dem Unternehmen, das Produkte mit dem neuesten Stand der Technologie anbietet. Welches Unternehmen rufen Sie auf der Suche nach einer neuen Lösung als erstes an? Das, das als Entwickler besonders innovativer Lösungen bekannt ist.

Kreative PR kann mehr als nur für Aufmerksamkeit sorgen. Ideen als Treiber der Kommunikation können die Gesamtwahrnehmung eines Unternehmens drastisch verändern. Dieses Kapitel stellt Ihnen einige Maßnahmen vor, mit deren Hilfe Sie ein Unternehmen innerhalb der Branche zum gefühlten Innovationsführer machen können. Das erfordert Kreativität in vielerlei Hinsicht: Weil sich Innovation immer mit der Zukunft beschäftigt, müssen Sie ständig neue Themen entwickeln und Akzente innerhalb der Branche setzen. Und weil sich das Thema Innovation auf alle Bereiche des Unternehmens auswirkt, müssen Sie Ihren Mitbewerbern auch in der Kommunikation immer um einige Schritte voraus sein. Und das in jedem Bereich. Selbst im Wettlauf um die besten Liegen am Swimmingpool. Thomas Cook bietet seit dem Jahr 2009 in einer Reihe von Hotels die Möglichkeit an, Schirm und Liege für etwa drei Euro pro Tag vorab zu buchen. Mit einem einfachen Dreisatz können Sie sich ausrechnen, dass diese Innovation keine Millionenbeträge in die Firmenkasse spült. Dafür war sie ein Medienereignis: Kaum eine Zeitung und kaum ein Fernsehsender ließ es sich nehmen, über diese Innovation zu berichten. Stellte sie doch eine epochale Wende im Handtuchkrieg zwischen Briten und Deutschen dar ... Für Thomas Cook auf jeden Fall ein Imagegewinn.

Können Sie sich vorstellen, dass ein hochinnovatives Unternehmen über eine klassische Stellenanzeige Hochschulabsolventen sucht? Jetzt mal ehrlich. Passt das zusammen? Wenn schon die Stellenausschreibung so langweilig ist, dass den begehrten High Potentials beim Lesen die Augen zufallen, wie ist dann erst der Rest der Firma? Nein, das passt nicht zusammen. Wieder einmal ließen sich die kreativen Kommunikationsexperten von Google etwas einfallen: Im Jahr 2004 platzierten sie ein anonymes Schild am Highway 101 im Silicon Valley. Darauf abgebildet die kryptische Botschaft: »{first 10-digit prime found in consecutive digits e}.com«. Aus diesem Rätsel ließ sich eine Webadresse encodieren. Dort wartete der nächste Schlüssel zum Job. Erst wenn mehrere mathematische Rätsel gelöst waren, gelangten passionierte Knobler zu einer Google-Seite, auf der ihnen gratuliert und sie um eine Bewerbung gebeten wurden.

Congratulations. You've made it to level 2. Got to
www.Linus.org and enter *Bobsyouruncle* as the login and
the answer to this question as the password.

$f(1) = 7182818284$
$f(2) = 8182845904$
$f(3) = 8747135266$
$f(4) = 7427466391$
$f(5) = \underline{\hspace{2cm}}$

Schnitzeljagd im Internet

Congratulations.

Nice work. Well done. Mazel tov. You've made it to Google Labs and we're glad you're here.

One thing we learned while building Google is that it's easier to find what you're looking for if it comes looking for you. What we're looking for are the best engineers in the world. And here you are.

As you can imagine, we get many, many resumes every day, so we developed this little process to increase the signal to noise ratio. We apologize for taking so much of your time just to ask you to consider working with us. We hope you'll feel it was worthwhile when you look at some of the interesting projects we're developing right now. You'll find links to more information about our efforts below, but before you get immersed in machine learning and genetic algorithms, please send your resume to us at problem-solver@google.com.

We're tackling a lot of engineering challenges that may not actually be solvable. If they are, they'll change a lot of things. If they're not, well, it will be fun to try anyway. We could use your big, magnificent brain to help us find out.

Some information about our current projects:

- Why you should work at Google
- Looking for interesting work that matters to millions of people?
- http://labs.google.com

©2004 Google

Der Preis: Wollen Sie sich nicht bei uns bewerben?

Die nachfolgenden Maßnahmen sind keine abschließende Liste. Sie zeigen, dass kreative und innovative Unternehmen auch kreative und innovative Wege der Darstellung nutzen. Und dass es – um im weltweiten Innovationswettbewerb mitzuhalten – nicht genügt, einfach nur gute Produkte zu haben. Kreativ zu sein heißt dabei übrigens nicht nur ausgefallen oder »verrückt« zu sein. Fallen Sie bitte nicht auf die Kreativitätsklischees herein. Kreativ zu sein kann – gerade in Branchen, die betont seriös sind – bedeuten, ernste Themen aufzugreifen. Wichtig ist eben nur, dass sie neu sind. Wenn Sie das dreiunddreißigste Unternehmen in Ihrer Branche sind, dass irgendwo im Geschäftsbericht stehen hat, dass es innovativ ist, fallen Sie nicht weiter auf. Als Verfasser einer regelmäßigen Studie zu den wichtigsten Branchentrends schon. Sie sagen, was morgen wichtig wird. Nicht die Mitbewerber. Sie schreiben über die Themen von morgen, andere über die Themen von heute. Für Sie ist es damit viel schwieriger, neue Themen zu finden. Sie müssen kreativ werden.

Veröffentlichen Sie regelmäßig Trendstudien!

Welche Trends werden Ihre Branche in den nächsten Jahren prägen? Welche Geschäftsmodelle sind zukunftsweisend? Und wie werden sich die Märkte in den nächsten fünf bis zehn Jahren ändern? Trendstudien sind ein wirkungsvolles Mittel, um Kunden, Partnern, Mitarbeitern und Lieferanten zu signalisieren: Hier ist ein Unternehmen, das über den Tellerrand hinaus denkt. Unternehmen wie IBM machen es vor. Regelmäßig veröffentlicht das Unternehmen die sogenannte »CEO-Studie«, für die mehr als 1.000 Führungskräfte und Unternehmenschefs weltweit interviewt werden. Die Studie beschäftigt sich mit Themen wie dem Unternehmen der Zukunft, Kundenbedürfnissen der Zukunft und neuen Arbeitsformen. Ein genialer kommunikativer Schachzug, zumal IBM in dieser Studie neue Probleme wie beispielsweise die »Umsetzungslücke bei Veränderungen« diagnostiziert.

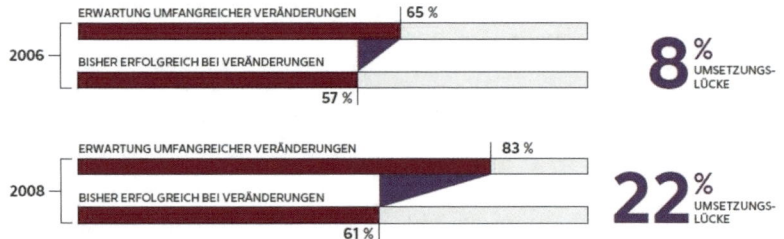

IBM CEO Studie – Die Umsetzungslücke bei Veränderungen

Durch die Umsetzungslücke wird gemessen, wie groß der Spagat zwischen den Veränderungen, die Unternehmen erwarten und bisher erfolgreichen Veränderungen ist. Die Schlagzeile, die daraus entstand: »Umsetzungslücke bei Veränderungen ist heute dreimal so groß«.

Nicht nur für Unternehmen, auch für Verbände, Interessensgruppen und Organisationen bietet das Stilmittel der Trendstudie große Chancen. So suchte der Verband europäischer Fernwärmeanbieter (Euroheat) Ende 2008 nach Ideen, die auf europäischer Ebene die Grundlage einer gemeinsamen Forschungsagenda darstellen. Den Auftakt bildete ein Großgruppen-Workshop mit 60 Teilnehmern aus verschiedenen Ländern (Deutschland, Schweden, Frankreich, Italien etc.) in englischer Sprache, den die Ideeologen geleitet haben. Ziel war die Erstellung eines Zukunftspapiers mit konkreten Ideen, die aus Trends abgeleitet werden. Am Ende wurden rund 250 Ideen generiert: Neue Geschäftsmodelle sowie zukunftsweisende Produkte und Dienstleistungen. Zu den wichtigsten Ergebnissen gehörte eine radikale Umkehr vom bisherigen Geschäftsmodell, das aus der Versorgung mit Fernwärme bestand. Dieser radikale Bruch mit bisherigen Geschäftsmodellen war die Grundlage der Forschungsagenda 2050, die auf der Jahrestagung der Fernwärmeanbieter in Venedig 2009 vorgestellt wurde. Dieses Dokument wurde der EU-Kommission überreicht.

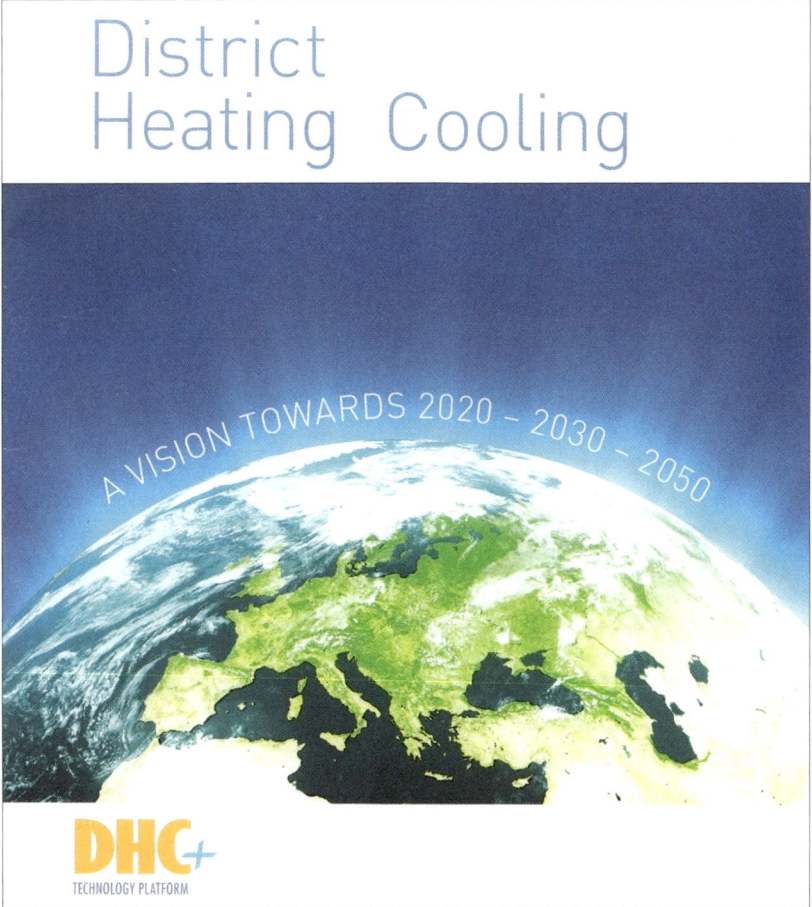

Kreative PR muss nicht flippig sein

Kreative PR muss nicht flippig sein

Dieses Beispiel zeigt, dass kreative PR sehr seriös, ja, wie bei IBM, fast schon wissenschaftlich sein kann. Entscheidend ist, kreative Zukunftsthemen zu entwickeln und mit Hilfe dieser Themen Akzente zu setzen. Die Kompetenz des Unternehmens oder der Organisation bei der Gestaltung der Zukunft ist in den Köpfen der Zielgruppe damit fest verankert.

Entwickeln Sie Designstudien!

»Wie kommen Sendungen in Millionenstädten zu ihren Empfängern?«, fragt die WELT im Oktober 2010. »Die Post testet dafür weltweit neue Konzepte.« In der Meldung geht es um ein neues Konzept, den sogenannten »Bring Buddy«. Das funktioniert so: Statt des Postboten bringt Ihr Nachbar das Paket. Er geht sowieso an der Post vorbei, dann kann er auch gleich ein Paket mitnehmen und zu Ihnen tragen. Gerade noch denken Sie: »Ach, ob ich das wohl schaffe mit meinem kaputten Rücken, auch noch Pakete für die Nachbarn zu schleppen?«, da lesen Sie das Statement von Post-Managerin Petra Kiwitt: »Wir wollen testen, wie wir Social Networks im Internet für die Zustellung von Paketen durch Privatpersonen nutzen wollen.« Und Sie atmen durch: Puh! Morgen zumindest kommt der Postbote noch …

Zugleich stellen Sie sich vielleicht folgende Frage: Wieso verrät die Post gerade der gesamten Weltöffentlichkeit, woran sie arbeitet? Stürzen sich jetzt nicht Google, Facebook und UPS auf diese Idee und jagen der Post das Geschäft ab? Wie kann man so leicht seine Mitbewerber in die eigenen Pläne gucken lassen? Die Antwort liegt auf der Hand: Die Deutsche Post AG arbeitet seit mehreren Jahren aktiv an ihrem Innovationsimage. Und nutzt dabei auch Ideen, die noch in der Gedanken- oder Testphase sind. Ähnlich wie Designstudien, die seit Jahren beispielsweise von Automobilkonzernen regelmäßig herausgegeben werden.

Mit Hilfe von Designstudien lässt sich Öffentlichkeit generieren, gleichzeitig lassen sich relativ preiswert Akzeptanztests für neue Produkte und Strategien durchführen. So hat Hyundai Ende 2010 auf der koreanischen Messe KINTEX einen Multimediatisch präsentiert, der stark an das iPhone erinnert und mit Hilfe dieses Konzepts demonstriert, dass das Unternehmen mehr kann als Autos bauen. Aber auch deutsche Mittelständler nutzen das Stilmittel. Die Kiefel GmbH aus Freilassing stellte Ende 2010 eine Designstudie für ein neues Thermoformkonzept vor, der Wasserkrafthersteller Voith Hydro öffnete sein Versuchslabor für Kunden und präsentierte offen die neuesten Entwicklungen.

Canon geht noch einen Schritt weiter: Alle fünf Jahre lädt das Unternehmen rund 17.000 Gäste zur Canon Expo nach Paris ein, einer unternehmenseigenen Messe, auf der Konzepte der Zukunft präsentiert werden. 2010 präsentierte das Unternehmen unter anderem eine Mehrzweck-Spiegelreflexkamera, eine Stereokamera, eine NaviCam, die den Benutzer zu wichtigen Sehenswürdigkeiten führt, und einen futuristischen Bilderrahmen.

Zukunftsvisionen von Canon

Mit Konzeptfahrzeugen bietet sich Autoherstellern die Gelegenheit, visuell und technologisch spektakulär aufzutrumpfen. Und sich so mit dem Nimbus des Innovationsführers zu schmücken. Mercedes präsentierte beim Autosalon 2010 in Genf das Forschungsauto F 800 Style, eine ökologisch korrekte Luxuslimousine der Zukunft. Optisch eine Kulturrevolution: Auf der Mittelarmlehne ein videoüberwachtes Sensorfeld, um bequem durch das Menü zu scrollen. Der Aktionsradius des Wagens wird auf einer digitalen Landkarte eingeblendet, ein Assistenzsystem kann bei Staus die automatische Steuerung übernehmen. Es wird den F 800 Style vermutlich niemals zu kaufen geben. Aber er lässt Technikfans ins Schwärmen geraten. Und befeuert das Image von Mercedes als visionärem Pionier.

Bei Designstudien und Konzeptfahrzeugen verschmelzen kreative PR und kreative Produktentwicklung. In die Entwicklung von Designstudien und Prototypen fließen Aspekte der PR-Arbeit mit ein. Ob die Ideen, die präsentiert werden, am Ende jemals umgesetzt werden, steht zum Zeitpunkt der Veröffentlichung noch in den Sternen. Was zählt, ist die Botschaft, dass das Unternehmen aktiv an innovativen Produkten arbeitet und sich als Innovationsführer der Branche positioniert.

Lassen Sie Ihre Kunden in die Zukunft blicken!

Kennen Sie T-City? Eine Stadt mit 58.000 Einwohnern, die in der Zukunft leben. Die Einwohner von T-City haben intelligente Strom-, Wasser- und Gaszähler, sie steuern ihre Lichtanlage über ein iPad und wenn sie krank sind, werden sie aus der Klinik fernüberwacht. Kein Science Fiction. Sondern Realität. T-City trägt in Wahrheit den eher biederen Namen Friedrichshafen. Seit dem Jahr 2007 ist die Stadt das real existierende Zukunftslabor der Deutschen Telekom. In Friedrichshafen werden neue Anwendungen zuerst getestet, es wird ausprobiert, ob sich das, was in den Laboren entwickelt wurde, auch in der Praxis bewährt. Nebenbei ist T-City ein gigantisches Instrument, mit dem sich die Deutsche Telekom als besonders innovativ präsentiert. Schon die Suche nach T-City war ein Medienevent. 52 deutsche Städte bewarben sich: Der Ernennung von T-City war ein bundesweiter Wettbewerb vorausgegangen.

Willkommen in der Welt von morgen! Diese Philosophie wird von hochinnovativen Unternehmen gelebt. Sie laden mittels Research-Seiten, Future-Stores und interaktiven Forschungslaboren ihre Kunden dazu ein, einen Blick in die Zukunft zu werfen! Eine willkommene Gelegenheit, das eigene Forschungsteam der Öffentlichkeit vorzustellen. Sie seien von einer unstillbaren Neugierde getrieben, stellen sich die Forscher vom Microsoft Research Team vor. Und vom Bestreben, neue Technologien zu entwickeln, welche dazu beitragen, die Erfahrung im Umgang mit Computern zu definieren. Das Projekt »Technology Heirlooms« etwa beschäftigt sich mit der Frage: Was passiert nach unserem Ableben mit den Informationen auf unseren Computern? All den persönlichen Mails, Bildern und Dokumenten? Wollen wir sie unseren Nachkommen vererben? Dann sollten wir ihnen keinen Datenwust hinterlassen, sondern die digitalen Informationen in einer strukturierten Form aufbereiten. Hierzu werden Konzepte vorgestellt: Eine hölzerne Backup-Box etwa, in welcher sich über einen langen Zeitstrahl all die Kontakte, Eindrücke und Schriften nachverfolgen lassen, die ein Mensch in seinem Leben ausgetauscht hat. Die Backup-Box kann auch als Erinnerungsstütze verwendet werden, wenn ältere Menschen ihren Kindern und Enkeln davon berichten wollen, auf was sie im Leben zurückblicken.

Als Trendsetter der Logistik bezeichnet sich DHL und stellt in seinem Innovation Center in Troisdorf Fokus- und Innovationsprojekte vor. Im interaktiven Showroom werden Besuchern die Visionen des Konzerns präsentiert, außerdem gibt es Forschungs- und Konferenzbereiche. Die dahinterstehende Botschaft ist klar: In Troisdorf entstehen die Ideen von übermorgen. Gebündelte Fachkompetenz, raffinierte Technologie und visionärer Geist vereinen sich in dieser imponierenden Zukunftsschmiede. Merken Sie, welch beeindruckendes Bild bei diesen Worten vor Ihrem geistigen Auge entsteht?

Wenn Sie kein eigenes Forschungslabor haben oder Ihnen die finanziellen Mittel fehlen, holen Sie sich doch einfach ein fremdes ins Haus. Das Innovative Retail Laboratory ist ein Forschungslabor des Deutschen Forschungszentrums für Künstliche Intelligenz, das in der Zentrale der Globus SB-Warenhaus Holding in St. Wendel eingerichtet ist. Produkte stellen sich hier beim Herausnehmen aus dem Regal per Sprachausgabe vor, intelligente Einkaufswägen erstellen anhand eines elektrischen Einkaufszettels eine optimale Route. Und vieles mehr! Das selbsterklärte Ziel: No more Einkaufsmuffel!

Open Innovation als PR-Instrument

Wenn es darum geht, Open Innovation als PR-Instrument einzusetzen, setzt IBM Maßstäbe. Regelmäßig veranstaltet das Unternehmen das weltweit größte Brainstorming, den sogenannten Innovation Jam. Mehrere 10.000 Mitarbeiter, Kunden, Lieferanten und sogar Wettbewerber entwickeln gemeinsam Zukunftsideen. Weltweit berichtet die Presse über diese ungewöhnliche Art der Unternehmensentwicklung. Unternehmen wie Nokia, Dell und Starbucks haben mit offenen Innovationsplattformen ebenfalls Instrumente geschaffen, die halb der Ideengenerierung und halb der Eigen-PR dienen. Der finnische Telekommunikationskonzern Nokia etwa wirbt mit folgendem Motto um die kreativen Anregungen seiner Kunden: »Your Ideas. Our tools. Millions are waiting. Design. Develop. Distribute.« Kunden werden auf diesen Plattformen aktiv in den Innovationsprozess mit einbezogen. Sie haben die Möglichkeit, Vorschläge für neue Ausstattungsmerkmale und allgemeine Verbesserungen zu unterbreiten. Der Nutzen ist klar: Nokia, Dell und Starbucks erhalten das Image besonders kundenfreundlicher und innovativer Anbieter. Und die Ideen, die in solchen Foren entstehen, liefern neben potenziellen neuen Produkten viel Stoff für die PR-Arbeit.

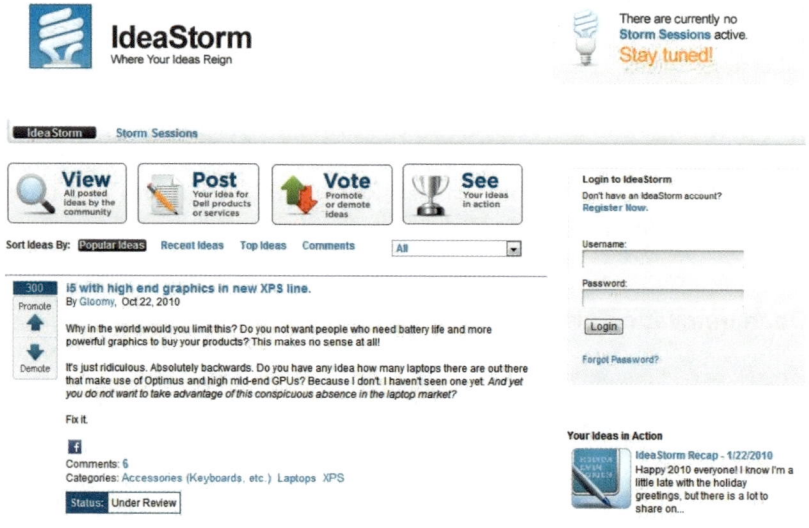

Dell – Innovation von unten fördern

Falls Ihnen der Aufbau einer Ideen-Community zu kompliziert ist, geht es auch etwas einfacher. Veranstalten Sie regelmäßig Think Tanks mit Kunden, Lieferanten, Partnern und möglicherweise sogar Mitbewerbern im kleinen Kreis.

Warum sollen wir unsere Kunden jedes Jahr mit Vorträgen langweilen? Das dachte sich die DekaBank und lud rund 80 Marketingleiter deutscher Sparkassen zu einem ungewöhnlichen Event ein: Ideenentwicklung für neue Marketingkonzepte. Statt einfach nur zuzuhören, entwickelten die Kunden in mehreren Ideeologen-Workshops Ideen, die anschließend aufbereitet und ihnen als Ideenbuch zur Verfügung gestellt wurden. Ein solches Buch wirkt mehr als eine Informationsbroschüre: Weil sich alle Teilnehmer darin wiedererkennen, wird es aufbewahrt – während die Broschüren möglicherweise im Papierkorb landen.

Überlegen Sie, wie Sie Ideenentwicklung als PR-Instrument nutzen können! Diese Form von Think Tanks können Sie an beinahe jede Veranstaltung andocken: Konferenzen, Tagungen, Kundenevents, Messen, ja selbst an die jährliche Mitarbeiterversammlung. Machen Sie sich gemeinsam mit Ihren Kunden und Partnern Gedanken über die Zukunft und veröffentlichen Sie einen Teil der Ergebnisse. Nutzen Sie auch das Internet für diese Art der Öffentlichkeitsarbeit! Sie signalisieren damit dem Markt: Wir arbeiten an neuen Ideen, auch wenn wir nicht zwingend alle umsetzen.

Wenn Sie eine solche Strategie planen, werden Sie viele Zweifler überzeugen müssen. Warum sollen wir unsere Ideen mit anderen teilen? Sehen dann nicht unsere Mitbewerber, woran wir arbeiten? Machen Sie deutlich, dass es hierbei um die Ideen geht, die Ihr Image als Innovationsführer stärken. Daneben gibt es selbstverständlich weiterhin Top-Secret-Projekte, die erst an die Öffentlichkeit gegeben werden, wenn die Innovation fertig ist.

Veranstalten Sie Innovationswettbewerbe!

Was hat eine Schweizer Versicherung mit Bio-Knoblauch zu tun? Die Emmental Versicherung hat der Familie Bucher aus Grossaffoltern den Agropreis 2010 verliehen: Für die Beharrlichkeit, mit der die Bauernfamilie Schweizer Knoblauch, den sie auf 9,5 Hektar anpflanzt, zum Durchbruch verhalf. Und warum wälzen sich die Vorstände der Volksbank RheinAhrEifel durch 175 Ideen zur Zukunft der Heimat? Weil sie mit einem Ideen- und Innovationswettbewerb ihr Image als Bank, die sich für die Zukunft der Heimat einsetzt, pflegen. »Voraussetzung für die Teilnahme ist, dass das eingereichte Projekt zur Verbesserung der Infrastruktur und Lebensqualität für die Menschen und Unternehmen in unserer Heimat beiträgt«, schreibt die Bank auf ihrer Homepage.

Suchen Sie die Kooperation mit Schulen, beispielsweise aus Ihrer Region, und entwickeln Sie gemeinsam mit den Schülern neue Ideen für Produkte, Dienstleistungen und Geschäftsmodelle. Suchen Sie sich die örtliche Lokalzeitung als Partner. Sie können auch so weit gehen wie die Vertreter der Stadt Oldenburg, die 2009 gemeinsam mit Unternehmen der Region kurzerhand die Stadt neu erfunden haben. Mehrere 100 Bürger der Stadt versammelten sich beim Einkaufszentrum. Für verschiedene Themenbereiche – beispielsweise Umwelt, Straßenprojekte und Energieversorgung – wurden Arbeitsgruppen gebildet. Heraus kamen Ideen, mit denen Bürger die Stadt der Zukunft erfanden. Ein Unternehmen, das soziale Verantwortung zeigt und dabei innovativ ist. Einem Unternehmen, das gemeinsam mit Bürgern der Stadt neue Ideen entwickelt, traut man auch innovative Produkte und Dienstleistungen zu.

Berichten Sie über Innovation mit Hilfe ungewöhnlicher Stilmittel!

Die Felss GmbH ist ein typischer deutscher Maschinenbauer in der Nähe von Pforzheim. Das Unternehmen stellt innovative Produkte im Bereich Rundknet- und Axialformmaschinen her. Vor einigen Jahren geriet es in einen nerventreibenden Patentstreit. Die Konkurrenz aus dem Nachbarort behauptete, ein innovatives Patent der Felss GmbH sei nichtig und forderte ein kostenloses Mitbenutzungsrecht. Sie stützte sich auf den Aufsatz eines Wissenschaftlers, der angeblich schon in den 80er-Jahren über die besondere Raffinesse des Patents geschrieben hätte. Vor Gericht begann daraufhin ein spannender und harter Kampf. Die Felss GmbH machte aus der juristischen Auseinandersetzung einen Krimi: Sie engagierte eine Autorin und ließ alle Einzelheiten des Verfahrens und des Prozesses in eine »fiktive« Geschichte niederschreiben. Mit überragendem Erfolg. Die Felss GmbH wurde in der Branche fortan noch klarer als Innovationsführer angesehen, der sein Patent erfolgreich verteidigt hatte. Eine solche Erzählform können Sie nicht nur nutzen, wenn Sie gerade mal wieder einen Patentstreit verlieren, sondern auch als zentrale Story zu einer Produktneueinführung. Beschreiben Sie detailliert das Abenteuer der Entdeckung dieser neuen Innovation. Die Menschen, die daran beteiligt waren, ihre Träume, ihre Hoffnungen, die Rückschläge und die Erfolge. Eine solche innovative Erzählform erhöht die Wahrnehmung einer Innovation drastisch.

Etablieren Sie eine eigene Innovationsphilosophie, über die Sie überall reden!

Warum wird Google als so unglaublich kreatives Unternehmen wahrgenommen? Ein Grund ist sicherlich, dass Google ein so unglaublich kreatives Unternehmen ist. Der andere aber, dass das Unternehmen diesen Umstand bei jeder Gelegenheit betont. Google hat eine eigene Innovationsphilosophie, auf die die Chefin des Produktmanagements Marissa Mayer nie müde wird hinzuweisen. So etwa, dass Kreativität Beschränkungen liebt. Google-Entwickler bekommen gerade nicht alle Freiheiten dieser Welt, wenn sie neue Produkte kreieren. Sondern sie erfahren eine strikte Limitierung an Zeit, Geld und Ressourcen. Auch die Tatsache, dass Google-Entwickler 20 Prozent ihrer Zeit für eigene Projekte frei nutzen können, ist mittlerweile fast überall bekannt. Google hat nicht nur eine eigene Innovationsphilosophie und ungewöhnliche Arbeitsstrukturen geschaffen, sondern kommuniziert diese auch bei jeder Gelegenheit.

Die meisten Unternehmensvisionen eignen sich dafür nicht. Sie brauchen eine einzigartige, die Menschen fasziniert und in ihren Bann zieht. Im Fall des

Spülmaschinenherstellers Hobart aus Offenburg in Baden-Württemberg hat diese Vision nur drei Worte: Spülen ohne Wasser. Ähnlich wie Google verkündet das Unternehmen bei jeder Gelegenheit diese Philosophie. Natürlich, so sagen die Entwicklungsingenieure der Firma mit einem Augenzwinkern, ist das Ziel kaum erreichbar. Doch das ist gar nicht wichtig. Jede neue Spülmaschinenserie bringt das Unternehmen der Vision einen Schritt näher. Wahrscheinlich wird Hobart dieses Ziel niemals erreichen. Aber das Unternehmen ist in den Köpfen seiner Kunden als Innovationsführer fest verankert.

Achten Sie darauf, dass die Innovationsphilosophie eine magische Anziehungskraft besitzt. Die Vision, in den nächsten fünf Jahren zehn Prozent des Umsatzes mit neuen Produkten zu machen, reißt die wenigsten vom Hocker. Kreieren Sie etwas Einzigartiges. So wie das US-Unternehmen Hewlett Packard. Zur Innovationsphilosophie, den sogenannten »Regeln der Garage« gehört u. a. der Grundsatz:»Glaube daran, dass Du die Welt verändern kannst.«

In den nächsten Jahren werden Kreativität und Innovation die beherrschenden Themen für Unternehmen sein. Kreative PR kann erheblich dazu beitragen, das öffentliche Image von Unternehmen und Organisationen in Bezug auf ihre Innovationsfähigkeit zu verbessern. Wie wichtig das ist, können Sie jedes Jahr an der Auswahl der 50 weltweit innovativsten Unternehmen erkennen, die von der amerikanischen Business Week gekürt werden: Die Auswahl erfolgt über eine Befragung: 2.700 Führungskräfte weltweit werden aufgefordert, Unternehmen zu nennen, die regelmäßig innovative Produkte, Konsumentenerfahrungen, Geschäftsmodelle oder Prozesse anbieten. Im Prinzip beruht das Ranking also auf Imagefaktoren. Und wie anders sollen diese sich bilden außer über den Weg der kreativen PR? Auch andere Unternehmen haben innovative Produkte. Aber wenn sie nicht darüber reden, nimmt sie niemand wahr.

Machen Sie die Kreativen zu den Stars Ihres Unternehmens!

Eine offene Unternehmenskultur kann auf vielen Ebenen kommuniziert werden, auch indem kreative Innovatoren aus dem Unternehmen sichtbar gemacht werden. Marissa Mayer von Google ist eine Meisterin auf diesem Gebiet. Wenn sie auf die Entwicklung der Internet-Nachrichtenseite Google News zu sprechen kommt, glaubt man, sie von einem kleinen Familienbetrieb sprechen zu hören. Und nicht von einem Unternehmen mit über 23.000 Mitarbeitern ... Der indische Google-Entwickler Krishna Bharat habe sich nach den Anschlägen des 11. Septembers systematisch zu bestimmten Themen informieren wollen, berichtet sie. Weil er es mühsam fand, hierzu stets die verschiedenen Nachrichtenseiten durchsuchen zu müssen, schrieb er ein kleines Programm, welches diese Aufgabe für ihn übernahm.

Und schickte es an ein paar befreundete Kollegen. Als immer mehr Kollegen es hilfreich fanden, benutzten und weitergaben, wurde das Script schließlich zu einem offiziellen Großprojekt. Und so entstand aus der Bastelei eines Mitarbeiters der Dienst »Google News«, welcher heute in 29 Sprachen Artikel aus mehr als 25.000 Quellen indiziert.

Marissa Mayer beschränkt sich nicht darauf, den beeindruckenden Nutzwert eines neuen Produkts vorzustellen. Vielmehr enthüllt sie dessen Entstehungsgeschichte und skizziert somit das Antlitz eines Unternehmens, das die Basteleien seiner Mitarbeiter wertschätzt und ihnen einen barrierefreien Raum für die Entwicklung ihrer Ideen bietet. Hinter den innovativen Produkten erscheinen kreative Menschen. Und so werden nicht nur die Innovationen emotionalisiert, sondern ebenso die Innovatoren.

Eine ähnliche Popularität erreichte auch Tinker Hatfield, Vizepräsident für Innovation bei Nike. Nike legt Wert darauf, seinen Designern einen größtmöglichen Spielraum an Inspirationen zu eröffnen, was die Konzeption neuer Modelle anbelangt. Beim Sportschuhmodell Nike Air wurde dieses Konzept mustergültig umgesetzt. Über die Entstehung verrät Tinker Hatfield: »Interessanterweise haben diese Schuhe ihre Wurzeln in der Architektur des Centre George Pompidou in Paris.« Und fügt hinzu: »Wenn Du Dich hinsetzt und Ideen entwickelst, ist es eine Kombination aus allem, was Du in Deinem Leben getan hast.« Nike verwandelt die Freiheit und die offene Art des Denkens, die Designer erhalten, in einen klar messbaren »Return on Creativity«. Oder anders gesagt: Nike verwandelt Kreativität in Profit – und kommuniziert diesen Prozess!

Kaum etwas bietet so viel Gesprächsstoff wie die Denkweise und die Arbeit der Kreativen in Ihrem Unternehmen. Es ist immer wieder spannend zu lesen, wie diese Menschen denken und welche Geschichte hinter den Innovationen steckt.

Und schließlich – setzen Sie Ihren Chef humorvoll in Szene!

Die humorvolle Inszenierung des CEO stellt ein weiteres Instrument dar, dem Image eines Unternehmens eine innovative und zugleich sympathische Nuance zu verleihen. Erinnern Sie sich an den ehemaligen CEO von Opera, Jon S. von Tetzchner? Er hatte sich nach dem Erscheinen des Browsers Opera 8 in einem internen Meeting zur vollmundigen Ankündigung verleiten lassen: »Bei Erreichen von einer Million Downloads innerhalb der ersten vier Tage will ich von Norwegen nach Amerika schwimmen – mit einem Zwischenstopp in Island für eine Tasse heiße Schokolade bei meiner Mutter …« Sein damaliger PR-Manager Eskil Sivertsen war so frei, diese Aussage an die Öffentlichkeit zu tragen. Als die Millionenmarke tatsächlich erreicht wurde, gab es kein Zurück mehr …

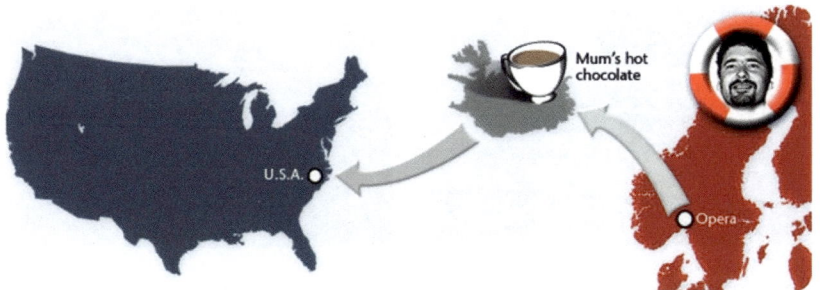

Wofür ein CEO durch den Pazifik schwimmt

Die Beschreibung auf der offiziellen Opera-Seite liest sich wie das Drehbuch eines Rocky-Films: Nach einem rigorosen Training – drei Bahnen im nahegelegenen öffentlichen Schwimmbad sowie einer halben Stunde im eiskalten Wasser seiner Badewanne – fand sich Tetzchner voller Motivation und Ehrgeiz schon bald am Oslofjord ein. PR-Manager Sivertsen musste ihn begleiten, zur Bestrafung für seine Frechheit und obwohl er selber nicht schwimmen konnte. Das Begleit-Schlauchboot »Phantom« war optimal ausgestattet: Samt Wegkarten und inspirierenden Zitaten aus alten Wikinger-Sagen. Nachdem der 1,96 m große Tetzchner über eine Stunde mit seinem Schwimmanzug gekämpft hatte, stachen die beiden Abenteurer in See. Am zweiten Tag jedoch geschah das Unglück: Nach einem spartanischen Frühstück – zwei Schokoriegeln und ein paar Mini-Karöttchen – begann das Schlauchboot »Phantom« sich mit Wasser zu füllen. Ein Bauer konnte aus seinem Küchenfenster überraschend gute Bilder von dem Drama anfertigen. In einer heroischen Demonstration seiner Stärke gelang es Tetzchner, das Schlauchboot mit seinem verängstigten PR-Manager zum Ufer zu befördern, wo Sivertsen auf die Knie fiel und Tezchner für die Rettung seines Lebens dankte!

Ziel erreicht: Die Community amüsiert sich

Selbstironische Videos oder auch erflunkerte Dramen stellen Unternehmen in einem sympathischen Licht dar: Wenn die ranghöchsten Manager sich für humorvolle Darbietungen nicht zu schade sind, impliziert dies sogleich auch eine offene und humorvolle Unternehmenskultur. Unter einer Browsersoftware-Gesellschaft werden sich die wenigsten Menschen etwas vorstellen können. Die Bilder des erschöpften Tetzchner im Schwimmanzug, der stolz die USA-Flagge emporhält, evozieren hingegen einen unmittelbaren emotionalen Bezug.

So werden Sie Innovationsführer

- Es genügt heute nicht mehr, innovativ zu sein und die neuesten Produkte zu haben. Im härter werdenden Wettbewerb, in dem die Worte »Kreativität« und »Innovation« beinahe in jedem Geschäftsbericht stehen, werden nur die Unternehmen als besonders innovativ wahrgenommen, die es schaffen, sich selbst und ihre Innovationen in Szene zu setzen.
- Wenn das Image des Trendsetters für Sie ein strategisches Ziel ist, hat das massive Auswirkungen auf Ihre PR-Strategie. Egal, ob Sie durch Trendstudien, besonders kreative und emotionale Innovationspräsentationen oder spannende Geschichten aus Ihren Innovationsabteilungen auf sich aufmerksam machen: Sie müssen sich mit der Zukunft beschäftigen und nicht nur Ihrem Unternehmen, sondern Ihrer gesamten Branche immer wieder einen großen Schritt voraus sein.
- Raus aus dem Büro! Veranstalten Sie Think Tanks, nutzen Sie Veranstaltungen wie Kongresse und Messen oder Communities im Internet, um neue Ideen zu generieren. Mit dieser Art von »User Generated Content« schlagen Sie die berühmten zwei Fliegen mit einer Klappe: Sie haben kreativen Stoff für Ihre PR und erhalten wertvollen Input für neue Produkte, Dienstleistungen und Geschäftsmodelle.
- Haben Sie keine Angst vor der Offenheit! Der Gedanke, dass Innovation ausschließlich hinter verschlossenen Türen unter höchster Geheimhaltung stattfindet, ist veraltet. Und doch müssen Sie sich nicht in jedem Punkt öffnen. Dabei können Sie von Apple lernen: Das Unternehmen ist weder offen noch verschlossen, sondern beides zugleich. Der offene Austausch und das Top-Secret-Projekt können Tür an Tür miteinander existieren.
- Denken Sie langfristig! Das Image des Innovationsführers gewinnen Sie nicht über Nacht! Wenn Sie die Strategie einschlagen, müssen Sie sie konsequent und über einen Zeitraum von mehreren Jahren durchhalten.

9 Statt eines Schlussworts – noch ein paar Tipps für Ihren kreativen Alltag

Ich möchte Ihnen zum Abschluss noch einige Ratschläge mit auf den Weg geben, die Ihnen helfen, Ihre persönliche Kreativität und die Kreativität in Ihrem Unternehmen bzw. Ihrer Agentur zu steigern.

Nehmen Sie Ihren Kreativen das Geld weg!

Wissen Sie, was passiert, wenn Sie Menschen viel Geld geben? Sie denken sofort an die teuerstmögliche Umsetzung. Und vergessen den Inhalt. Langeweile auf Hochglanz. Ideenloses Internet-TV. Und Ausstellungen mit technischem Schnickschnack, den niemand braucht. Was ist das Erfolgsrezept von Guerilla-Marketing und Guerilla-PR? Dass sie mit kleinem Budget große Wirkung erzielt. Statt mit großem Budget kleine Wirkung. Fangen Sie bei der Ideenentwicklung immer ohne Geld an! Tun Sie so, als hätten Sie den geizigsten Kunden der Welt mit Stacheldraht in den Hosentaschen. Einen Kunden, der alles von Ihnen verlangt. Aber möglichst unentgeltlich. Diese Denkhaltung macht Sie hungrig. Und Hunger ist der beste Ansporn für Kreativität!

Geben Sie Ihrem Kopf kreatives Futter!

Sie haben im Laufe dieses Buchs bereits einiges über Ihr Gehirn erfahren. Ihr Gehirn ist ein kompliziertes – zugleich aber auch wieder sehr einfaches – Organ. Eine der wichtigsten Regeln ist: Sie können aus Ihrem Gehirn nur das herausbekommen, was Sie hineintun. Wenn Sie Pressesprecher eines großen Konzerns sind und Ihre geistige Welt hauptsächlich aus Meetings in der Konzernzentrale, E-Mail-Kontakt mit der Fachpresse und Kongressen Ihrer Branche besteht, müssen Sie sich nicht wundern, wenn Ihre kreative Quelle versiegt. Gehen Sie in den Zoo, reden Sie mit einem Künstler oder einem Autokonstrukteur, schauen Sie sich Computerspiele an, verbringen Sie eine Stunde in einem Kindergarten. »Was soll ich im Zoo?« Schauen Sie sich die Affen an und denken Sie dabei an Ihren Vorstand. Sie werden die Machtspiele in der Vorstandsetage anschließend mit anderen Augen sehen. Und sich neuen Sichtweisen öffnen.

Lassen Sie die ran, die am wenigsten Ahnung haben!

Was passiert, wenn Sie sich auf die Kosmetikbranche spezialisiert haben, seit Jahren PR-Arbeit für verschiedene Hersteller machen und immer mit den gleichen Medien zu tun haben? Über kurz oder lang produzieren Sie immer wieder die gleichen Ideen. Was passiert, wenn Sie als Pressesprecher eines Großkonzerns seit Jahren Ihre Ideen dem Vorstand präsentieren? Sie haben irgendwann so viele Scheren im Kopf, dass Sie ein Stahlwarenfachgeschäft aufmachen könnten. Wenn Sie zu lange im eigenen Saft schwimmen, führt das automatisch zu Ideeninzucht. Lassen Sie die PR-Kampagne für die neue Creme von Mitarbeitern entwickeln, die Pressearbeit für Umweltschutzorganisationen machen. Oder von Spezialisten für Kultur-PR. Frei nach dem Motto: Inkompetent? Na und!

Wartezeit ist Kreativzeit.

Wann immer Sie plötzlich Zeit haben, sei es, weil Sie auf einen Bus warten müssen, im Stau stehen oder vor einem wichtigen Geschäftstermin außer Haus noch Zeit haben: Machen Sie ein kleines Gedankenspiel. Beobachten Sie etwas ganz Alltägliches und betrachten Sie dieses Alltägliche aus verschiedenen Perspektiven. Nehmen wir an, Sie warten auf den Bus. Überlegen Sie, aus welchen verschiedenen Sichtweisen Sie auf einen Bus schauen können:

- Der Mediziner: Wie gut oder schlecht ist Busfahren für den Rücken?
- Der Arbeitssuchende: Wie werden Busfahrer bezahlt? Was sind die Voraussetzungen?
- Die Mutter: Ist mein Kind im Bus bei einem Unfall eigentlich sicher?
- Der Unternehmer: Kann man im öffentlichen Personennahverkehr überhaupt Gewinne erzielen? Wenn ja: Wie viel?
- Das neugierige Kind: Wie funktionieren die Türen?
- Der Werbefachmann: Wie effektiv ist ein Bus als Werbeplattform?

Kill your darlings!

Was ist das Schlimmste, was Ihrer Kreativität passieren kann? Dass Sie eine grandiose Kampagne entwickeln, die Sie auf die Titelseite der BILD-Zeitung bringt, über die jeder spricht und die Ihnen alle PR-Preise dieser Welt einbringt. »Was soll daran schlimm sein? Das ist das Ziel unserer Arbeit!« Korrekt. Für Sie ist das klasse, für Ihre Agentur ist das super, für Ihre eigene Kreativität kann es den langsamen Tod bedeuten. Haben Sie den Film »Stirb Langsam« gesehen? Teil eins war grandios: Bruce Willis, als einsamer Kämpfer in einem Hochhaus gegen eine Bande von Entführern. Dann kamen Teil zwei und Teil drei. Jedes Mal die Kopie der Kopie. Und im Sommer 2007 kam Teil vier. Ich bin mir fast sicher, dass – wenn dem Studio wieder einmal die Ideen ausgehen – Bruce Willis mit 75 Teil 17 drehen wird: Rüstiger Rentner befreit seine Enkel aus den Klauen brutaler Entführer. Wer erfolgreich ist, neigt dazu, seine eigenen Erfolge zu kopieren. Es genau so noch einmal zu machen. Und dabei immer wieder die Kopie einer Kopie zu produzieren. Dieter Bohlen tat gut daran, Modern Talking aus seinem Leben zu verbannen. Weg mit dem alten Erfolg! Kill it! Nehmen Sie Ihre guten Ideen, schlachten Sie sie eine Zeitlang aus und dann vergessen Sie sie. Nehmen Sie sich den Leitspruch von Michael Eisner, dem langjährigen Chef der Disney-Studios, zu Herzen: »Erfolg lässt Dich vergessen, was Dich erfolgreich gemacht hat. Und wenn Du es am wenigsten erwartest, kommt die Wende und das andere Team gewinnt.«

Lehnen Sie Ihre Ideen aus Prinzip ab!

Von Henry Kissinger gibt es eine schöne Geschichte: Als Winston Lord, ein sehr gewissenhafter Mitarbeiter, in tagelanger Arbeit einen Bericht verfasste und ihn Kissinger vorlegte, ließ Kissinger den Bericht zurückgehen. Mit der Bemerkung: »Besser können Sie das nicht machen?« Lord setzte sich noch einmal hin, feilte an den Formulierungen, überarbeitete die Passagen und legte ihn Kissinger wieder vor. Wieder bekam er den Bericht zurück, wieder der gleiche Kommentar. Lord überarbeitete den Bericht ein drittes Mal. Und als er ihn diesmal zurückbekam, platzte ihm der Kragen: »Nein! Ich kann es nicht besser machen!« Kissinger lehnte sich entspannt zurück und sagte: »Fein. Dann kann ich Ihren Bericht jetzt ja lesen.« Sie haben ein gutes Konzept? Lehnen Sie es ab! Überarbeiten Sie es noch einmal. Machen Sie es besser! Machen Sie es anders! Ändern Sie Details, ändern Sie den Namen! »Warum soll ich das tun?« Jede Idee – sei es eine Kampagne, sei es ein Pressetext, sei es eine PR-Aktion – ist nur so gut wie ihre Umsetzung.

Foltern Sie sich!

Hat eigentlich irgendjemand jemals behauptet, dass Kreativität einfach ist? Haben Sie jemals von jemandem gehört, der sich kurz zurücklehnt, auf den Kreativ-Knopf drückt und wie ein Goldesel Ideen ausspuckt? Ich kenne diese Menschen nicht. Ideen zu entwickeln ist harte Arbeit. Denken ist harte Arbeit! Wenn Sie sich nicht das Ziel setzen, neue Ideen zu entwickeln, werden Sie auch nie welche kriegen. Wenn Sie sich nicht die Zeit nehmen, Ihre Gedanken kreisen zu lassen, werden

Ihnen keine neuen Einfälle kommen. Und wenn Sie sich nicht unter Druck setzen, passiert in Ihrem Kopf nichts. Sie brauchen eine neue Idee? Prima. Hören Sie nicht auf, bevor Sie bei 50 angelangt sind. 50 Ideen? Zu schwer? Dann nehmen Sie 100. Oder 200. Wenn es beim Nachdenken in Ihrem Kopf richtig weh tut, dann kommen Sie langsam: Die guten Ideen.

Geben Sie nicht auf!

Ich hoffe, dass Sie aus diesem Buch mit einer großen Zahl neuer Ideen und neuer Impulse herausgehen. Und ich hoffe, dass Sie sich mehr Kreativität als Ziel gesetzt haben. Denn Kreativität macht Spaß. Gute Ideen können süchtig machen! Ich möchte Ihnen zum Schluss einen Rat mit auf den Weg geben, den ich allen meinen Seminarteilnehmern gebe: Sie legen jetzt das Buch aus der Hand, gehen motiviert wieder an Ihre Arbeit und werden spätestens in ein paar Tagen mit den üblichen Kreativkillern konfrontiert werden: Ihre Chefs lehnen kreative Impulse ab, Sie scheitern mit Ideen, Sie haben Stress, Konflikte in der Firma belasten Sie. Und in zwei Wochen werden Sie sich sagen: »Ach ja, da war ja mal dieses Buch. Das war alles ganz schön und gut, aber die Realität ist eben doch eine andere.« Falsch! Genau hier beginnt Kreativität im Berufsalltag. Zwingen Sie sich zu kreativen Denkpausen, bauen Sie sie in Ihren Morgen, in Ihre Mittagspause und in Ihren Feierabend ein. Nehmen Sie sich die Zeit zum freien Denken. Jedes Mal wenn Sie mit einer Idee auf eine Mauer stoßen, werden Sie zu Boden geworfen. Geben Sie genau dann nicht auf! Genau das ist der Moment, sich aufzurappeln und weiterzumachen. Geben Sie nicht auf!

Literatur

Becker, Thomas A.: Kreativität. Letzte Hoffnung der blockierten Gesellschaft? Konstanz 2007

Buzan, Tony / Buzan, Barry: Das Mind-Map-Buch. Die beste Methode zur Steigerung ihres geistigen Potenzials. Heidelberg 2005

Cameron, Julia: Der Weg des Künstlers. Ein spiritueller Pfad zur Aktivierung unserer Kreativität. München 2000

De Bono, Edward: De Bonos neue Denkschule. Kreativer denken, effektiver arbeiten, mehr erreichen. Heidelberg 2005

Galinowski, Jana: Vorsicht vor dem Phrasendrescher. Werben & Verkaufen Nr. 43/2006, S. 70

Israel, Paul: Edison. A life of invention. Hoboken 1998

Masters, Kim: The keys to the kingdom. The rise of Michael Eisner and the fall of everyone else. New York 2000

Meyer, Jens-Uwe: Journalistische Kreativität. Konstanz 2003

Meyer, Jens-Uwe: Radio-Strategie. Konstanz 2007

Porter, Michael: Competitive Strategy. Techniques for analyzing industries and competitors. New York 1980

Roth, Gerhard: Fühlen, Denken, Handeln. Frankfurt/M. 2001

Siefer, Werner/Weber, Christian: Ich – Wie wir uns selbst erfinden. Frankfurt/M. 2006

Vester, Frederick: Die Kunst vernetzt zu denken. München 2002

Index

UVK:Weiterlesen

PR Praxis

Martina Schäfer
Das schlagfertige Unternehmen
Schnell und offen kommunizieren
2010, 266 Seiten, broschiert
ISBN 978-3-86764-233-0

Peter Szyszka, Uta-Micaela Dürig (Hg.)
Strategische Kommunikationsplanung
2008, 256 Seiten, broschiert
16 s/w Abb. und 52 farb. Abb.
ISBN 978-3-86764-052-7

Kurt Weichler, Stefan Endrös
Die Kundenzeitschrift
2., überarbeitete Auflage
2010, 216 Seiten
55 s/w Abb., broschiert
ISBN 978-3-86764-263-7

Daniel Marinkovic
Die Mitarbeiterzeitschrift
2009, 200 Seiten
30 s/w Abb., broschiert
ISBN 978-3-86764-126-5

Claus Hoffmann, Beatrix Lang
Das Intranet
2., überarbeitete Auflage
2008, 198 Seiten
30 s/w Abb., broschiert
ISBN 978-3-86764-081-7

Klicken + Blättern

Leseprobe und Inhaltsverzeichnis unter

www.uvk.de

Erhältlich auch in Ihrer Buchhandlung.

UVK Verlagsgesellschaft mbH